Methodik zur potenzial- und risikobasierten Technologiebewertung

Methodology for Potential- and Risk-based Technology Assessment

Von der Fakultät für Maschinenwesen
der Rheinisch-Westfälischen Technischen Hochschule Aachen
zur Erlangung des akademischen Grades eines
Doktors der Ingenieurwissenschaften
genehmigte Dissertation

vorgelegt von

Patrick Scholz

Berichter/in:

Univ.-Prof. Dr.-Ing. Dipl.-Wirt. Ing Günther Schuh
apl. Professor Dr.-Ing. Wolfgang Boos

Tag der mündlichen Prüfung: 13. Dezember 2021

ERGEBNISSE AUS DER PRODUKTIONSTECHNIK

Patrick Scholz

Methodik zur potenzial- und risikobasierten Technologiebewertung

Herausgeber:
Prof. Dr.-Ing. T. Bergs
Prof. Dr.-Ing. Dipl.-Wirt. Ing. G. Schuh
Prof. Dr.-Ing. C. Brecher
Prof. Dr.-Ing. R. H. Schmitt

Band 8/2022

WZL | RWTHAACHEN UNIVERSITY

Fraunhofer
IPT

Bibliografische Information der Deutschen Nationalbibliothek
Die Deutsche Nationalbibliothek verzeichnet diese Publikation in der Deutschen Nationalbibliografie; detaillierte bibliografische Daten sind im Internet über https://portal.dnb.de abrufbar.

Patrick Scholz:

Methodik zur potenzial- und risikobasierten Technologiebewertung

1. Auflage, 2022

Gedruckt auf holz- und säurefreiem Papier, 100% chlorfrei gebleicht.

Apprimus Verlag, Aachen, 2022
Wissenschaftsverlag des Instituts für Industriekommunikation und Fachmedien an der RWTH Aachen
Steinbachstr. 25, 52074 Aachen
Internet: www.apprimus-verlag.de, E-Mail: info@apprimus-verlag.de

Druck: CPI Druckdienstleistungen GmbH
Ferdinand-Jühlke-Straße 7 I 99095 Erfurt

ISBN 978-3-98555-046-3

D 82 (Diss. RWTH Aachen University, 2021)

Vorwort

Die vorliegende Arbeit entstand während meiner Tätigkeit als wissenschaftlicher Mitarbeiter in der Abteilung Strategisches Technologiemanagement am Fraunhofer-Institut für Produktionstechnologie IPT in Aachen. Die in dieser Zeit durchgeführten Industrieprojekte im Themenfeld der Technologiebewertung und -auswahl waren Motivation und Ausgangspunkt für diese Dissertation. Nachfolgend möchte ich all jenen Personen danken, die mich auf dem Weg zur Promotion begleitet und unterstützt haben.

Mein Dank geht zunächst an meinen Doktorvater Herrn Professor Günther Schuh für die Ermöglichung und wissenschaftliche Betreuung dieser Arbeit. Weiterhin danke ich Herrn Professor Wolfgang Boos für die engagierte Übernahme des Korreferats sowie Frau Professor Julia Kowalski für die Übernahme des Vorsitzes und Herrn Professor Ghaleb Natour für den Beisitz in der Promotionskommission.

Meinen ehemaligen Abteilungsleitern Markus Wellensiek und Dr. Ramon Kreutzer danke ich für die stete Diskussionsbereitschaft sowie ihre vielen konstruktiven Anmerkungen in den verschiedenen Phasen meiner Dissertation. Weiterhin bedanke ich mich bei meinen Arbeitskollegen am Fraunhofer IPT und den Entitäten am RWTH Aachen Campus, welche die vergangenen Jahre zu einer unvergesslichen Zeit gemacht haben. Dies gilt insbesondere für meine aktuellen und ehemaligen Kolleginnen und Kollegen aus der Abteilung Technologiemanagement, mit denen ich in unterschiedlichen Projekten zusammenarbeiten durfte. Stellvertretend möchte ich an dieser Stelle Dr. Paul Zeller, Maximilian Spangenberg, Marc Patzwald, Patrick Kabasci, Paul Scholz, Thomas Scheuer, Thomas Schwarberg, Tim Latz, Bastian Studerus, Carolin Hamm, Leonie Krebs, Dr. Felix Lau, Dr. Stephan Schröder, Dr. Florian Vogt, Dr. Tim Wetterney, Leonard Schenk, Leonard Cassel, Frederik Bennemann, Johanna Jacobi und Marc Schauss nennen. Danken möchte ich darüber hinaus meinen studentischen Hilfskräften und Abschlussarbeitern für ihre tatkräftige Unterstützung und ihren unermüdlichen Einsatz in diversen Industrie- und Forschungsprojekten.

Nicht zuletzt danke ich meiner Familie und meinen Freunden, welche aufgrund der Promotion in den vergangenen Jahren des Öfteren auf mich verzichten mussten. Großer Dank gilt hierbei meinen Eltern Monika und Walter Scholz für ihre bedingungslose Unterstützung auf meinem bisherigen Lebensweg. Ohne euer Fördern und Fordern in den richtigen Momenten wäre mir diese Arbeit nicht möglich gewesen. Weiterhin danke ich meiner Großmutter Gerda Wüllner, die stets an mich geglaubt hat, sowie meinen Geschwistern Marielena, Niklas und Sebastian Scholz, die mir geholfen haben, den Blick für das Wesentliche zu behalten. Der größte Dank gebührt jedoch meiner Ehefrau Svenja Scholz, welche in den vergangenen Jahren wohl am meisten mitgelitten hat. Durch deinen stetigen Antrieb und motivierenden Zuspruch in manchen verzweifelten Stunden habe ich es geschafft, diese Arbeit zu vollenden. Hierfür danke ich dir von ganzem Herzen.

Aachen, im Januar 2022

Patrick Scholz

Zusammenfassung

Innovative und leistungsfähige Technologien sind seit jeher ein Garant für den langfristigen wirtschaftlichen Erfolg produzierender Unternehmen. In Anbetracht eines beschleunigten technologischen Wandels und einer zunehmenden Wettbewerbsintensität sind etablierte Unternehmen daher mehr denn je gefordert, ihre Wettbewerbsposition durch die Entwicklung und den Einsatz neuer, innovativer Technologien zu erhalten. Hierzu ist die frühzeitige Fokussierung der begrenzten monetären und kapazitiven Unternehmensressourcen auf die erfolgversprechendsten Technologien von zentraler Bedeutung. Derzeit erfolgt die Technologieauswahl in Unternehmen vielfach auf Basis der individuellen Erfahrung einzelner Entscheidungsträger. Dieses Vorgehen birgt jedoch ein hohes Fehlbewertungsrisiko und steht, insbesondere vor dem Hintergrund der zu einem frühen Entscheidungszeitpunkt geringen Wissensbasis und hohen Informationsunschärfe, einer effektiven Technologieauswahl diametral entgegen.

Zielsetzung der vorliegenden Dissertation ist daher die Entwicklung einer Methodik zur prädiktiven potenzial- und risikobasierten Technologiebewertung als Grundlage für eine systematische Auswahl von Technologien. Durch die Methodik soll die systematische und reproduzierbare Ermittlung unternehmensindividueller Potenziale und Risiken von Technologien ermöglicht und so eine fundierte Entscheidungsgrundlage für die frühzeitige Technologieauswahl geschaffen werden.

Die entwickelte Methodik besteht aus fünf Teilmodellen. Zunächst werden die für die Bewertung der unternehmensindividuellen Potenziale und Risiken determinierenden Eingangsgrößen in Form relevanter Technologiecharakteristika und des unternehmensspezifischen Anwendungskontextes ermittelt. Anschließend werden als Grundlage für die Potenzialbewertung das Technologiepotenzial strukturiert sowie der Einfluss der Technologiecharakteristika auf das Potenzial ermittelt. Ergänzend werden mögliche Risiken durch die systematische Identifikation von Risikofaktoren expliziert und Interdependenzen zu den beschriebenen Eingangsgrößen für die Risikobewertung identifiziert. Abschließend wird eine Vorgehensweise entwickelt, durch welche Unternehmen die systematische und reproduzierbare Ermittlung der Potenziale sowie adäquaten Bewertung der Risiken von Technologien ermöglicht wird.

Summary

Innovative technologies have always been a guarantee for the long-term economic success of manufacturing companies. Facing accelerated technological change and increasing competitive intensity, established companies are challenged more than ever to preserve their competitive position by developing and deploying new, innovative technologies. For this purpose, the early concentration of the limited monetary and capacitive company resources on the most promising technologies is of particular importance. At present, technology selection is often based on the knowledge and experience of corresponding decision-makers. However, this approach poses a high risk of misjudgment and is diametrically opposed to an effective technology selection, considering the low knowledge base and high uncertainty at an early stage.

Hence, the objective of the present thesis is the development of a methodology for predictive potential- and risk-based technology assessment as a foundation for a systematic selection of technologies. The methodology is intended to enable a systematic and reproducible determination of company-specific potentials and risks of technologies and, thus, to create the basis for sound decision-making for the technology selection at an early stage.

The methodology consists of five sub-models. First, the relevant technology characteristics and the company-specific application context are determined as input variables for the evaluation of the company-specific potentials and risks. Subsequently, the technology potential is structured and the relationship between the technology characteristics and the potential is elaborated as a foundation for the evaluation of the potential. Furthermore, potential risks are identified by a systematic investigation of risk factors and linked to the described input variables to enable the risk assessment. Finally, a procedure enabling companies to systematically determine the potentials and to adequately assess the risks of technologies in a replicable way has been developed.

Inhaltsverzeichnis

Verzeichnis der Abbildungen

Verzeichnis der Tabellen

Verzeichnis der Abkürzungen

AHP	Analytischer Hierarchie-Prozess
BCG	Boston Consulting Group
bspw.	beispielsweise
bzgl.	bezüglich
bzw.	beziehungsweise
ca.	circa
CI	Konsistenzindex
CR	Konsistenz
d. h.	das heißt
DIN	Deutsches Institut für Normung e.V.
et al.	et alii
etc.	et cetera
F&E	Forschung und Entwicklung
f.	folgende
ggf.	gegebenenfalls
Hrsg.	Herausgeber
hrsg. v.	herausgegeben von
i. A. a.	in Anlehnung an
IAS	International Accounting Standards

IFRS	International Financial Reporting Standards
ISO	International Organization for Standardization
Jg.	Jahrgang
Jh.	Jahrhundert
λ_{max}	Haupteigenwert
Mio.	Millionen
Mrd.	Milliarden
Nr.	Nummer
NWA	Nutzwertanalyse
o. V.	ohne Verfasserangabe
RI	Random Consistency Index
RWTH	Rheinisch-Westfälische Technische Hochschule
S.	Seite
sog.	so genannt
Tab.	Tabelle
u. a.	unter anderem
UMEA	Uncertainty-Mode- and Effects-Analysis
VDI	Verein Deutscher Ingenieure e.V.
VDMA	Verband Deutscher Maschinen- und Anlagenbauer e.V.
Verl.	Verlag
vgl.	vergleiche
z. B.	zum Beispiel

1 Einleitung

"We tend to overestimate the effect of a technology in the short run and underestimate the effect in the long run."

ROY AMARA [RATC18]

Innovative und leistungsfähige Technologien sind ein Garant für die beständige Wettbewerbsfähigkeit und den langfristigen wirtschaftlichen Erfolg technologieorientierter Unternehmen [COOP07a, S. 67; GARZ18, S. 3; SCHU17, S. 275]. Dies gilt angesichts der derzeitigen, vielschichtigen Herausforderungen, mit denen sich produzierende Unternehmen im internationalen Wettbewerb konfrontiert sehen, heute mehr denn je. So sind Unternehmen infolge der fortschreitenden Globalisierung mit einem erhöhten Wettbewerbsdruck in einem zunehmend unsicheren Wettbewerbsumfeld konfrontiert [COOP17, S. 48; SCHR20, S. 196]. Diese Wettbewerbssituation wird durch eine Vielzahl innovativer Start-ups verschärft, welche in die Domäne etablierter Unternehmen vordringen [ANDI18, S. 16]. Durch die Volatilität der Märkte wird der Bedarf, neue Technologie- und Markttrends frühzeitig zu erkennen und zu adressieren, weiter erhöht [DOMB16, S. 394]. Gleichzeitig ist eine Zunahme der Dynamik des technologischen Wandels festzustellen, welche sich in kürzer werdenden Technologielebenszyklen manifestiert [GASS06, S. 5; KUPF20, S. 1; SCHR20, S. 197 f.]. Diese Entwicklung geht darüber hinaus mit einem Anstieg der Anzahl und Komplexität von Technologien einher [GASS06, S. 7; SCHN15, S. 7]. Infolgedessen müssen Unternehmen in einem von zunehmender Unsicherheit geprägten Markt- und Technologieumfeld agieren [SCHR20, S. 196].

In diesem schnelllebigen, unklaren und wenig vorhersagbaren Umfeld sind etablierte Unternehmen mehr denn je gefordert, ihre Wettbewerbsposition durch die Entwicklung und den Einsatz neuer, innovativer Technologien zu erhalten [RECK19, S. 634; WALS20, S. 191]. Auf diese Weise können Kostenvorteile oder gesteigerte Leistungsumfänge für eine nachhaltige Differenzierung von Wettbewerbern erzielt werden

[CORS16, S. 8; HAUS16, S. 6]. Bei einer reinen Fokussierung auf risikoarme und kleinschrittige Weiterentwicklungen vorhandener Technologien besteht für Unternehmen hingegen die Gefahr, den Anschluss an technologisch führende Wettbewerber zu verlieren [GASS06, S. 7].

Die Entwicklung und Markteinführung signifikant neuer Technologien ist hingegen mit hohen Unsicherheiten verbunden [ARAB19, S. 1029; GASS06, S. 7]. So scheitert immer noch ein Großteil der innovativen Entwicklungsvorhaben in Unternehmen [BACK19, S. 12; WÖRD20, S. 183]. Weiterhin werden individuelle Chancen neuer Technologien häufig nicht oder zu spät erkannt [WÖRD20, S. 66]. Insbesondere technologiegetriebene Unternehmen müssen mögliche Potenziale jedoch frühzeitig erkennen, um die erforderlichen Technologien im Vergleich zu Wettbewerbern rechtzeitig erschließen zu können [WÖRD20, S. 66]. Eine Fehleinschätzung möglicher Risiken oder die Wahl der falschen Technologie resultiert indes in der Verschwendung wichtiger Ressourcen und hohen Opportunitätskosten, wodurch schlimmstenfalls der Fortbestand des Unternehmens gefährdet wird [GASS06, S. 7; THAM14, S. 3]. Daher ist die frühestmögliche Identifikation und Priorisierung der vielversprechendsten Technologien für den effizienten Einsatz der begrenzten monetären und kapazitiven Ressourcen des Unternehmens erfolgskritisch [WÖRD20, S. 183].

1.1 Motivation und Handlungsbedarf

Für eine effiziente und effektive Entscheidungsfindung in einem volatilen und unsicheren Umfeld müssen mögliche Potenziale von Technologien und damit verbundene Risiken frühestmöglich transparent und nachvollziehbar bekannt sein [ROME18, S. 10]. Bei der Technologiebewertung besteht hierbei die Herausforderung zum einen in dem starken Einfluss unternehmensspezifischer Rahmenbedingungen, wie dem geplanten Anwendungskontext auf die Höhe des Potenzials und den Umfang der Risiken. Zum anderen wird durch die Komplexität und Informationsunsicherheit bei der Analyse von Technologien sowie durch deren heterogenes und dynamisches Verhalten die Einschätzung von Potenzialen und Risiken signifikant erschwert. [JANG17, S. 512] Insbesondere ein früher Entscheidungszeitpunkt für den Einsatz von Technologien ist dabei durch eine geringe Wissensbasis und eine hohe Informationsunschärfe geprägt [GASS14, S. 7; SCHÖ18b, S. 7; VORB14, S. 204].

In diesem Kontext bzw. zu diesem Zeitpunkt sind quantitative Analysen wenig praktikabel und in Anbetracht der großen Anzahl an Alternativen bei der initialen Technologieauswahl unwirtschaftlich [HORO17, S. 4; SCHI16, S. 37]. In der Praxis erfolgt die initiale Priorisierung und Auswahl neuer Technologien daher häufig auf Basis der subjektiven, erfahrungsbasierten Einschätzung der jeweiligen Entscheidungsträger [MAGN14, S. 321; SCHI16, S. 37]. Zur Kompensation des vorherrschenden Mangels an Wissen und Informationen werden hierbei teilweise bewusst, teilweise unbewusst implizite Kriterien und Heuristiken bei der Entscheidungsfindung verwendet [FORD16, S. 49; SCHI15, S. 49]. Diese sind auf Phänomene der Kognitionspsychologie wie der kognitiven Verzerrung infolge eingeschränkter Wahrnehmung und bestehender Unsicherheiten bei der Entscheidungsauswahl zurückzuführen [SUKH18, S. 183]. So neigen Menschen bspw. dazu, diejenige Alternative zu bevorzugen, zu der ihnen mehr Informationen vorliegen [SUKH18, S. 192]. Dies ist vor allem bezogen auf neue Technologien abseits des unternehmerischen Kerngeschäfts kritisch zu bewerten, da in diesem Fall meist keine Erfahrungswerte vorliegen [SCHI15, S. 57]. So werden bei Sachverhalten hoher Komplexität häufig wichtige Elemente im Entscheidungsprozess nicht ausreichend berücksichtigt [KNOC05, S. 43]. Bspw. werden die technologische Realisierbarkeit im Fall fehlender Kenntnisse und Erfahrungen oft falsch eingeschätzt oder mögliche Konkurrenztechnologien, durch welche der Markterfolg gemindert wird, nicht ausreichend betrachtet [LI20, S. 563 f.]. Das Resultat sind hohe Fehlbewertungsrisiken bei der Beurteilung neuer Technologien [SCHN15, S. 9]. Als Folge werden einerseits vielfach Investitionen in Technologien mit begrenztem Mehrwert für die Unternehmen getätigt und andererseits vielversprechende Entwicklungsvorhaben zu früh abgebrochen oder nicht begonnen [SCHI15, S. 57].

Während die potenzialbasierte Bewertung von Technologien seit den 1990er Jahren Gegenstand praxisorientierter Forschung ist (vgl. u. a. [BIND96; GERP05; SCHÖ06; WOLF94]), werden mögliche Risiken bisher nur unzureichend im Bewertungs- und Entscheidungsprozess berücksichtigt [SCHÖ18b, S. 8]. Diese sind für eine effektive Entscheidungsfindung jedoch ebenso relevant, da im Falle hoher Risiken die Realisierungswahrscheinlichkeit der prognostizierten Potenziale deutlich reduziert wird. Zusammenfassend besteht für Unternehmen die Herausforderung, in Anbetracht begrenzter und unvollständiger Informationen eine valide Entscheidungsgrundlage für die initiale Technologieauswahl zu schaffen. Hierzu sind mögliche Potenziale von Technologien möglichst objektiv und reproduzierbar zu ermitteln sowie damit verbundene Risiken adäquat zu beurteilen.

1.2 Zielsetzung und Forschungsfrage

Basierend auf dem zuvor beschriebenen Handlungsbedarf werden nachfolgend die Zielsetzung und Forschungsfrage der vorliegenden Arbeit definiert. Wie im vorherigen Abschnitt erläutert, besteht das übergeordnete Ziel der Dissertation darin, Unternehmen bei der frühzeitigen Auswahl und Priorisierung neuer Technologien zu unterstützten. Diese Entscheidungsunterstützung ist in technologieintensiven Unternehmen auf der Ebene des strategischen Managements angesiedelt und betrifft die Priorisierung und Auswahl strategisch bedeutender Technologien sowie die anschließende Allokation von Entwicklungsbudgets.

Die initiale Technologieauswahl ist prädiktiver Natur, sodass mögliche zukünftige Potenziale auf Basis derzeit vorhandener Informationen ermittelt werden müssen. Wie bereits erläutert, werden Technologiepotenziale durch den unternehmens- und anwendungsspezifischen Kontext determiniert. Daher sind der Anwendungskontext sowie die strategischen Ziele des Unternehmens bei der Ermittlung der Potenziale zu berücksichtigen. Aufgrund der bestehenden Unsicherheiten in Bezug auf die Technologiepotenziale infolge des prädiktiven Charakters und der vorherrschenden Informationsunschärfe sind die zu ermittelnden Potenziale risikobehaftet. Diese Risiken sollen mithilfe der vorliegenden Dissertation expliziert werden, um in angemessener Weise im Entscheidungsprozess berücksichtigt werden zu können. Ferner sollen die ermittelten Potenziale und Risiken unabhängig von der Art der Technologie vergleichbar sein, da die initiale Priorisierung und Erstauswahl von Technologien typischerweise eine Entscheidungssituation mit diversen heterogenen Alternativen ist. Zwischen diesen Technologiealternativen gilt es zu selektieren, um die angestrebten Wettbewerbsvorteile durch einen zielgerichteten Einsatz der vorhandenen Ressourcen bestmöglich zu erreichen. Zudem soll der Prozess der Entscheidungsfindung möglichst objektiv gestaltet werden. Hierzu bedarf es einer systematischen Vorgehensweise mit definierten Bewertungsdimensionen. Zusammenfassend wird folgende Zielsetzung für die vorliegende Arbeit definiert:

Zielsetzung der vorliegenden Arbeit ist die Entwicklung einer Methodik zur potenzial- und risikobasierten Technologiebewertung als Grundlage für eine systematische Erstauswahl von Technologien.

Zur Definition des heuristischen Bezugsrahmens und für einen zielgerichteten Erkenntnisgewinn ist nach KUBICEK eine grundlegende Forschungsfrage als Ausgangspunkt für den explorativen Forschungsprozess zu formulieren [KUBI76, S. 15 f.]. Für die vorliegende Dissertation wird daher auf Basis des explizierten Handlungsbedarfs und der beschriebenen Zielsetzung folgende übergeordnete Forschungsfrage definiert:

Wie können die unternehmensspezifischen Potenziale und Risiken von Technologien für eine initiale Technologieauswahl systematisch und reproduzierbar bewertet werden?

Für die Beantwortung der übergeordneten Forschungsfrage wird diese in Teilforschungsfragen untergliedert. Die Teilforschungsfragen werden nachfolgend definiert:

- Was sind die charakteristischen Eigenschaften von Technologien im Hinblick auf die Potenzial- und Risikobewertung?
- Wie lassen sich Zielanwendungen von Technologien systematisch beschreiben?
- Anhand welcher Indikatoren kann das Potenzial von Technologien bewertet werden?
- Was sind relevante Risikofaktoren und wie werden diese durch kontextspezifische Merkmale beeinflusst?
- Wie ist ein reproduzierbares Vorgehen für die prädiktive Bewertung der Potenziale und Risiken von Technologien zu gestalten?

Zur Beantwortung der Forschungsfragen und Erfüllung der Zielsetzung, eine potenzial- und risikobasierte Technologiebewertung zu ermöglichen, ist zunächst eine geeignete wissenschaftliche Vorgehensweise zu definieren. Dies erfolgt im nachfolgenden Teilkapitel.

1.3 Wissenschaftliche Vorgehensweise und Aufbau der Arbeit

Wissenschaftliche Forschung ist als Prozess zu verstehen, an dessen Anfang die Sicht des Autors steht [BIND96, S. 3]. Diese ist initial darzulegen, da wissenschaftliche Forschung nie ohne Wertungen und wertende Entscheidungen möglich ist [BIND96, S. 3]. Dabei gilt es zwischen den Paradigmen und der Perspektive des Autors zu unterscheiden. Paradigmen sind als grundlegende Sichtweise nicht hinsichtlich des ultimativen Wahrheitsgehalts überprüfbar und müssen als grundlegende Überzeugung akzeptiert werden [DENZ18, S. 195; GUBA94, S. 107]. Die Perspektive respektive die Denkweise wird hingegen u. a. vom wissenschaftlichen Rahmen bzw. der Wissenschaftsdisziplin beeinflusst [ULRI76, S. 305]. Daher wird nachfolgend eine Einordnung der vorliegenden Arbeit im wissenschaftlichen Kontext vorgenommen. Diese Einordnung wird unter Zuhilfenahme der Wissenschaftssystematik nach ULRICH UND HILL vorgenommen (vgl. Abbildung 1-1).

Demnach sind grundsätzlich *Formal-* und *Realwissenschaften* in Abhängigkeit der zugrundeliegenden Zielsetzung zu unterscheiden [ULRI76, S. 305]. Diese besteht bei formalwissenschaftlichen Disziplinen, wie der Mathematik, Philosophie oder Logik, in der Konstruktion von Sprachen mit den zugehörigen Zeichenelementen und Regeln [ULRI76, S. 305]. In den Realwissenschaften werden hingegen die Beschreibung, Erklärung und Gestaltung von Wirklichkeitsausschnitten auf Basis formalwissenschaftlicher Grundlagen adressiert [ULRI76, S. 305 f.].

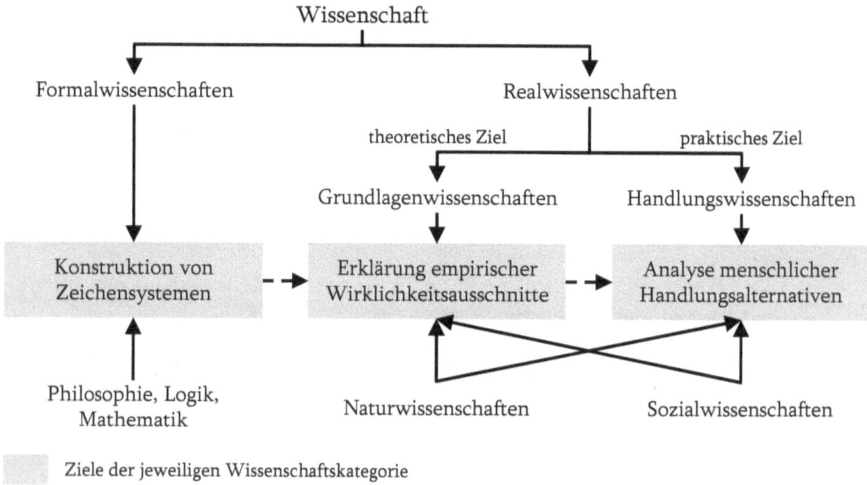

Abbildung 1-1: Wissenschaftssystematik nach ULRICH UND HILL [ULRI76, S. 305]

Realwissenschaften können weiter in reine *Grundlagenwissenschaften* und angewandte *Handlungswissenschaften* untergliedert werden. Durch reine Grundlagenwissenschaften wie den Naturwissenschaften wird primär die theoretische Erklärung empirischer Wirklichkeitsausschnitte fokussiert. Bei den Handlungswissenschaften, wie der Betriebswirtschaftslehre und den Ingenieurwissenschaften, steht hingegen die Analyse von Alternativen zur praktischen Gestaltung sozialer und technischer Systeme sowie die Entwicklung erforderlicher Entscheidungsmodelle bzw. Entscheidungsprozesse im Vordergrund. Die vorliegende Dissertationsschrift dient der Entscheidungsunterstützung bei der Auswahl neuer Technologien und ist daher, sowie aufgrund des ingenieurwissenschaftlichen Hintergrunds des Autors, den Real- bzw. Handlungswissenschaften zuzurechnen. Entsprechend der Zuordnung gilt es im Rahmen der vorliegenden Dissertation durch präzises, intersubjektiv mitteilbares Beschreiben wahrgenommene Wirklichkeitsausschnitte zu explizieren, diese allgemeingültig zu abstrahieren und Handlungsalternativen zu deren Gestaltung zu entwerfen. [ULRI76, S. 305 f.]

Zu diesem Zweck wird der vorliegenden Dissertation der Forschungsprozess der angewandten Wissenschaften nach ULRICH zugrunde gelegt (vgl. Abbildung 1-2 links). Dieser ist durch die Erfassung und Lösung praxisrelevanter Probleme unter Zuhilfenahme theoretischer Grundlagen charakterisiert und damit kongruent zu den Anforderungen und Schwerpunkten realwissenschaftlicher Arbeiten [ULRI81, S. 19].

Der Forschungsprozess nach ULRICH ist in sieben Phasen untergliedert, deren Ausgangs- und Endpunkt das praxisrelevante Problem ist. Dem bereits erwähnten Primat der Praxis wird darüber hinaus durch den aktiven Einbezug praktischer Zusammenhänge in weiteren Phasen des Forschungsprozesses Rechnung getragen, während die Theorie vorrangig als Informationsquelle betrachtet wird. [ULRI81, S. 19] Nachfolgend wird der Aufbau der vorliegenden Dissertation im Kontext des Forschungsprozess der angewandten Wissenschaften nach ULRICH erläutert. Dieser ist in Abbildung 1-2 dargestellt. Den Ausgangspunkt des Forschungsprozesses stellt die Erfassung der komplexen und mehrdimensionalen Phänomene des praktischen Problems in Phase I des Forschungsprozesses nach ULRICH dar [ULRI81, S. 19]. Das der vorliegenden Dissertation zugrundeliegende praxisrelevante Problem wurde bereits in den vorangegangenen Abschnitten aus Kapitel 1 motiviert und expliziert. Dieses basiert auf den einschlägigen Erfahrungen des Autors aus diversen Beratungsprojekten in Industrieunternehmen unterschiedlicher Branchen und Größen, welche der Autor als wissenschaftlicher Mitarbeiter der Abteilung strategisches Technologiemanagement und Leiter des Geschäftsfeld Leichtbau Produktionstechnik am Fraunhofer-Institut für Produktionstechnologie IPT erworben hat.

Im Anschluss an die Erfassung des Praxisproblems werden in Kapitel 2 der Betrachtungsbereich der vorliegenden Dissertation definiert und die wissenschaftlichen Grundlagen erläutert. Hierzu werden zunächst relevante Begrifflichkeiten und wissenschaftliche Zusammenhänge erläutert. Anschließend erfolgen die Eingrenzung des Betrachtungsbereichs sowie die Analyse und kritische Würdigung bestehender Arbeiten im Betrachtungsbereich. Auf diese Weise werden problemrelevante Theorien und Hypothesen der empirischen Grundlagenwissenschaften erfasst bzw. interpretiert und somit die Phasen II und III des Forschungsprozesses adressiert.

Abbildung 1-2: Aufbau der Dissertation i. A. a. den Forschungsprozess der angewandten Wissenschaften nach ULRICH [ULRI81, S. 20]

Nach ULRICH ist die konzeptionelle Forschung für die Entwicklung von geeigneten Modellen zur problemorientierten Erfassung und geistigen Manipulation der komplexen Phänomene in den angewandten Wissenschaften von herausragender Bedeutung [ULRI81, S. 21]. Dieser Tatsache wird durch die Konzeption der Modelle zur Lösung des praxisrelevanten Problems in Kapitel 3 Rechnung getragen. Hierzu werden, vor dem Hintergrund der Problemstellung, zunächst inhaltliche und formale Anforderungen an die Lösungsmodelle definiert sowie relevante modell- und systemtechnische

Grundlagen für die Entwicklung der Lösungsmodelle erläutert. Auf diese Weise werden die Phasen III und IV des Forschungsprozesses nach ULRICH adressiert und im Rahmen der Konzeption die Phase V initiiert.

Im Anschluss an die Konzeption erfolgt die Detaillierung der Lösungsmodelle in Kapitel 4. Durch die schrittweise entwickelten Teilmodelle werden die aufgeworfenen Forschungsfragen sukzessiv beantwortet und die Lösung für die praktische Problemstellung erarbeitet. Hierzu werden Beurteilungskriterien, Gestaltungsregeln sowie Modelle abgeleitet und damit die Phase V des Forschungsprozesses der angewandten Wissenschaften adressiert.

In Kapitel 5 erfolgt die Prüfung der abgeleiteten Modelle im Anwendungszusammenhang (Phase VI) durch Validierung und kritische Reflexion anhand eines Fallbeispiels. Den Abschluss bildet die Beratung der Praxis der Phase VII durch die Diskussion der erarbeiteten Lösungsmodelle bezogen auf das zugrundeliegende praktische Problem und die Erläuterung möglicher weiterer Forschungsarbeiten in Kapitel 6.

2 Grundlagen und Stand der Forschung

Aufbauend auf der im vorherigen Kapitel erläuterten Motivation und Zielsetzung der Arbeit werden in diesem Kapitel die Grundlagen für die Entwicklung einer Methodik zur potenzial- und risikobasierten Technologiebewertung erarbeitet. Zielsetzung der Methodik ist, das unternehmensindividuelle Potenzial von Technologien bereits im Rahmen der initialen Technologieauswahl zu identifizieren und die, bedingt durch die Informationsunschärfe, vorhandenen potenzialimmanenten Risiken bewerten zu können. Folglich sind der Technologiebegriff, das Technologiepotenzial sowie das Risiko relevante Themenfelder für die vorliegende Dissertation. Diese werden nachfolgend erläutert und definiert. Aufbauend auf den Grundlagen und der Zielsetzung erfolgt die Eingrenzung des Betrachtungsbereichs und darauffolgend die Vorstellung und Reflexion bestehender Forschungsansätze mit thematischem Bezug zur vorliegenden Arbeit. Abschließend werden die Ergebnisse in Form eines Zwischenfazits zusammengefasst.

2.1 Allgemeine Grundlagen und Begrifflichkeiten

In diesem Teilkapitel werden zunächst die allgemeinen Begrifflichkeiten, welche grundlegend für das Verständnis der vorliegenden Dissertation sind, erläutert. Hierzu wird zunächst der Technologiebegriff als zentrales Betrachtungsobjekt der Dissertation beschrieben und eine Definition im Kontext der vorliegenden Arbeit gegeben. Darüber hinaus werden die Grundlagen des strategischen Managements und des Technologiemanagements erläutert, denen die Bewertung und Auswahl von Technologien zuzuordnen ist.

2.1.1 Begriffsverständnis und -definition von Technologie

Der Begriff Technologie ist auf die beiden griechischen Wörter *‚téchnē'*, zu Deutsch Technik und *‚lógos'*, was so viel wie Lehre bedeutet, zurückzuführen [DUDE15, S. 1748]. Entsprechend bedeutet Technologie im wörtlichen Sinne „Wissenschaft von der Technik" [BECK77, S. 15; ROPO09, S. 31]. Im heutigen allgemeinen

Sprachgebrauch werden die Begriffe Technologie und Technik teilweise synonym verwendet [DUDE21], was u. a. auf den Einfluss des angloamerikanischen Wortes *,technology'* zurückzuführen ist [ROPO09, S. 31]. In der wissenschaftlichen Literatur existiert kein einheitliches Verständnis des Technologiebegriffs [BIND96, S. 87; WOLF94, S. 4]. Die bestehenden wissenschaftlichen Technologiedefinitionen lassen sich jedoch in zwei Kategorien, das Technologieverständnis im engeren und im weiteren Sinne, einteilen.

Die Technologiedefinition im engeren Sinne folgt dem traditionellen Begriffsverständnis, nach welchem zwischen den Begriffen Technologie und Technik differenziert wird. Vertreter dieses Ansatzes sind u. a. BULLINGER, EWALD, FELDMANN, ROPOHL, TSCHIRKY, WOLFRUM und ZÖRGIEBEL [BULL94, S. 32; EWAL89, S. 33; FELD07, S. 15; ROPO09, S. 31; TSCH98, S. 226; WOLF94, S. 4; ZÖRG83, S. 11]. Die Technologie wird hierbei als das Wissen über die naturwissenschaftlich technischen Ziel-Mittel-Zusammenhänge zur Lösung technischer Probleme verstanden [BULL94, S. 32]. Als Technik hingegen werden die materiellen Ergebnisse der Problemlösungsprozesse, ihre Herstellung und deren Einsatz bezeichnet [EWAL89, S. 33].

Die Technologiedefinition im weiteren Sinne ist an das angloamerikanische Verständnis des Technologiebegriffs angelehnt und geht auf BINDER UND KANTOWSKY zurück [BIND96, S. 91; SCHU11f, S. 34]. Diesem integrierten Begriffsverständnis, nach dem Technik als Subsystem ein Bestandteil von Technologie ist [BIND96, S. 92], folgen u. a. BINDER UND KANTOWSKY, GERPOTT, POHL sowie SCHUH ET AL. [BIND96, S. 91; GERP05, S. 19; POHL96, S. 19; SCHU11f, S. 35].

Im Rahmen des integrativen Technologieverständnisses (Verständnis im weiteren Sinne) wird die Vereinbarkeit mit dem traditionellen Technologieverständnis (Verständnis im engeren Sinne) sichergestellt, da die Technik weiterhin als Materialisierung von Technologie verstanden wird. Gleichzeitig wird der Technologiebegriff um den Aspekt der Technik erweitert. [BIND96, S. 92] Da die Trennung der Begriffe nur im deutschen wissenschaftlichen Sprachgebrauch festzustellen ist [SCHU11f, S. 34], wird zudem eine Kompatibilität mit dem angloamerikanischen Verständnis von Technologie hergestellt [BIND96, S. 92]. Aufgrund des fließenden Übergangs der Begriffe in der Praxis wird in der vorliegenden Dissertation dem Begriffsverständnis nach BINDER UND KANTOWSKY gefolgt und die Problematik der Überschneidung dadurch aufgelöst [BIND96, S. 92]. Entsprechend wird der Technologiebegriff folgendermaßen definiert:

Eine Technologie ist das Wissen, die Kenntnisse, Fähigkeiten und Fertigkeiten zur Lösung technischer Probleme, sowie Anlagen, Einrichtungen und Verfahren zur praktischen Umsetzung naturwissenschaftlicher Erkenntnisse. [BIND96, S. 91]

In der bestehenden wissenschaftlichen Literatur werden teilweise weitergehende Klassifizierungsansätze verwendet, um den Technologiebegriff zu konkretisieren (vgl. [GERP05, S. 26 f.; SCHU11f, S. 35; TSCH98, S. 228 – 236; WOLF94, S. 4 – 7]). Hierzu existieren diverse Systematisierungskriterien. So können Technologien bspw. anhand des Einsatzgebiets bzw. ihrer Funktion in Produkt-, Produktions- und Materialtechnologien oder der Lebenszyklusphase klassifiziert werden. [SCHU11f, S. 35] Im Kontext der vorliegenden Arbeit wird jedoch die Unterstützung der grundsätzlichen technologiebezogenen Richtungsentscheidung im Rahmen der Erstauswahl von Technologien angestrebt. Da in diesem Stadium zunächst alle vorhandenen Technologiealternativen in den Entscheidungsprozess einzubeziehen sind, ist die Eignung einer allgemeinen Definition des Technologiebegriffs, welche generisch für unterschiedliche Technologietypen anwendbar ist, im besonderen Maße gegeben. Folglich wird an dieser Stelle auf eine weitergehende Differenzierung von Technologien verzichtet.

2.1.2 Grundlagen des strategischen Managements

Die ursprüngliche Bedeutung des Begriffs Strategie ist auf das griechische Wort ‚*strategós*' zurückzuführen, welches so viel wie *Heerführung* bedeutet [BRAC80, S. 219; WELG17, S. 17]. Darin inbegriffen ist die Fähigkeit, die verfügbaren Ressourcen zur Erreichung eines Ziels einzusetzen. Dieses Konzept wurde in der zweiten Hälfte der 1940er Jahre durch NEUMANN UND MORGENSTERN in die Betriebswirtschaft übertragen [BEA17, S. 56; BRAC80, S. 219]. Die eigentliche Verbreitung des Strategiebegriffs in der Betriebswirtschaftslehre setzte jedoch erst mit dessen Einführung in die Managementlehre in den 1960er Jahren ein [WELG99, S. 12]. Nach CHANDLER wird unter Strategie im klassischen Sinne die Bestimmung der grundlegenden langfristigen Ziele eines Unternehmens sowie die Festlegung von Handlungsoptionen und die Zuweisung von Ressourcen, die für die Umsetzung dieser Ziele erforderlich sind, verstanden [CHAN62, S. 13]. Diese Definition ist in modifizierter Form in den meisten angloamerikanischen Publikationen zum strategischen Management wiederzufinden [WELG17, S. 18].

CHANDLER folgend ist durch das strategische Management die grundsätzliche Richtung der Unternehmensentwicklung festzulegen, um den Unternehmenserfolg langfristig zu sichern [HUNG14, S. 4]. Hierzu wird das Vorhandensein einer Unternehmensvision vorausgesetzt [ERNE19, S. 152]. Diese Vision in Form genereller Ziele des Unternehmens sowie allgemeiner Prinzipien und Normen wird seitens des normativen Managements zur Verfügung gestellt, welches dem strategischen Management übergeordnet ist [BLEI04, S. 284]. Ausgehend von der Vision werden durch das strategische Management Entscheidungen über Strategien, Strukturen und Systeme sowie die Entwicklungsrichtung für die zukünftige interne und externe Ausrichtung des Unternehmens getroffen [HUNG14, S. 18 f.]. Die Vorgaben des strategischen Managements werden anschließend durch das operative Management umgesetzt [BLEI04, S. 286].

2.1.3 Ziele, Aufgaben und Aktivitäten des Technologiemanagements

Das Technologiemanagement ist als Querschnittsfunktion sowohl dem Bereich des strategischen als auch des operativen Managements zuzuordnen [BULL94, S. 39; KLAP11b, S. 6; NATI87, S. 9]. Die Aufgabe des Technologiemanagements besteht dabei darin, im Einklang mit der Unternehmensstrategie eine Technologieposition zu realisieren, welche einen nachhaltigen und signifikanten Beitrag zur Sicherung und Verbesserung des wirtschaftlichen Unternehmenserfolgs leistet [BULL99, S. 26; GERP05, S. 57; ZAHN95, S. 15].

Aus strategischer Sicht besteht daher die Aufgabe des Technologiemanagements darin, die Unternehmensstrategie technologisch zu interpretieren und Maßgaben für die technologische Ausrichtung des Unternehmens abzuleiten [BAUE03, S. 216; KLAP11b, S. 6]. Dies beinhaltet den gesamten technologierelevanten Entscheidungsprozess, inklusive der Entscheidungen über die Auswahl alternativer, neu zu entwickelnder Technologien und deren Anwendung in Produkten, Prozessen und Produktion [BAUE03, S. 216; DURA05, S. 49; SCHI16, S. 37]. Dem operativen Technologiemanagement kommt wiederum die kurz- bis mittelfristige Realisierung und Umsetzung der strategischen Ausrichtung und Entscheidungen zu [BULL94, S. 41]. Zusammenfassend ist seitens des Technologiemanagements die benötigte Technologie für aktuelle und künftige Leistungen zum richtigen Zeitpunkt und zu angemessenen Kosten verfügbar zu machen [DURA05, S. 49; KLAP11b, S. 6; SCHU11e, S. 330].

Das Technologiemanagement beinhaltet sechs Kernaktivitäten. Fünf dieser Aktivitäten verlaufen sequenziell entlang des Lebenszyklus einer Technologie im Unternehmen. Diese werden in der Literatur häufig als Technologiemanagementprozess bezeichnet. Der Technologiemanagementprozess beginnt bei der Technologiefrüherkennung und Technologieplanung über die Technologieentwicklung und endet mit der Technologieverwertung und dem Technologieschutz. Die Technologiebewertung als sechste Kernaktivität ist als kontinuierlicher Prozess zu verstehen, welcher innerhalb der übrigen Kernaktivitäten aufgabenspezifisch zur Anwendung kommt. Diesen Aktivitäten übergeordnet ist die aus der Unternehmensstrategie abgeleitete Technologiestrategie, durch welche die Rahmenbedingungen und Zielsetzungen für die genannten Kernaktivitäten vorgegeben werden. [GRAW17, S. 12; SCHU11b, S. 15]

Am Beginn des Technologiemanagementprozesses steht die *Technologiefrüherkennung*, deren Aufgabe die Identifikation relevanter Technologieentwicklungen und strategisch wichtiger Technologiefelder ist [BULL94, S. 40]. Die Technologiefrüherkennung ist somit als Bindeglied zwischen der Strategieformulierung und der Technologieplanung zu verstehen [SCHU11b, S. 15]. Der Fokus liegt hierbei auf der Identifikation von Potenzialen und möglichen Risiken neuer Technologien [GOCH20, S. 35; SCHU11b, S. 15; WOLF94, S. 119]. Durch die initiale Auswahl von Technologien in der Technologiefrüherkennung werden die Weichen für die zukünftige technologische Ausrichtung des Unternehmens gestellt [BULL99, S. 32 f.]. Die Herausforderung besteht dabei in den in diesem Stadium vorherrschenden hohen Unsicherheiten hinsichtlich der potenziellen Leistungsfähigkeit einer Technologie und möglicher Anwendungsfelder [SCHI15, S. 47; WOLF94, S. 120].

Aufbauend auf den Erkenntnissen der Technologiefrüherkennung erfolgt die *Technologieplanung* zur zukünftigen technologischen Ausrichtung des Unternehmens für die Schaffung nachhaltiger Wettbewerbsvorteile [SCHU11b, S. 15]. Hierzu werden mögliche Anwendungsfelder der Technologie detailliert und analysiert. [GRAW17, S. 13] Das Ergebnis der Technologieplanung ist eine zeitliche Priorisierung der Technologien unter Berücksichtigung des erforderlichen Ressourceneinsatzes sowie der Abhängigkeiten zu geplanten Produkten und weiteren Technologievorhaben [SCHU11b, S. 16].

Im Anschluss an die Technologieplanung erfolgt im Rahmen der *Technologieentwicklung* die termin- und kostengerechte Entwicklung der Technologien [SCHU11b, S. 16]. Die Technologieentwicklung ist damit im engeren Sinne Bestandteil der angewandten Forschung und Vorentwicklung mit der Zielsetzung, anwendungstaugliche Technologien als Input für die nachgelagerte Produkt- bzw. Prozessentwicklung zur Verfügung zu stellen [GRAW17, S. 14].

Während der Phase der *Technologieverwertung* wird definiert, wie und in welchem Umfang die Technologien eingesetzt werden sollen [FELD07, S. 134]. Als Alternativen bei der Technologieverwertung sind grundsätzlich die unternehmensinterne und -externe Verwertung zu unterscheiden [FELD07, S. 134 f.]. Im Falle einer internen Technologieverwertung wird neben der nachhaltigen Sicherung von Wettbewerbsvorteilen eine Maximierung der Technologienutzung durch den möglichst breiten Einsatz in Produkten und Anwendungen des Unternehmens angestrebt [GRAW17, S. 14]. Ziel der externen Technologieverwertung ist die Monetarisierung der Technologie durch Übertragung von Nutzungsrechten oder der Technologie selbst an Dritte [GRAW17, S. 14; SCHU11b, S. 16].

Für den Erhalt des technologischen Wettbewerbsvorteils bzw. zur nachhaltigen Monetisierung muss die Imitation der unternehmenseigenen Technologien durch Wettbewerber verhindert werden [ABEL11, S. 16]. Zu diesem Zweck ist der *Technologieschutz*, bspw. durch eine künstliche Erhöhung der Produkt- bzw. Produktionskomplexität oder Patentierung erforderlich. [SCHU11b, S. 16 f.]

Entlang des beschriebenen Prozesses ist die *Technologiebewertung* ein wiederkehrendes Element und von zentraler Bedeutung für die aufgabenspezifische Entscheidungsfindung bei der Erkennung, Planung, Entwicklung und Nutzung von Technologien. Ziel im Rahmen der Technologiebewertung ist es, für alternative Technologien oder Technologiekombinationen einen vergleichenden und objektiven Bewertungsmaßstab basierend auf den strategischen Unternehmenszielen zu schaffen [DURA05, S. 49; SCHI15, S. 46; SCHI16, S. 37]. Die Wahl der Methode zur Technologiebewertung ist dabei abhängig von der vorherrschenden Entscheidungssituation [HAAG11, S. 309]. So sind in den frühen Phasen des Technologiemanagements aufgrund der unsicheren und teils unvollständigen Informationsbasis qualitative Methoden prädominant, während in späteren Phasen auf Basis der zunehmenden Informationsverfügbarkeit vornehmlich quantitative Methoden verwendet werden [HAAG11, S. 309].

Die vorliegende Arbeit ist dem Feld der Technologiebewertung im Kontext des Technologiemanagements zuzuordnen. Eine darüber hinausgehende detaillierte Einordnung in den Themenkomplex des Technologiemanagements erfolgt in Kapitel 2.4.

2.2 Grundlagen zum Technologiepotenzial

Das Technologiepotenzial ist einer der beiden zentralen Bestandteile der vorliegenden Dissertation. Da das Technologiepotenzial auf das allgemeine potenzialorientierte Management zurückgeht, wird in diesem Teilkapitel zunächst der Potenzialbegriff im betriebswirtschaftlichen Kontext erläutert. Aufbauend auf diesen Erläuterungen wird der Begriff des Technologiepotenzials im Rahmen der vorliegenden Dissertation definiert.

Etymologisch ist der Potenzialbegriff auf den lateinischen Begriff *‚potens‘* bzw. *‚potentia‘* zurückgeführt, welcher mit Macht, Vermögen bzw. Fähigkeit übersetzt werden kann [KLUG11, S. 718]. Im heutigen Sprachgebrauch wird unter Potenzial allgemein die „Gesamtheit aller vorhandenen, verfügbaren Mittel, Möglichkeiten, Fähigkeiten, Energien“ [DUDE15, S. 1372] oder auch Leistungsfähigkeit verstanden [DUDE10, S. 835].

In der Betriebswirtschaft werden die Potenziale eines Unternehmens als Speicher spezifischer Stärken bzw. als Quellen von Kompetenz im Wettbewerb verstanden [BEA17, S. 56]. GÄLWEILER führte in diesem Sinne den Begriff *Erfolgspotenzial* als „das gesamte Gefüge aller jeweils produkt- und marktspezifischen erfolgsrelevanten Voraussetzungen“ ein [GÄLW05, S. 26]. Dieser Begriff ist seither im strategischen Management allgemein anerkannt und verbreitet (vgl. [BLEI04, S. 284; HUNG14, S. 5; PFOH88, S. 813; STEI88, S. 399; WELG99, S. 121]). Entsprechend werden Erfolgspotenziale als Steuerungsgrößen des strategischen Managements und zugleich als Vorsteuergrößen für den zukünftigen Unternehmenserfolg verstanden [BLEI04, S. 471].

PÜMPIN konkretisiert den Begriff des strategischen Erfolgspotenzials durch die Einführung der beiden Begriffe *strategische Erfolgsposition* und *Nutzenpotenzial*. Unter dem Begriff der strategischen Erfolgsposition wird dabei eine bewusst geschaffene, wettbewerbsbezogene Bündelung von Unternehmensfähigkeiten zur vorteilhaften Positionierung gegenüber Wettbewerbern verstanden [PÜMP86a, S. 34]. Das Nutzenpotenzial wird als in Markt, Umfeld oder Unternehmen latent oder effektiv vorhandene Konstellation definiert, welche durch Aktivitäten des Unternehmens zum Vorteil aller Bezugsgruppen und des Unternehmens selbst erschlossen werden kann [PÜMP92, S. 49 f.]. Dabei ist die Erschließung jener latent vorhandenen Nutzenpotenziale attraktiv, welche noch nicht durch andere Unternehmen besetzt sind [PÜMP92, S. 50]. Während also bei der Erfolgsposition die bewusst geschaffenen Fähigkeiten des Unternehmens im Vordergrund stehen, handelt es sich bei Nutzenpotenzialen um gegebene Konstellationen [PÜMP92, S. 54 f.].

Die Zusammenhänge zwischen den Erfolgspotenzialen, strategischen Erfolgspositionen und Nutzenpotenzialen sind in Abbildung 2-1 dargestellt. Die Zuordnung erfolgt anhand des Systembezugs und der Managementdimensionen sowie auf Basis der gegebenen Begriffsdefinitionen [BIND96, S. 67].

Auf operativer Ebene bilden die im Unternehmen vorhandenen Ressourcen und Fähigkeiten die allgemeine Grundlage für die Unternehmensaktivitäten. Durch die gezielte Bündelung von Ressourcen und Fähigkeiten im Einklang mit der strategischen Ausrichtung des Unternehmens wird zunächst die unternehmensinterne Voraussetzung für den Unternehmenserfolg geschaffen. Der Erfolg kann jedoch nur in Interaktion mit dem Umsystem des Unternehmens erzielt werden. [BIND96, S. 59] Hierzu ist eine überlegene Positionierung und klare Differenzierung gegenüber möglichen Wettbewerbern in den Zielmärkten des Unternehmens, also die Einnahme strategischer Erfolgspositionen, erforderlich [BIND96, S. 60; PÜMP92b, S. 28]. Diese bilden wiederum die Voraussetzung für die Erschließung der latent vorhandenen Nutzenpotenziale und damit für den Unternehmenserfolg [BLEI04, S. 474; GÄLW05, S. 26; PÜMP92b, S. 28].

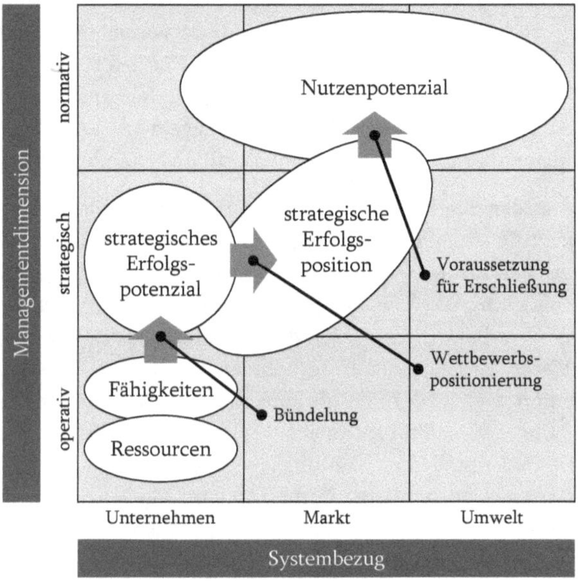

Abbildung 2-1: Zusammenhang zwischen Erfolgspotenzial, strategischer Erfolgsposition und Nutzenpotenzial i. A. a. BINDER UND KANTOWSKY [BIND96, S. 67]

Aufbauend auf den Erläuterungen zum Potenzial im betriebswirtschaftlichen Kontext wird nachfolgend eine Definition des Technologiepotenzials gegeben. Nach BLEICHER sind Technologiepotenziale die technologischen Möglichkeiten eines Unternehmens, welche auf der Fähigkeit des Unternehmens zur Beherrschung von Technologien beruhen [BLEI04, S. 479]. Diese bilden eine der drei Kategorien strategischer Erfolgspotenziale, zu denen darüber hinaus die Marktbeziehungs- und die Humanpotenziale zählen [BLEI04, S. 474]. Technologiepotenziale sind somit eine Voraussetzung für die

Entwicklung strategischer Erfolgspositionen [BIND96, S. 70]. Aufbauend auf dieser Definition sowie auf dem beschriebenen Potenzialverständnis im Kontext des strategischen Managements wird das Technologiepotenzial für die vorliegende Dissertation wie folgt definiert:

Das Technologiepotenzial ist die Summe der technologiebasierten Möglichkeiten zur Einnahme einer vorteilhaften Wettbewerbsposition durch das Unternehmen.

2.3 Grundlagen zum Risiko

Neben der Bewertung der Technologiepotenziale ist die Beurteilung möglicher Risiken das Kernstück der zu entwickelnden Methodik für die Technologiebewertung zur initialen Technologieauswahl. Daher wird im folgenden Teilkapitel der Risikobegriff mit dem Risikoverständnis der vorliegenden Dissertation näher erläutert. Hierzu werden zunächst in der bestehenden Wissenschaftsliteratur verbreitete Begriffsverständnisse reflektiert und schließlich eine für diese Arbeit relevante Definition des Risikos gegeben. Anschließend werden die Elemente des Risikos eingehend untersucht.

2.3.1 Begriffsverständnis und -definition des Risikos

Unter Risiko wird im deutschen Sprachgebrauch allgemein sowohl das mit einem Vorhaben oder einer Unternehmung verbundene Wagnis als auch der mögliche negative Ausgang einer unsicheren Unternehmung, mit dem daraus folgenden Nachteil, Verlust oder Schaden, verstanden [DUDE10, S. 917; DUDE15, S. 1468]. Der Risikobegriff und dessen heutige Bedeutung ist auf den italienischen Begriff *‚ris(i)co'*, heute *‚rischio'* aus dem 16. Jh. zurückgeführt [DUDE15, S. 1468].

Die Definition des Risikos unterliegt seit einer genaueren Untersuchung zu Anfang des 18. Jh. einem stetigen Wandel [AVEN12a, S. 40]. So existieren unterschiedliche Definitionen bspw. in den Bereichen Philosophie, Finanzen, Wirtschaft, Militär, Ingenieurwesen und Management [GOMA18, S. 3]. Diese sind in ihrer spezifischen Ausprägung durch den Betrachtungsbereich und die Art der Verwendung oder Nutzung bestimmt. Bspw. ist das Risiko in traditionellen technischen Anwendungen eine Art physikalische Größe, die im Rahmen der probabilistischen Sicherheits- bzw. Risikoanalyse analysiert und geschätzt werden muss. Im Management und Projektmanagement wird das Risiko hingegen eher als subjektives Maß für die Unsicherheit angesehen. [AVEN12b, S. 6] Den gängigen Definitionen des Risikos ist ein partieller oder vollständiger Bezug auf die drei Komponenten *Ereignis*, *Konsequenz* und *Wahrscheinlichkeit* bzw. *Unsicherheit* gemein. Die Begriffe Wahrscheinlichkeit und Unsicherheit werden hierbei sowohl differenzierend als auch synonym verwendet, indem Unsicherheiten durch Wahrscheinlichkeiten ausgedrückt werden. [AVEN10, S. 623] Für ein konsistentes Verständnis werden nachfolgend unterschiedliche Definitionen bezogen auf die genannten Elemente des Risikos kurz erläutert.

Eine der ältesten Risikodefinitionen wird von MOIVRE gegeben, welcher das Risiko als möglichen Verlust, genauer den Erwartungswert des Verlustes als das Produkt aus der eingesetzten Geldsumme und der Wahrscheinlichkeit des Verlusts definiert [MOIV18, S. 2]. Das Ereignis, in diesem Fall der Verlust, steht im Vordergrund.

HAYNES definiert das Risiko hingegen als Wahrscheinlichkeit, dass ein Schaden eintritt oder ein Verlust entsteht [HAYN95, S. 409]. In diesem Fall ist die Wahrscheinlichkeit das dominierende Element des Risikobegriffs. Ähnlich beschreibt KNIGHT Risiko als durch a priori Berechnung oder aus Statistiken objektiv messbare Unsicherheit bezogen auf ein unerwünschtes Ereignis [KNIG21, S. 233]. Andere Autoren unterscheiden nicht zwischen objektiver und subjektiver Unsicherheit wie bspw. HOLTON, welcher unter Risiko im Allgemeinen die Unsicherheit, der jemand oder etwas ausgesetzt ist, beschreibt [HOLT04, S. 22].

LOWRANCE berücksichtigt nicht nur die Wahrscheinlichkeit oder Unsicherheit, sondern auch die möglichen Konsequenzen und definiert Risiko als Maß für die Wahrscheinlichkeit und Schwere von nachteiligen Auswirkungen [LOWR76, S. 94]. Die möglichen negativen Konsequenzen bezieht LOWRANCE vor allem auf den Menschen und beschreibt das Risiko daher als Maß für die Wahrscheinlichkeit und Schwere der Schädigung der menschlichen Gesundheit [LOWR76, S. 8].

KAPLAN UND GARRICK erweitern den Risikobegriff zusätzlich zu einem Triplett aus einem möglichen Szenario (Ereignis), der Wahrscheinlichkeit dieses Szenarios und den möglichen Folgen [KAPL81, S. 13]. BAO ET AL. definieren Risiko ebenfalls als Triplett, beziehen die Unsicherheit jedoch auf die möglichen Konsequenzen bei Eintritt eines Ereignisses [BAO19, S. 1127].

Neben diversen Definitionen in der wissenschaftlichen Literatur ist der Risikobegriff zudem im Rahmen der international definierten Leitlinien zum Risikomanagement der DIN ISO 31000 definiert. Nach DIN ISO 31000 ist unter Risiko allgemein die „Auswirkung von Unsicherheit auf Ziele“ zu verstehen [DIN18, S. 7]. Hierbei wird unter den Auswirkungen die Abweichung von etwas Erwartetem verstanden. Diese Abweichung kann sowohl positiv als auch negativ oder sogar beides sein. Der Begriff Ziele kann verschiedene Aspekte und Kategorien umfassen und auf verschiedenen Ebenen angewendet werden. Letztlich wird das Risiko auch im Rahmen der Norm anhand potenzieller Ereignisse, deren Konsequenzen und Unsicherheit dargestellt. [DIN18, S. 7]

Nahezu allen aufgeführten Definitionen des Risikos ist die Betrachtung von Wahrscheinlichkeit respektive Unsicherheit gemein. Die Bedeutung der Unsicherheit bezogen auf das Risiko sowie dessen subjektiver Charakter wird im Kontext der vorliegenden Arbeit ebenfalls anerkannt und als zentrales Element des Risikos betrachtet. Der Begriff der Unsicherheit steht dabei im Einklang mit den Erläuterungen in der DIN ISO 31000 zum englischen Ausdruck *‚likelihood'*, durch welchen der subjektive Charakter des Risikos berücksichtigt wird [DIN18, S. 8]. Der Definition der Norm wird im weiteren Verlauf der Arbeit gefolgt. Eine Einschränkung wird lediglich im Hinblick auf die Zielabweichung vorgenommen, welche im Risikokontext sowohl im allgemeinen Sprachgebrauch als auch in den gängigen wissenschaftlichen Definitionen negativ konnotiert ist [AVEN15, S. 13]. Entsprechend wird das Risiko für die vorliegende Dissertation wie folgt definiert:

Risiko ist die Quantifizierung der Unsicherheit einer möglichen negativen Abweichung von einem erwarteten bzw. angestrebten Ziel.

Diese Risikodefinition wird nachfolgend der Ausgestaltung der Risikobewertung im Rahmen der zu entwickelnden Methodik zugrunde gelegt. Hierbei wird das erwartete Technologiepotenzial als Ziel im Sinne der gegebenen Definition interpretiert.

2.3.2 Grundlagen des Risikomanagements

Die Grundsätze und Leitlinien für die Gestaltung des Risikomanagements sind in der DIN ISO 31000 international genormt. Nach der DIN ISO 31000 besteht der Hauptzweck des Risikomanagements darin, Werte zu schaffen und zu bewahren [DIN18, S. 9]. Das Risikomanagement ist als die Summe aller Maßnahmen und Aktivitäten zur Beherrschung von Risiken definiert [AVEN15, S. 4; DIN18, S. 7]. Zielsetzung des Risikomanagements ist die Gestaltung einer Balance zwischen den inhärenten Risiken bei der Exploration von Chancen und dem diametral entgegenstehenden Ziel der Vermeidung von Verlusten, Unfällen und Katastrophen [AVEN07, S. 1]. Entsprechend dieser übergeordneten Zielsetzung ist das Risikomanagement bzw. der Risikomanagementprozess als integraler Bestandteil des Managements zu betrachten, welchen es in die Strukturen, Abläufe und Prozesse der Organisation auf strategischer und operativer Ebene zu integrieren gilt [AVEN15, S. 4 f.; DIN18, S. 17]. Der Prozess des Risikomanagements besteht aus einem in die drei Schritte Ausrichtung, Risikostreuung und Risikostreuung gegliederten Kernprozess, welcher iterativ durchlaufen und durch Unterstützungsprozesse flankiert wird [DIN18, S. 16]. Die Schritte des Risikomanagements sind in Abbildung 2-2 i. A. a. die DIN ISO 31000 dargestellt.

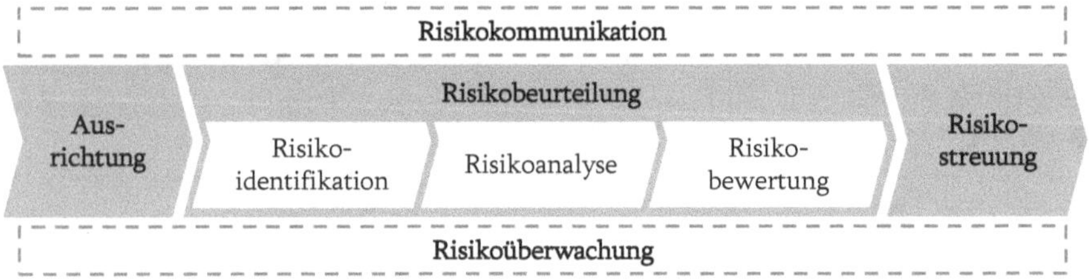

Abbildung 2-2: Risikomanagementprozess i. A. a. DIN ISO 31000 [DIN18, S. 16]

Zu Beginn werden die *Ausrichtung*, die organisatorische Verankerung und die Rahmenbedingungen für das Risikomanagement definiert. Das Ergebnis dieses Schritts wird auch als Risikomanagement-Strategie bezeichnet. [ROME18, S. 36]

Anschließend erfolgt die *Risikobeurteilung* zur Bewertung, Aggregation und Priorisierung von Risiken [DIN18, S. 19; ROME18, S. 37]. Diese gliedert sich in die drei Phasen Risikoidentifikation, Risikoanalyse und Risikobewertung. Im Rahmen der *Risikoidentifikation* werden zunächst mögliche Risiken und deren Risikoquellen identifiziert. [DIN18, S. 19 f.; ROME18, S. 36] Im Rahmen der *Risikoanalyse* werden die Ursachen und Quellen der Risiken, ihre positiven und negativen Auswirkungen sowie die Wahrscheinlichkeit ihres Eintretens als Grundlage für die Risikobewertung betrachtet. Der Umfang und die Art der Analyse sind dabei von der zu Beginn definierten Zielsetzung abhängig. [DIN18, S. 20; ROME18, S. 36] Die letzte Phase der Risikobeurteilung ist die *Risikobewertung*. In dieser Phase erfolgt die Evaluation und Priorisierung der Risiken auf Basis potenzieller Auswirkungen sowie den damit verbundenen Eintrittswahrscheinlichkeiten. [DIN18, S. 21; ROME18, S. 36]

Der letzte Schritt im Kernprozess des Risikomanagements ist die, auch als Risikobehandlung bezeichnete, Risikostreuung. Im Rahmen der Risikostreuung werden in Abhängigkeit der Priorisierung aus der Risikobewertung sowie auf Basis der Erkenntnisse aus der Risikoanalyse geeignete Maßnahmen zur Reduktion der Risiken ergriffen, um ein wirtschaftlich vertretbares Restrisiko zu erreichen. [DIN18, S. 21 f.; ROME18, S. 37]

Der Kernprozess des Risikomanagements wird von den parallel verlaufenden Prozessen der *Risikokommunikation* und der *Risikoüberwachung* unterstützt. Zielsetzung der Risikokommunikation ist die Verbreitung der Erkenntnisse und Ergebnisse des Risikomanagements in die Organisation für den Aufbau und die Weiterentwicklung der Risikokultur. Neben der Kommunikation erfolgt eine kontinuierliche Überwachung des Risikomanagements, um sicherzustellen, dass die einzelnen Schritte und Phasen des Risikomanagements korrekt durchlaufen und die Maßnahmen zur Risikosteuerung richtig umgesetzt werden, sodass letztlich die angestrebte Wirkung erzielt werden kann. [DIN18, S. 23; ROME18, S. 37 f.]

Durch die vorliegende Arbeit wird die Risikobeurteilung als Teil der Technologiebewertung angestrebt. Eine darüber hinausgehende detaillierte Einordnung im Kontext dieser Dissertation erfolgt in Kapitel 2.4.

2.4 Eingrenzung des Betrachtungsbereichs

Basierend auf den in den Teilkapiteln 2.1 bis 2.3 erläuterten Grundlagen wird in diesem Teilkapitel eine Eingrenzung des Betrachtungsbereichs vorgenommen. Diese dient zum einen der präzisen Einordnung der vorliegenden Arbeit und ermöglicht darüber hinaus eine systematische und konsistente Strukturierung sowie eine zielgerichtete Bearbeitung des Themas. Die Eingrenzung erfolgt anhand einer differenzierten Betrachtung des Objekt-, Prädikats- und Subjektbereichs. Im Objektbereich werden die im Rahmen der Arbeit betrachteten Kernelemente beschrieben. Die Prozesse und Aktivitäten bzw. Aufgaben, welche durch die zu entwickelnde Methode zu unterstützen sind, werden im Prädikatsbereich dargestellt. Die Beschreibung potenzieller Anwender des zu entwickelnden Bewertungsmodells ist schließlich Gegenstand des Subjektbereichs.

2.4.1 Objektbezogene Eingrenzung

Zielsetzung dieser Arbeit ist die Entwicklung einer Methodik zur potenzial- und risikobasierten Technologiebewertung. Betrachtungsobjekte der vorliegenden Arbeit sind daher Technologien, deren unternehmensspezifische Potenziale und die mit diesen Potenzialen verbundenen Risiken.

Entsprechend der in Kapitel 2.1.1 gegebenen Definition werden *Technologien* nach dem integrierten Begriffsverständnis interpretiert, indem die Technik als integraler Bestandteil der Technologie betrachtet wird. In der Fachliteratur erfolgt häufig eine Klassifikation von Technologien anhand definierter Kriterien (vgl. [GERP05, S. 26 f.; SCHI15, S. 54 f.; VORB14, S. 205]). Bspw. kann eine Technologie entsprechend dem vorgesehenen Einsatzgebiet als Produkt- oder Prozesstechnologie klassifiziert werden [GERP05, S. 26 f.]. Die Klassifizierung ist dabei jedoch stets durch die jeweilige Betrachtungsperspektive induziert. So ist die Einteilung einer Technologie als Produkt- oder Produktionstechnologie davon abhängig, ob die Technologie im Unternehmen zur Funktionserfüllung in einem Produkt oder zur Herstellung von Produkten eingesetzt wird [SCHU11f, S. 35 f.]. Entsprechend der Zielsetzung aus Kapitel 1.2 soll durch die zu entwickelnde Methodik der Entscheidungsprozess bei der Technologieselektion vor Beginn der eigentlichen Planungs- und Entwicklungsaktivitäten adressiert werden. Für eine grundsätzliche technologiebezogene Richtungsentscheidung gilt es zunächst, alle vorhandenen Technologiealternativen in den Entscheidungsprozess einzubeziehen. Eine Fokussierung des Betrachtungsbereichs hätte bereits vor der eigentlichen Bewertung eine signifikante Einschränkung zur Folge. Aus diesem Grund wird eine Eingrenzung des Betrachtungsbereichs auf bestimmte Klassen von Technologien nicht vorgenommen.

Neben Technologien sind die *Technologiepotenziale* ein weiteres Betrachtungsobjekt der vorliegenden Arbeit. Entsprechend den Ausführungen in Teilkapitel 2.2 ist das Technologiepotenzial die technologiebasierte Möglichkeit zur Einnahme vorteilhafter Wettbewerbspositionen durch das Unternehmen. Die angestrebte Wettbewerbsposition wird durch die strategischen Unternehmensziele determiniert, da das Technologiemanagement dem strategischen Management im Unternehmen untergeordnet ist (vgl. Kapitel 2.1.3) und bei der Zielerreichung stets eine unterstützende Funktion hat. Im Fokus der Betrachtung liegt somit das Potenzial einer Technologie, einen positiven Beitrag zur Erreichung der individuellen, strategischen Unternehmensziele zu leisten. Ein positiver Zielbeitrag entsteht jedoch erst durch den Einsatz einer Technologie in den Produkten und Prozessen des Unternehmens [GOCH20, S. 15]. Aus diesem Grund gilt es, den Anwendungskontext in die Betrachtung der Technologiepotenziale mit einzubeziehen. Dies schließt sowohl Anwendungen zur unternehmensinternen Leistungserbringung wie Produktionsprozesse als auch Anwendungen mit unternehmensexternem Bezug wie Produkte oder Dienstleistungen ein.

Technologiepotenziale sind zukunftsgerichtet und aufgrund des prädiktiven Charakters stets risikobehaftet. Unter dem *Risiko* wird, wie in Kapitel 2.3.1 erläutert, eine mögliche negative Abweichung von einem angestrebten Ziel verstanden. Entsprechend ist das Risiko im Kontext dieser Arbeit die Unsicherheit, dass das erwartete bzw. ermittelte Technologiepotenzial durch das Unternehmen nicht realisiert werden kann. Unsicherheiten werden hierbei in der Regel durch Wahrscheinlichkeiten ausgedrückt.

Dabei wird allgemein zwischen objektiv und subjektiv ermittelten Wahrscheinlichkeiten unterschieden (vgl. Unterkapitel 2.3.1). Objektiv ermittelte Wahrscheinlichkeiten können entweder aufgrund mathematischer Zusammenhänge a priori bestimmt werden oder gehen auf statistische Auswertungen vorangegangener Ereignisse zurück [KNIG21, S. 224 f.]. Sind keine allgemeingültigen Zusammenhänge oder historische Daten gegeben, kann nur auf geschätzte und damit subjektiv bestimmte Wahrscheinlichkeiten zurückgegriffen werden [KNIG21, S. 225]. Für die Ermittlung des Risikos im Kontext dieser Arbeit werden subjektive Wahrscheinlichkeiten betrachtet, da objektive Wahrscheinlichkeiten nicht ermittelt werden können. Zum einen existieren keine allgemeingültigen mathematischen Zusammenhänge, auf deren Basis das Risiko bezogen auf Technologiepotenziale in einem frühen Stadium bestimmt werden kann. Zum anderen sind die Voraussetzungen für eine statistische Auswertung nicht gegeben, da sowohl Technologien in Bezug auf ihre Charakteristika und das Leistungsvermögen stark divergieren als auch der Bewertungskontext unternehmensindividuell ist.

2.4.2 Prozessbezogene Eingrenzung

Zur prozessbezogenen Eingrenzung werden nachfolgend Prozesse und Aktivitäten vorgestellt, welche durch die Methodik adressiert werden. Dabei besteht die übergeordnete Zielsetzung der Methodik in der Unterstützung produzierender Unternehmen bei der Einnahme einer überlegenen Wettbewerbsposition durch den Aufbau und Erhalt strategischer Erfolgspositionen. In diesem Sinne ist die zu entwickelnde Methodik zur potenzial- und risikobasierten Technologiebewertung als Entscheidungsunterstützung auf der Ebene des strategischen Managements angesiedelt.

Durch die systematische, reproduzierbare Bewertung der Potenziale und Risiken von Technologien wird die Vergleichbarkeit unterschiedlicher Technologien ermöglicht und die Selektion für nachfolgende Entwicklungsaktivitäten unterstützt. Entsprechend den Erläuterungen aus Kapitel 2.1.3 ist diese Tätigkeit den Zielen und Aufgaben des Technologiemanagements respektive der Technologiebewertung im strategischen Technologiemanagement zuzuordnen. Während die Technologiebewertung als übergeordnete Aktivität entlang des gesamten Technologiemanagementprozesses verstanden wird, ist die zu entwickelnde Methodik an der Schnittstelle zwischen der Technologiefrüherkennung und der Technologieplanung verortet. So dient die Methodik im Rahmen einer initialen Erstbewertung als Werkzeug für die Priorisierung und Auswahl strategisch bedeutender Technologien, welche durch die Technologiefrüherkennung identifiziert wurden. Aufgrund des richtungsweisenden Charakters der hier getroffenen Entscheidungen wird der initialen Technologieauswahl eine signifikante Relevanz in Bezug auf die erfolgreiche Positionierung von Unternehmen gegenüber

Wettbewerbern zugesprochen [GASS14, S. 5]. Gleichzeitig ist diese Phase durch eine unvollständige und unscharfe Informationslage gekennzeichnet (vgl. Kapitel 2.1.3), welche es in Form von Risiken im Entscheidungsprozess zu berücksichtigen gilt.

Die ausgewählten Technologien werden im Zuge nachgelagerter Aktivitäten der Technologieplanung weiter analysiert und konkretisiert. Die Grundlagen für die Priorisierung und Auswahl der Technologien sind Transparenz über die unternehmensindividuellen Potenziale der Technologien gepaart mit möglichen Risiken bezogen auf die Erschließung dieser Potenziale. Durch diese zweidimensionale Kombination wird die Ausrichtung des Technologieportfolios im Einklang mit den strategischen Zielen und der Risikopräferenz des Unternehmens ermöglicht.

2.4.3 Subjektbezogene Eingrenzung

Im Rahmen der subjektbezogenen Eingrenzung werden nachfolgend die Rezipienten in Form der adressierten Unternehmenstypen sowie der Anwender der Methodik in den Unternehmen beschrieben. Die Beschreibung der Unternehmenstypen erfolgt dabei mit Bezugnahme auf die Typologie von Unternehmen nach THOMMEN ET AL. Diese definieren die Gewinnorientierung, die Branche, die Größe, die technisch-ökonomische Struktur, die Rechtsform, den Kooperationsgrad (bzw. Unternehmensverbindungen), den Lebenszyklus des Unternehmens sowie den Standort als charakteristische Merkmale zur Typenbildung [THOM20, S. 24 – 27].

Der Fokus der vorliegenden Arbeit liegt auf gewinnorientierten Unternehmen, welche im Wettbewerb zu Konkurrenten stehen und bestrebt sind, in diesem Wettbewerb eine vorteilhafte Positionierung zu erlangen. Dieser Fokus wird im Einklang mit dem der Dissertation zugrundeliegenden Potenzialverständnis gewählt, welches im Kern auf der Realisierung strategischer Wettbewerbsvorteile basiert. Hinsichtlich der Branche sowie der Unternehmensgröße wird keine Eingrenzung getroffen, da die Entwicklung einer allgemeinen Bewertungsmethodik für die initiale Technologieauswahl angestrebt wird. Der technisch-ökonomische Aspekt zur Unternehmenstypisierung umfasst den vorherrschenden Produktionsfaktor, die Anzahl der zu fertigenden Produkte sowie die Produktionsorganisation und ist vor allem für Industrieunternehmen relevant [THOM20, S. 25 – 27]. Obgleich Technologien für den Erfolg eines jeden Industrieunternehmens von Bedeutung sind, gilt dies in besonderem Maße für Unternehmen, bei denen die Intensität der Forschung und Entwicklung (F&E) der vorherrschende Produktionsfaktor ist[1]. Daher werden diese im Rahmen der vorliegenden Arbeit fokussiert betrachtet. Eine Anwendung der zu entwickelnden Methodik für Unternehmen mit einem anderen vorherrschenden Produktionsfaktor ist jedoch nicht ausgeschlossen. Hinsichtlich des Produktionsvolumens oder der Produktionsorganisation wird hingegen keine Eingrenzung vorgenommen, da diese Größen für die Technologiebewertung nicht determinierend sind. Durch die Wahl der Rechtsform werden die wirtschaftlichen, rechtlichen oder auch steuerlichen Rahmenbedingungen beeinflusst [THOM20, S. 27]. Die Differenzen zwischen den existierenden Rechtsformen und dem Kooperationsgrad von Unternehmen sind im Kontext dieser Arbeit nicht von signifikanter Bedeutung, sodass in Bezug auf diese Merkmale ebenfalls keine Eingrenzung vorgenommen wird.

Der Anwenderkreis in den adressierten Unternehmen umfasst jene Mitarbeiter, welche für die Auswahl und Bewertung von Technologien in der Technologiefrüherkennung sowie für die Allokation von Entwicklungsbudgets verantwortlich sind. Diese werden durch die Methodik bei der Identifikation potenzialträchtiger Technologien unterstützt. Weiterhin wird durch die zweidimensionale Bewertung aus Potenzial und Risiko die Informationsbasis für die Ausrichtung des Technologieportfolios in Abhängigkeit der strategischen Ausrichtung und Risikopräferenz des Unternehmens ermöglicht. Entsprechend der prozessbezogenen Eingrenzung auf die frühen Phasen des Innovationsprozesses wird das Technologieportfolio respektive das Budget der Vorentwicklung adressiert.

2.5 Analyse und kritische Würdigung des Stands der Forschung

Im folgenden Kapitel wird der Stand der Forschung zur potenzial- und risikobasierten Technologiebewertung analysiert und kritisch reflektiert. Zu diesem Zweck werden zunächst Kriterien zur Bewertung der bestehenden Ansätze der Wissenschaftsliteratur definiert. Die Definition der Bewertungskriterien erfolgt auf Basis der Eingrenzung des Betrachtungsbereichs aus dem vorangegangenen Kapitel sowie der Zielsetzung der Arbeit aus Kapitel 1.2. Ziel der nachfolgenden Untersuchung bestehender Ansätze ist sowohl die Erfassung bestehender Defizite als auch die Identifikation potenziell adaptierbarer Lösungsansätze bezogen auf das Forschungsvorhaben der vorliegenden Ar-

[1] Als F&E-intensiv werden nach THOMMEN ET AL. Unternehmen definiert, deren F&E Ausgaben mehr als 2,5 Prozent ihres Umsatzes betragen [THOM20, S. 30].

beit. Zum Abschluss des Teilkapitels wird eine zusammenfassende Bewertung der bestehenden Ansätze gegeben und der Forschungsbedarf für die Konzeption der Methodik in Kapitel 3 abgeleitet.

2.5.1 Kriterien zur Bewertung bestehender Ansätze

Die Bewertung der bestehenden Ansätze erfolgt anhand von zwei Kategorien von Kriterien. Die erste Kategorie ist der *Untersuchungsbereich*. Anhand dieser Kriterien wird bewertet, inwieweit der Betrachtungsbereich der analysierten Ansätze dem Betrachtungsfokus dieser Arbeit entspricht. Folgende Kriterien werden für die Analyse und Bewertung entsprechend der Eingrenzung aus Teilkapitel 2.4 herangezogen:

- *Neue Technologien:* Durch den Ansatz soll die Bewertung von unternehmensseitig neuen Technologien adressiert sowie die Anwendbarkeit ohne eine einschränkende Fokussierung auf einen bestimmten Technologietyp sichergestellt werden.
- *Initiale Erstbewertung:* Der Ansatz soll in der Technologiefrüherkennung im Rahmen einer initialen Erstbewertung zur Priorisierung und Auswahl strategisch bedeutender Technologien anwendbar sein.
- *Erfolgspotenziale von Technologien:* Der Ansatz soll der Analyse von Technologiepotenzialen in Form strategischer Erfolgspotenziale dienen.
- *Potenzialbezogene Risiken:* Durch den Ansatz sollen unsicherheitsbasierte Risiken über die Erreichbarkeit prognostizierter Potenziale ganzheitlich berücksichtigt werden.

Die zweite Kategorie von Kriterien wird als *Zielbereich* bezeichnet. Mithilfe dieser Kriterien wird bewertet, inwiefern durch die untersuchten Ansätze die zugrundeliegende Zielsetzung und Forschungsfrage (vgl. Teilkapitel 1.2) bereits beantwortet wird:

- *Relative Vergleichbarkeit:* Mit dem Ansatz soll die relative Vergleichbarkeit unterschiedlicher Technologietypen ermöglicht werden, um den Anwender bei der Priorisierung und Auswahl von Technologien zu unterstützen.
- *Unternehmensindividuelle Bewertung:* Durch den Ansatz soll die Möglichkeit zur unternehmensindividuellen Bewertung von Technologien gegeben werden.
- *Quantifizierung von Potenzialen:* Der Fokus des Ansatzes soll auf der quantitativen, potenzialorientierten Bewertung von Technologien liegen.

- *Risikobewertung der Potenziale:* Mithilfe des Ansatzes soll eine Risikobewertung hinsichtlich der Unsicherheit bezogen auf die Erreichbarkeit der ermittelten Technologiepotenziale ermöglicht werden.

2.5.2 Darstellung und Bewertung bestehender Ansätze

In diesem Unterkapitel werden bestehende Ansätze der Wissenschaftsliteratur hinsichtlich des Beitrags zur Beantwortung der Forschungsfrage dieser Arbeit untersucht. Hierzu werden zunächst Ziele, Aufbau und Ergebnis der Ansätze beschrieben. Anschließend erfolgt die kritische Reflexion unter Zuhilfenahme der im vorherigen Unterkapitel definierten Bewertungskriterien des Untersuchungs- und Zielbereichs.

Entsprechend der Eingrenzung des Betrachtungsbereichs aus Teilkapitel 2.4 werden nachfolgend bestehende Ansätze zur Potenzial- und Risikobewertung von Technologien untersucht. Der Analyseschwerpunkt liegt auf Ansätzen aus dem Bereich des Technologiemanagements. Darüber hinaus werden, aufgrund der großen thematischen Verwandtschaft der Disziplinen, ebenfalls Ansätze aus dem Bereich des Innovationsmanagements analysiert.

Das Themenfeld der Risikobewertung wird, neben den nachfolgend dargestellten Ansätzen, in diversen weiteren Disziplinen, wie dem Finanz- und Versicherungswesen, der Bonitätsbewertung, der Medizin oder dem Katastrophenschutz behandelt [AVEN12b, S. 40; SCHU20, S. 2]. Obgleich den Ansätzen dieser Disziplinen ein ähnliches Risikoverständnis wie der vorliegenden Arbeit zugrunde liegt, werden für die Risikobewertung grundlegend andere Methoden verwendet [AVEN12a, S. 34]. So basieren bspw. Risikobewertungen im Bereich der Medizin oder dem Arbeitsschutz vornehmlich auf statistischen Ansätzen [AVEN12b, S. 40]. Aus diesem Grund ist die Übertragbarkeit dieser Ansätze auf die Problemstellung der vorliegenden Dissertation nicht in ausreichendem Maße gegeben, sodass auf eine detaillierte Beschreibung und kritische Reflexion an dieser Stelle verzichtet wird.

2.5.2.1 Ansätze zur Potenzialbewertung

Nachfolgend werden bestehende Ansätze zur Potenzialbewertung aus dem Bereich des Technologie- und Innovationsmanagements beschrieben. Diese sind sowohl aufgrund der Zielstellung als auch im Hinblick auf den Untersuchungsgegenstand von besonderer Relevanz für die vorliegende Dissertation. Neben der Beschreibung erfolgt eine kritische Reflexion im Kontext der vorliegenden Dissertation, um Anknüpfungspunkte aber auch Handlungsfelder für die zu entwickelnde Methodik zu identifizieren.

SCHÖNING, 2006: Potenzialbasierte Bewertung neuer Technologien

SCHÖNING entwickelt eine Methodik zur quantitativen, monetären Bewertung von Technologien, um die technologiebezogenen Investitions- und Entscheidungsprozesse im Unternehmen zu unterstützen [SCHÖ06, S. 3]. Die Methodik ist für Produkt-, Prozess- sowie Materialtechnologien geeignet [SCHÖ06, S. 22]. SCHÖNING baut seine Methodik auf dem ressourcenbasierten Ansatz auf [SCHÖ06, S. 112]. Dabei werden technologische Potenziale im Sinne von Entwicklungs- bzw. Substitutionspotenzialen zukunftsorientiert beschrieben und applikationsbezogene Nutzen- und Marktpotenziale ermittelt [SCHÖ06, S. 55]. Abschließend werden monetäre Potenziale in Form des Net Present Value berechnet und dabei mögliche Risiken hinsichtlich umsetzungsbezogener Restriktionen indirekt in die Entscheidung mit einbezogen [SCHÖ06, S. 105].

SCHÖNING verfolgt im Rahmen seiner Arbeit eine differenzierte Betrachtung unterschiedlicher Potenziale von Technologien im unternehmerischen Kontext. Die kaskadische Potenzialermittlung sowie die Berücksichtigung der Anwendungsperspektive sind dabei Aspekte, welche als Grundlage für die Ausgestaltung der Ermittlung des Potenzialwerts in Teilkapitel 4.5 herangezogen werden. Durch die starke Fokussierung auf monetäre Potenziale ist die Anwendbarkeit der Methodik im Rahmen einer initialen Erstbewertung jedoch kritisch zu sehen, da für eine Abschätzung des Cash-Flows umfassende Marktkenntnisse erforderlich sind, welche zum Zeitpunkt der initialen Technologieauswahl nicht vorliegen oder nur unter großem Aufwand mit begrenzter Validität zu ermitteln sind.

KRÖLL, 2007: Methode zur Technologiebewertung für eine ergebnisorientierte Produktentwicklung

KRÖLL entwickelt in seiner Arbeit eine Methode zur Tauglichkeitsprüfung von Technologien. Die Methode ist auf Produkttechnologien für den Einsatz in Elektrik-Elektronik-Systemen fokussiert und soll in der Produktentstehungsphase, im Vorfeld der späteren Serienentwicklung, zur Anwendung kommen. Die Methode ist in eine Technologieanalyse- und eine Technologieumsetzungsphase gegliedert, wobei die Technologieanalyse das Kernstück der Methode ist. [KRÖL07, S. 19] Dabei werden mögliche Potenziale als Leistungspotenziale bezogen auf die Einsetzbarkeit der Technologie für ein dezidiertes Produkt durch den qualitativen Vergleich von technologischen Leistungsmerkmalen und Anforderungen aus gewünschten Produktfunktionalitäten ermittelt [KRÖL07, S. 140 f.]. Die Technologiealternativen werden anschließend über Kriterienbäume aggregiert und in den finalen Zielgrößen Kosten, Qualität, Flexibilität und Technologischer Reifegrad (TRG) bewertet [KRÖL07, S. 137]. Hierbei werden jedoch unternehmensindividuelle Aspekte außer Acht gelassen und stattdessen primär das spätere Produkt adressiert. Risiken werden im Rahmen der Bewertung als Unsicherheiten in Form von Wahrscheinlichkeitsverteilungen abgebildet und über die Erwartungswerte der Verteilung indirekt berücksichtigt [KRÖL07, S. 140 f.]. Abschließend erfolgt die Unterstützung der Technologieumsetzung im Sinne der Überführung ausgewählter Technologien in einen Produktentwicklungsprozess [KRÖL07, S. 19 f.].

Durch die systematische Bewertung der Technologiealternativen anhand definierter Kriterien wird eine relative Vergleichbarkeit der Technologiealternativen ermöglicht. Die Bewertung anhand definierter, gruppierter Kriterien wird im Rahmen der vorliegenden Arbeit bei der Entwicklung der Beschreibungsmodelle in den Teilkapiteln 4.1 und 4.2 aufgegriffen. So werden die von KRÖLL identifizierten Beschreibungsmerkmale für die Gestaltung der Beschreibungsmodelle berücksichtigt. Eine dezidierte Ausweisung respektive Darstellung der Risiken im Vergleich zum erwarteten Potenzial findet nicht statt, sodass in diesem Punkt keine Anknüpfungspunkte für die Gestaltung der zu entwickelnden Methodik bestehen.

HAAG, 2009: Werthaltigkeitsprüfung technologiebasierter immaterieller Vermögenswerte

HAAG entwickelt im Rahmen seiner Arbeit eine Bewertungsmethodik in Form eines Prognosemodells zur unternehmensinternen Wertbestimmung von Technologien anhand ihrer erwarteten zukünftigen Erträge [HAAG09, S. 3]. Das achtstufige Modell ist nicht auf die Bewertung eines bestimmten Technologietyps fokussiert, sondern allgemein auf Technologien anwendbar. Die Wertermittlung erfolgt ähnlich wie bei SCHÖNING kaskadisch über Nutzenpotenziale hin zu monetären Potenzialen für die Entwicklungs- sowie Nutzungsphase von Technologien im Unternehmen. [HAAG09, S. 43 – 45] Basierend auf dem Realoptionsansatz wird ein Entscheidungsbaum für die zu bewertende Technologie erstellt, welcher die erwarteten Zahlungsströme für verschiedene Szenarien beinhaltet [HAAG09, S. 133]. Die Eintrittswahrscheinlichkeiten im Entscheidungsbaum sind dabei ausgehend von möglichen Risiken bei der Entwicklung und marktseitigen Verwertung von Technologie zu ermitteln und, zur Berücksichtigung des möglichen Erkenntnisgewinns, periodisch zu aktualisieren [HAAG09, S. 134].

HAAG liefert mit seiner Methodik eine umfassende Vorgehensweise zur Umsetzung einer Werthaltigkeitsprüfung im Unternehmen, überlässt die Konkretisierung und

Ausgestaltung der Schritte jedoch dem Anwender. Nichtsdestotrotz ist die mehrdimensionale Risikobetrachtung ein interessanter Ansatz, um die Vielschichtigkeit möglicher Risiken darzustellen. Die Betrachtung unterschiedlicher Risikodimensionen wird bei der Gestaltung des Risikomodells in Teilkapitel 4.4 der vorliegenden Arbeit aufgegriffen.

SPATH ET AL., 2009: The Potential of Emerging Technologies

SPATH ET AL. stellen eine Methode zur Analyse von Technologiepotenzialen zur Unterstützung von Forschungseinrichtungen bei der Identifikation aktueller und zukünftiger Anwendungen emergenter Technologien und der Formulierung einer Technologieentwicklungsstrategie vor [SPAT09, S. 462 f.]. Im Fokus der Methode steht sowohl die Bewertung und Identifikation von neuen als auch bestehenden Märkten und Technologien [SPAT09, S. 463]. Hierzu wird ein dreistufiges Vorgehen vorgeschlagen [SPAT09, S. 463]. In der ersten Phase wird eine Funktionsanalyse der Technologie durchgeführt und aktuelle bzw. potenziell konkurrierende Technologien sowie Wettbewerber identifiziert und beschrieben. Anschließend werden in der Anwendungsanalysephase die etablierten und aufkommenden Märkte auf Anwendungsebene ermittelt. In der letzten Phase der Potenzialermittlung werden schließlich die Anwendungen in ein dreidimensionales Strategieportfolio zur Visualisierung von Handlungsempfehlungen für die Entwicklung überführt. [SPAT09, 463-476]

Die Potenziale werden im Ansatz von SPATH ET AL. allgemeingültig auf qualitativer Basis ermittelt. Eine Risikobewertung oder Quantifizierung von Potenzialen findet jedoch nicht statt. Von besonderem Interesse ist die funktions- und anwendungsorientierte Betrachtung der Technologien, welche in der vorliegenden Dissertation im Rahmen des Beschreibungsmodells in Teilkapitel 4.1 durch die anwendungsspezifische Beurteilung der Technologiecharakteristika aufgegriffen wird.

UNTIEDT, 2009: Technologie Rating

UNTIEDT entwickelt ein Technologie-Rating-Modell mit dem Ziel, die zukünftigen Chancen und Risiken eines Unternehmens in Bezug auf den eingesetzten Pool aus Produktions- und Produkttechnologien sowie das technologische Umfeld bewertbar zu machen [UNTI09, S. 4]. Als Basis für das Rating werden, dem Konzept der strategischen Erfolgspotenziale folgend, das Technologiepotenzial, die Nachhaltigkeit des Technologiepotenzials sowie die Umsetzungsfähigkeit als Hauptbewertungsdimensionen herangezogen [UNTI09, S. 80]. Die Ermittlung der drei Dimensionen erfolgt mithilfe mehrerer Nutzwertanalysen unter Berücksichtigung diverser interner und externer Aspekte. Als Ergebnis erhält der Anwender eine aggregierte Bewertung der technologischen Zukunftsfähigkeit des Unternehmens ausgehend von einer absolut definierten Rating-Scala. [UNTI09, S. 112]

Trotz der Analogie des Ratings zum Finanzmarkt ist das Kernergebnis eine Potenzialbewertung des bestehenden Technologiepools und entspricht damit nur zum Teil dem Betrachtungsbereich der vorliegenden Arbeit. Weiterhin werden keine neuen Technologien, sondern lediglich die bestehenden Technologien bewertet. Dennoch ist die ganzheitliche Bewertung durch die Berücksichtigung interner und externer Aspekte im Rahmen der Methode auf die Problemstellung der vorliegenden Arbeit übertragbar. So wird die dargestellte Bedeutung des Anwendungskontextes bei der Konzeption der zu entwickelnden Methodik in Teilkapitel 3.3 aufgegriffen, indem die Anwendungsperspektive als eigenes Beschreibungsmodell konzipiert wird.

JAHN, 2010: Portfolio- und Reifegradmanagement für Innovationsprojekte zur Multiprojektsteuerung in der frühen Phase der Produktentwicklung

JAHN entwickelt eine Methode zur Priorisierung und Budgetierung von produktbezogenen Innovationsprojekten mit dem Ziel, die Effizienz des Innovationsprozesses in den frühen Phasen zu steigern [JAHN10, S. 5]. Darüber hinaus wird ein Reifegradmanagement zur Projektsteuerung entwickelt. Für die Priorisierung der Innovationsprojekte werden deren Potenziale im Sinne zukünftiger Wettbewerbsvorteile für das Unternehmen und Risiken im Sinne möglicher Opportunitätskosten im Falle eines Projektfehlschlags separat berücksichtigt [JAHN10, S. 78]. Die Potenziale entsprechen damit einem erfolgspotenzialorientierten Verständnis, obgleich diese nicht auf Technologien, sondern Innovationsprojekte bezogen sind. Die Ausprägungen des Potenzials und Risikos werden auf Basis eines definierten Kriterien-Sets mithilfe eines Scoring-Modells bestimmt, wobei die Kriteriengewichte aus der Annäherung einer expertenbasierten, intuitiven Ad-Hoc Abschätzung für ein bestehendes Referenzprojekt ermittelt werden [JAHN10, S. 78]. Die Ergebnisse werden schließlich in Form eines Portfolios dargestellt, um einen direkten Vergleich zu ermöglichen [JAHN10, S. 90]. Die Positionierung auf den Achsen des Portfolios folgt aus einer Addition der bewerteten Kriterien. Eine tiefergehende Analyse grundlegender Wirkzusammenhänge oder Interpretation der Positionierung findet nicht statt.

Da durch den von JAHN entwickelten Ansatz Innovationsprojekte anstelle von Technologien fokussiert werden, besteht in Bezug auf den Untersuchungsbereich nur eine geringe Übereinstimmung zur vorliegenden Dissertation. Nichtsdestotrotz bestehen hinsichtlich der Herangehensweise zur Herstellung der Vergleichbarkeit der Innovationsprojekte Anknüpfungspunkte für die vorliegende Dissertation. Konkret wird in Bezug auf die zu entwickelnde Methodik die Ermittlung und Aggregation der Potenzial- und Risikowerte mithilfe eines Scoring-Modells in Teilkapitel 4.5 aufgegriffen.

JOLLY, 2012: Development of a two-dimensional scale for evaluating technologies in high-tech companies

JOLLY analysiert im Rahmen einer empirischen Studie mit 50 Industrieunternehmen Korrelationen zwischen Faktoren zur Portfoliobewertung von Technologien in den Dimensionen externe Technologieattraktivität und unternehmensinterne, technologische Wettbewerbsstärke. Die Faktoren basieren dabei auf einer vorangegangenen Studie zur Untersuchung der Relevanz unterschiedlicher Kriterien bei der Portfoliobewertung von Technologien. [JOLL12, S. 311] Aufbauend auf argumentativ und literaturgestützt hergeleiteten Thesen zur Technologiebewertung sowie auf Basis der untersuchten Korrelation werden schließlich sechs Kriterien zur Beurteilung der externen, marktseitigen Attraktivität einer Technologie und vier Kriterien zur Bewertung der unternehmensinternen, technologischen Wettbewerbsstärke einer Technologie gegeben [JOLL12, S. 327].

Die definierten Kriterien sind allgemein zur Bewertung von Technologien im Rahmen einer Technologieauswahl geeignet und entsprechen inhaltlich dem Konzept der strategischen Erfolgspotenziale. Diese Kriterien werden aufgrund der umfassenden empirischen Validierung in Abhängigkeit des inhaltlichen Bezugs als Merkmale für die Beschreibungsmodelle in den Teilkapiteln 4.1 und 4.2 aufgegriffen. Ein Vorgehen zur Ermittlung der Kriterien oder deren Aggregation wird durch den untersuchten Ansatz nicht gegeben. Weiterhin werden mögliche Risiken in den Bewertungsdimensionen nur implizit berücksichtigt. Dennoch können die Untersuchungsergebnisse als Grundlage für die Identifikation von Wirkbeziehungen für die Bewertung der Technologiepotenziale in Teilkapitel 4.3 herangezogen werden.

RUMMEL, 2014: Tauglichkeitsprüfung von Technologiekonzepten in der Technologieentwicklung

RUMMEL entwickelt eine Methodik zur quantitativen Bewertung der Tauglichkeit (Einsatzfähigkeit und Reife) von produktionsbezogenen Technologiekonzepten im Rahmen von Technologieentwicklungsvorhaben [RUMM14, S. 23]. Die Bewertung erfolgt mithilfe von Scoring-Modellen auf Basis der aktuellen Technologieleistungsfähigkeit [RUMM14, S. 80 – 82] anhand von technologie-, kunden-, fertigungs- und wirtschaftlichkeitsbezogenen Zieldimensionen [RUMM14, S. 92]. Bei der Bewertung der Technologiekonzepte in den vier Zieldimensionen wird ein unternehmensindividueller Kontext adressiert. Hierbei handelt es sich um eine absolute Bewertung der Technologiekonzepte bezogen auf ein angestrebtes Entwicklungsvorhaben.

Der von RUMMEL entwickelte Ansatz ist aufgrund der Beschränkung auf Produktionstechnologien und des reinen Fokus auf Technologiekonzepte in der Entwicklungsphase für die vorliegende Arbeit weitestgehend ungeeignet. Die umfangreich hergeleiteten Merkmale zur Beschreibung von Technologien und deren Leistungsfähigkeit werden jedoch im Rahmen der Technologiecharakterisierung in Teilkapitel 4.1 dieser Arbeit berücksichtigt.

HOFER ET AL., 2019: Potential-based Technology Planning for Production Companies

HOFER ET AL. entwickeln i. A. a. das Vorgehen von SCHÖNING eine Methode zur quantitativen Potenzialbewertung von Produktionstechnologien im Rahmen der Technologieplanung [HOFE19, S. 1400 – 1402]. Aufbauend auf einer umfassenden Literaturrecherche zu bestehenden Methoden der Technologiebewertung schlagen die Autoren eine Untergliederung des Technologiepotenzials in eine wirtschaftliche, technische und strategische Perspektive vor [HOFE19, S. 1401]. Die Bewertung der Perspektiven soll auf Basis von Parametern erfolgen, welche jedoch nicht näher spezifiziert werden. In diesem Kontext wird auf die DIN 8580 zur allgemeinen Strukturierung der Fertigungsverfahren verwiesen, während für das strategische Potenzial eine Überprüfung des Strategie-Fits und für das ökonomische Potenzial eine Bewertung der Kostenreduktion vorgeschlagen wird [HOFE19, S. 1402 f.]. Im Rahmen der Bewertung sind die technologischen Parameter generisch zu bewerten, während die wirtschaftlichen und strategischen Parameter vor dem Hintergrund des jeweiligen Unternehmensumfeldes bewertet werden [HOFE19, S. 1404]. Risiken bezogen auf die Potenziale werden nicht betrachtet.

Obgleich durch den von HOFER ET AL. entwickelten Ansatz allein Fertigungstechnologien betrachtet werden, kann die Strukturierung der Potenzialbewertung in mehrere, einzeln zu beurteilende Dimensionen für die vorliegende Dissertation adaptiert werden. Die Strukturierung des Potenzials in einzelne Potenzialdimensionen wird insbesondere bei der Konzeption der Methodik für die Gestaltung des Erklärungsmodells für das Technologiepotenzial in Teilkapitel 3.3 aufgegriffen.

TRAPP UND WARSCHAT, 2020: Technologie Potenzial Analyse mit Technologie Netzen

Das von TRAPP UND WARSCHAT entwickelte Modell dient der Dekomposition komplexer Technologien und basiert auf den Funktions- und Strukturmodellen der Produktplanung und -konzeption. Durch das entwickelte Modell werden prognostizierte Leistungsparameter von Produktions- und Produkttechnologien mit erwarteten marktseitigen Anforderungen möglicher Kunden verknüpft mit dem Ziel, Technologie- und Produktentwicklungspfade in Form einer kombinierten Roadmap abzuleiten. [TRAP20, S. 209] Hierbei stehen jedoch vor allem Produkttechnologien im Vordergrund. Im Rahmen des Modells werden keine einzelnen Technologien, sondern sog. Technologienetze betrachtet, welche als Verbünde aus mehreren Subtechnologien zu verstehen sind [TRAP20, S. 204]. Potenziale werden dabei in Form von Entwicklungsoptionen identifiziert, welche wiederum in eine Entwicklungsroadmap überführt werden. Eine Risikobewertung oder Berücksichtigung unternehmensindividueller Einflussfaktoren findet nicht statt.

Obgleich die Betrachtung von Technologienetzen anstelle von Einzeltechnologien im vorgestellten Ansatz sinnvoll ist, besteht hierin ein Widerspruch zur angestrebten Auswahl und Priorisierung einzelner neuer Technologien im Rahmen der vorliegenden Arbeit. Nichtsdestotrotz wird die besondere Bedeutung der Verbundwirkung von Technologien und deren anwendungsspezifische Bedeutungsunterschiede als ein Aspekt zur Technologiecharakterisierung in Teilkapitel 4.1 adressiert. Weiterhin werden die aus dem Bedeutungsunterschied entstehenden Implikationen für die Beurteilung des Technologiepotenzials im Rahmen der Konzeption der Gesamtmethodik in Teilkapitel 3.3 aufgegriffen.

2.5.2.2 Ansätze zur Risikobewertung

Neben der Potenzialbewertung ist die Risikobewertung die zweite Säule der im Rahmen der vorliegenden Dissertation zu entwickelnden Methodik. Daher werden in diesem Abschnitt bestehende Ansätze zur Risikobewertung aus dem Bereich des Technologie- und Innovationsmanagements beschrieben. Anschließend erfolgt analog zum vorherigen Abschnitt ebenfalls eine kritische Reflexion.

WIßLER, 2006: Ein Verfahren zur Bewertung technischer Risiken in der Phase der Entwicklung komplexer Serienprodukte

WIßLER entwickelt im Rahmen seiner Dissertation einen Ansatz zur Beurteilung technischer Risiken während der Produktentwicklung von Serienprodukten. Technologien selbst werden dabei jedoch nicht bewertet. Mithilfe des Verfahrens sollen Entscheidungsprozesse und die Projektsteuerung im Rahmen der Produktentwicklung unterstützt werden. [WIßL06, S. 18] Das Verfahren ist iterativ gestaltet, sodass neue Erkenntnisse infolge des zunehmenden Entwicklungsfortschritts einbezogen und die Genauigkeit der Ergebnisse gesteigert werden kann [WIßL06, S. 75]. Zu Beginn des Vorgehens werden die Komponenten des Produktes hinsichtlich technischer Risiken geprüft, bevor für die betrachteten Komponenten Indikatoren für die Risikobewertung festgelegt werden [WIßL06, S. 86 f.]. Hierbei werden auch unternehmensspezifische Risikokategorien vorgeschlagen. Es wird jedoch lediglich ein Vorgehen zur Risikobeurteilung vorgestellt. Die Identifikation der Risikoindikatoren und die Beurteilung von deren Ausprägungen wird den Anwendern des Ansatzes überlassen und ist im Laufe des Entwicklungsprozesses iterativ durchzuführen [WIßL06, S. 81]. Das Ergebnis wird in Form einer Ampellogik zur Beurteilung des Gesamtprojektrisikos dargestellt [WIßL06, S. 97]. Diese dient als Information für die Entscheidung über die Projektfortführung. Potenziale werden nicht bewertet.

Der indikatorbasierte Ansatz für die unternehmensindividuelle Risikobewertung ist auf die Risikobewertung im Rahmen der vorliegenden Arbeit übertragbar und wird bei der Konzeption des Erklärungsmodells für die Risikobeurteilung in Teilkapitel 3.3 sowie des Vorgehens zur Quantifizierung des Risikos in Teilkapitel 4.5 berücksichtigt. Darüber hinaus bestehen keine weiteren Anknüpfungspunkte für die zu entwickelnde Methodik, da die vorgeschlagene Ampellogik rein qualitativ ist und nicht als Instrument für eine relative Vergleichbarkeit herangezogen werden kann.

GRANIG, 2007: Innovationsbewertung

GRANIG untersucht im Rahmen seiner Arbeit unterschiedliche Verfahren der Investitions- und Unternehmensbewertung auf deren Aussagekraft und Anwendbarkeit für die Bewertung von Innovationsprojekten [GRAN07, S. 78]. Die Analyse erfolgt in Abhängigkeit der jeweiligen Projektphase, wobei insbesondere die frühen Innovationsphasen Untersuchungsgegenstand sind. [GRAN07, S. 4] Die übergeordnete Zielsetzung besteht in der Bewertung von Innovationsrisiken zur Reduktion von Unsicherheiten bei der Entscheidung zur Durchführung bzw. Fortführung von Innovationsprojekten [GRAN07, S. 5]. GRANIG benennt hierbei konkret wirtschaftliche und technische Risiken [GRAN07, S. 135 f.], welche bei Eintritt verlorene Kosten und strategische Nachteile für Unternehmen bedeuten können [GRAN07, S. 138]. Die Risiken werden abschließend in Form von „at-Risk-Kennzahlen“ bspw. im Kontext des Shareholder-Values ausgedrückt [GRAN07, S. 145]. Die Eignung für die frühen Innovationsphasen soll durch simulationsgestützte Verfahren zur Ergänzung fehlender Informationen ermöglicht werden.

GRANIG verzichtet in seiner Arbeit auf die Ausgestaltung einer durchgehenden Methodik zur Innovationsbewertung, sodass bezogen auf die Ausgestaltung der zu entwickelnden Methodik keine Anknüpfungspunkte bestehen. Nichtsdestotrotz sind die aufgeworfenen Innovationsrisiken sowie die analysierten Risikoauswirkungen von hoher Bedeutung für die vorliegende Dissertation und werden für die Gestaltung der Risikobewertung sowie die Ableitung von Ursache-Wirkungsbeziehungen in Teilkapitel 4.4 bedarfsorientiert herangezogen.

MERZ, 2011: Entwicklung einer indikatorenbasierten Methodik zur Vulnerabilitätsanalyse für die Bewertung von Risiken in der industriellen Produktion

MERZ entwickelt im Rahmen ihrer Dissertation eine zweistufige, indikatorenbasierte Methodik zur Bewertung des Einflusses externer Risiken wie Infrastrukturausfälle, terroristische Anschläge oder extreme Naturereignisse auf die industrielle Produktion. Hierbei steht die Bewertung der Vulnerabilität der lokalen Industrie im Sinne einer Anfälligkeit gegenüber den externen Risiken im Fokus. [MERZ11, S. 6] Einzelne Technologien werden dabei nicht betrachtet. Im ersten Schritt der Methodik wird die Vulnerabilität von Industriesektoren gegenüber indirekten Schäden mithilfe eines hierarchischen Indikatorenmodells quantifiziert [MERZ11, S. 104]. Die Risikofaktoren, durch welche die Vulnerabilität maßgeblich beeinflusst wird, werden in die Dimensionen Betriebsmittel-, Personal- und Infrastrukturausfälle sowie Supply-Chain-Unterbrechungen gegliedert [MERZ11, S. 117]. Die Gewichtung der Indikatoren erfolgt mithilfe einer Nutzwertanalyse [MERZ11, S. 89]. Anschließend wird unter Verwendung einer sog. Regionalisierungsmethode die räumliche Vulnerabilität auf lokaler Ebene spezifiziert [MERZ11, S. 211 – 214].

Da die Methodik darauf ausgelegt ist, externe Risiken für Branchen in Abhängigkeit der lokalen Gegebenheiten zu analysieren, ist eine Eignung für die Beurteilung von Technologien nicht gegeben. Dennoch ist das Vorgehen der Methodik zur Risikobewertung auf Basis eines hierarchischen Indikatorenmodells und die Aggregation über die Nutzwertanalyse für die vorliegende Dissertation adaptierbar und wird für die Risikostrukturierung in Teilkapitel 4.4 aufgegriffen.

WAITZINGER, 2015: Ein Vorgehensmodell zur Risikoidentifikation in der Entwicklung technologiegetriebener Geschäftsmodelle

WAITZINGER verfolgt das Ziel, ein Vorgehen zur Identifikation von Risiken für Geschäftsmodellinnovationen zu entwickeln, um einen Beitrag zur Entscheidungsunterstützung im Rahmen der Entwicklung zu leisten. [WAIT15, S. 14] Das Vorgehen ist an die Phase der Risikoidentifikation des allgemeinen Risikomanagementprozesses angelehnt [WAIT15, S. 52]. Im ersten Schritt werden systemimmanente und umfeldbezogene Attribute zur Charakterisierung des jeweiligen Geschäftsmodells individuell identifiziert, analysiert und schließlich Schlüsselattribute als Ausgangspunkt für die Identifikation von Risikopotenzialen definiert [WAIT15, S. 57]. Als Risikopotenziale werden dabei kritische Ausprägungen der Schlüsselattribute mit Gefahr für den wirtschaftlichen Erfolg des Geschäftsmodells verstanden [WAIT15, S. 67]. Anschließend werden Abhängigkeiten zwischen Schlüsselattributen als Ausgangspunkt für eine abschließende Szenarioanalyse identifiziert [WAIT15, S. 79]. Die Ergebnisse der Szenarioanalyse werden schließlich in Form einer Heatmap dargestellt und dienen als Informationsgrundlage für Entscheidungsprozesse im Rahmen der Geschäftsmodellentwicklung [WAIT15, S. 86 f.]. Eine Beurteilung des Risikos und eine damit verbundene handlungsleitende Interpretation findet nicht statt [WAIT15, S. 96].

Die Ergebnisse des Vorgehens sind in hohem Maße individuell, da jede Bewertung spezifisch für das jeweils betrachtete Geschäftsmodell entwickelt wird. Eine vergleichende Bewertung der Risiken unterschiedlicher Geschäftsmodelle ist daher nicht möglich, sodass in dieser Hinsicht keine nennenswerten Anknüpfungspunkte für die vorliegende Arbeit bestehen. Die strukturierte Gestaltung des Vorgehens zur Ermittlung der Risiken entsprechend der DIN ISO 31000 wird hingegen als zielführend erachtet und für die Konzeption der zu entwickelnden Methodik in Teilkapitel 3.3 aufgegriffen.

HOROZ, 2017: Verfahren zur Potenzial- und Risikoanalyse und monetären Bewertung patentrelevanter Innovationsvorhaben

HOROZ entwickelt im Rahmen seiner Arbeit ein Verfahren zur innovationsprozessbegleitenden Bewertung des wirtschaftlichen Nutzens der Patentierung von Innovationsvorhaben [HORO17, S. 3 f.]. Unter dem Begriff Innovationsvorhaben werden sowohl innovative Technologien als auch Ideen und Entwicklungsvorhaben verstanden, für die ein Patentschutz beabsichtigt oder vorhanden ist [HORO17, S. 4]. Zunächst wird die Umsetzungschance der Innovation bewertet. Anschließend erfolgen die Ermittlung möglicher Verwertungspotenziale sowie die monetäre Bewertung der Wirtschaftlichkeit einer Patentierung als Produkt der Umsetzungschance und des Verwertungspotenzials der Innovation [HORO17, S. 140 f.]. Durch den so berechneten Erwartungswert wird die Vergleichbarkeit unterschiedlicher Innovationsvorhaben in Bezug auf den Nutzen einer Patentierung gegeben.

Durch den Ansatz von HOROZ werden primär monetäre Potenziale adressiert, welche nicht im Betrachtungsbereich der vorliegenden Dissertation sind. Durch die mehrdimensionale Betrachtung technischer, wirtschaftlicher und rechtlicher Risiken wird jedoch eine umfassende Risikobewertung ermöglicht. Die genannten Teilrisiken bzw. die zugrundeliegenden Risikotreiber werden bei der Ableitung von Ursache-Wirkungsbeziehungen für die Ermittlung der Risiken in Teilkapitel 4.4 aufgegriffen, sofern eine inhaltliche Übereinstimmung gegeben ist.

2.5.3 Zusammenfassung der Bewertung bestehender Ansätze

Die in den vorangegangenen Abschnitten analysierten Ansätze zur Technologie- und Risikobewertung werden in Abbildung 2-3 zusammenfassend dargestellt. Nachfolgend werden die wesentlichen Erkenntnisse zusammengefasst und das Forschungsdefizit abgeleitet.

Entsprechend der dargestellten Bewertung werden einige der im Kontext der vorliegenden Arbeit relevanten Aspekte bereits durch bestehende Ansätze adressiert. Diese können als Ausgangspunkte für die Gestaltung der Methodik in Kapitel 4 verwendet werden. Nichtsdestotrotz existiert derzeit kein Ansatz, durch welchen die definierten Kriterien vollumfänglich erfüllt werden (vgl. Abbildung 2-3). So werden insbesondere die Kriterien „Erfolgspotenziale von Technologien“ und „Potenzialbezogene Risiken“ durch bestehende Ansätze nur geringfügig adressiert. Gleiches gilt für die Zielsetzung der „Quantifizierung von Potenzialen“ sowie der „Risikobewertung der Potenziale“, welche in Summe nur in geringem Maße unterstützt werden.

Die Schwerpunkte bestehender *Ansätze zur Potenzialbewertung* liegen vornehmlich auf einer unternehmensindividuellen Bewertung von Technologien, wobei vielfach eine Eingrenzung des Technologietyps auf bspw. Produkt- oder Prozesstechnologien vorgenommen wird. Während die Bewertung unternehmensindividueller Potenziale vielfach adressiert wird, sind mögliche Risiken selten Gegenstand der Untersuchung. Eine Bewertung selbiger findet bis auf wenige Ausnahmen nicht statt. Bei der Bewertung der Potenziale ist weiterhin eine Differenzierung in eine qualitative und quantitative Bewertung festzustellen. Dabei werden die qualitativen Ansätze zumeist als für die initiale Technologiebewertung geeignet angesehen, während die quantitativen Ansätze durch einen Fokus auf monetäre Aspekte charakterisiert und vornehmlich für spätere Phasen der Planung und Technologieentwicklung konzipiert sind. Demgegenüber wird mit der vorliegenden Dissertation das Ziel verfolgt, mögliche Potenziale bereits für die initiale Technologiebewertung quantifizieren zu können, um eine relative Vergleichbarkeit für eine systematische Technologieauswahl zu ermöglichen.

Legende:

- ○ nicht erfüllt
- ◑ teilweise erfüllt
- ● voll erfüllt

	Untersuchungsbereich				Zielbereich				
	Neue Technologien	Initiale Erstbewertung	Erfolgspotenziale von Technologien	Potenzialbezogene Risiken	Relative Vergleichbarkeit	Unternehmens-individuelle Bewertung	Quantifizierung von Potenzialen	Risikobewertung der Potenziale	**Ø Erfüllungsgrad**
Ansätze zur Potenzialbewertung									
SCHÖNING (2006)	●	◑	◑	◑	◑	●	◑	○	◑
KRÖLL (2007)	◑	○	○	◑	●	○	◑	○	◔
HAAG (2009)	●	○	◑	◑	◑	●	●	◑	◕
SPATH ET AL. (2009)	●	●	◑	○	●	○	◑	○	◑
UNTIEDT (2009)	◑	○	●	◑	○	●	◑	◑	◑
JAHN (2010)	○	◑	◑	◑	◑	●	◑	○	◑
JOLLY (2012)	●	●	◑	○	●	●	○	○	◑
RUMMEL (2014)	◑	◑	○	○	◑	●	◑	○	◑
HOFER ET AL. (2019)	◑	◑	●	○	◑	●	◑	○	◑
TRAPP ET AL. (2020)	◑	◑	◑	○	●	○	○	○	◔
Ansätze zur Risikobewertung									
GRANIC (2006)	○	◑	○	◑	◑	◑	◑	○	◑
WIẞLER (2006)	○	○	○	◑	○	●	○	◑	◔
MERZ (2011)	○	○	○	○	◑	●	○	●	◔
WAITZINGER (2015)	○	○	○	●	○	◑	○	◑	◔
HOROZ (2017)	◑	●	○	○	◑	◑	◑	○	◑
Ø Häufigkeit	◑	◑	◔	◔	◑	◕	◔	◔	

Abbildung 2-3: Bewertung bestehender Ansätze der relevanten Wissenschaftsliteratur

Die *Ansätze zur Risikobewertung* sind nur in wenigen Fällen durch einen direkten Technologiebezug gekennzeichnet. Stattdessen wird primär die Bewertung von Risiken im Rahmen von Entwicklungsvorhaben bzw. -projekten adressiert, wobei der Untersuchungsbereich hinsichtlich der jeweils fokussierten Risiken stark divergiert. Zudem ist ein starker Bezug zu einzelnen Entwicklungsvorhaben anstelle einer vergleichenden Bewertung unterschiedlicher Alternativen festzustellen, obgleich diese nicht in Gänze ausgeschlossen ist.

Die auf Basis der kritischen Würdigung bestehender Ansätze deduzierten Forschungsdefizite werden im nachfolgenden Unterkapitel erläutert. Dabei wird insbesondere auf Implikationen für die im Rahmen der vorliegenden Dissertation zu gestaltende Methodik eingegangen.

2.6 Zwischenfazit zum Status quo und Ableitung des Forschungsbedarfs

Auf Basis der Analyse des Stands der Technik werden drei Theoriedefizite identifiziert, durch welche die vorliegende Dissertation forschungsseitig legitimiert wird und welche im Rahmen der nachfolgenden Konzeption und Ausgestaltung der Methodik zu adressieren sind. Diese werden nachfolgend kurz erläutert.

Unzureichende Vergleichbarkeit der Ergebnisse von Bewertungsansätzen für die initiale Technologieauswahl

In bestehenden Ansätzen zur Potenzial- oder Risikobewertung ist die Vergleichbarkeit der Bewertungsergebnisse insbesondere zu einem frühen Bewertungszeitpunkt nur unzureichend gegeben. Teilweise wird der Bewertungsfokus auf einzelne Technologietypen oder bestimmte Risiken stark eingeschränkt, sodass eine ganzheitliche Bewertung unterschiedlicher Alternativen nicht gegeben ist, während bei anderen Ansätzen die Vergleichbarkeit in Gänze außerhalb des Betrachtungsbereichs liegt. Darüber hinaus wird die Wahl der Kriterien für die Technologiebewertung häufig dem Anwender überlassen und damit die übergreifende Vergleichbarkeit der Ergebnisse eingeschränkt. Weiterhin werden die Bewertungsergebnisse durch den Mangel an definierten Kriterien in signifikantem Maße durch den Erfahrungshintergrund des jeweiligen Experten beeinflusst. Ansätze, denen eine hohe Vergleichbarkeit zugeschrieben werden kann, basieren hingegen auf monetären Bewertungsansätzen und sind im Rahmen einer initialen Technologieauswahl nicht anwendbar.

Fehlende Berücksichtigung von Unsicherheiten bei der Technologiebewertung

Weiterhin werden in bestehenden Ansätzen zur Technologiebewertung Risiken im Sinne von Unsicherheiten kaum adressiert. Nur bei wenigen Ansätzen werden mögliche Risiken bezogen auf die Sicherheit respektive Unsicherheit der Bewertungsergebnisse in Form von Erwartungswerten berücksichtigt. Dies ist vornehmlich bei finanziellen Bewertungen in Bezug auf die erwartete Rendite der Fall. Insbesondere bei Ansätzen mit Eignung für die initiale Technologieauswahl werden Risiken jedoch weitestgehend außer Acht gelassen, obgleich gerade zu diesem frühen Entscheidungszeitpunkt die Informationsunschärfe – und damit verbunden das Risiko einer Fehlbewertung – am größten ist.

Keine ganzheitliche, simultane Bewertung der Potenziale und Risiken von Technologien

Darüber hinaus existieren dezidierte Risikobewertungsansätze, welche jedoch primär auf die Bewertung von Entwicklungsprojekten oder Innovationsvorhaben ausgerichtet sind und keinen direkten Technologiebezug haben. In diesen Ansätzen wird die Wahrscheinlichkeit eines erfolgreichen Projektabschlusses bewertet. Eine Verbindung zu den erwarteten Potenzialen im Fall des Projekterfolgs findet jedoch nicht statt. Letztlich bleibt damit in den bestehenden Bewertungsansätzen jeweils die Potenzial- oder Risikobewertung unberücksichtigt.

Im Rahmen der Analyse und kritischen Würdigung bestehender Ansätze in Teilkapitel 2.5 wurde vor allem eine starke Divergenz des Betrachtungsbereichs, sowohl im Hinblick auf die Potenzial- als auch die Risikobewertung, festgestellt. So wird das Technologiepotenzial partiell aus monetärer, strategischer oder operativer Perspektive betrachtet. Darüber hinaus wird der Fokus der Risikobewertung teilweise auf Ursachen und/oder Folgen des Risikos gelegt. Zudem werden diverse Perspektiven bei der Risikobewertung betrachtet. Das Spektrum reicht dabei von technischen über rechtliche und politische bis hin zu wirtschaftlichen und gesellschaftlichen Risiken mit unterschiedlichem Abdeckungsgrad. Weiterhin konnten im Rahmen der Analyse bestehender Ansätze unterschiedliche Herangehensweisen und Methoden für die Bewertung von Potenzialen und Risiken identifiziert werden. Diese sind hinsichtlich der Anwendbarkeit für die Methodik der vorliegenden Dissertationsschrift zu prüfen und bedarfsorientiert zu adaptieren. Das identifizierte und explizierte Theoriedefizit wird im Zuge der nachfolgenden Definition der inhaltlichen Anforderungen an die zu entwickelnde Methodik in Unterkapitel 3.1.1 aufgegriffen. Weiterhin werden die im Rahmen der Analyse gewonnenen Erkenntnisse zu Methoden und Gestaltungsdimensionen ähnlich gelagerter Bewertungsinstrumente bei der Konzeption und Detaillierung der Methodik in Unterkapitel 3.3 und Kapitel 4 berücksichtigt.

3 Konzeption der Methodik

Auf Basis der bisher gewonnenen Erkenntnisse erfolgt in diesem Kapitel die Grobkonzeption der Methodik. Der Begriff Methodik ist aus dem griechischen Wort ‚*methodikḗ*' abgeleitet, welches so viel wie „Kunst des planmäßigen Vorgehens" bedeutet [DUDE18]. Nach EHRLENSPIEL UND MEERKAMM wird unter Methodik eine planmäßige Verfahrensweise zur Erreichung eines bestimmten Ziels verstanden, welche einem definierten Vorgehen unter Zuhilfenahme von Strategien, Methoden, Werkzeugen und Hilfsmitteln folgt [EHRL17, S. 173]. Entsprechend dieser Definition werden in diesem Kapitel erforderliche Modelle als Hilfsmittel bzw. Werkzeuge zur Problemlösung für die Zielstellung der vorliegenden Dissertation abgeleitet und sachlogisch miteinander verknüpft. Hierzu werden zunächst in Teilkapitel 3.1 die inhaltlichen und formalen Anforderungen an die Methodik formuliert sowie in Teilkapitel 3.2 die Grundlagen zur Modell- und Systemtheorie erläutert. Ausgehend von den inhaltlichen und formalen Anforderungen erfolgt abschließend die Konzeption der Grobstruktur der Methodik in Teilkapitel 3.3 basierend auf den Grundlagen der Modell- und Systemtheorie.

3.1 Anforderungen an die Methodik

Vor der eigentlichen Modellbildung sind zunächst die relevanten Anforderungen zu definieren, um eine zielgerichtete Konzeption zu ermöglichen. Die inhaltlichen Anforderungen basieren dabei auf dem der Dissertation zugrundeliegenden Praxisdefizit aus Teilkapitel 1.1, der Zielsetzung aus Teilkapitel 1.2 sowie dem Theoriedefizit aus Teilkapitel 2.5, während die formalen Anforderungen in den modell- und systemtheoretischen Grundlagen begründet sind.

3.1.1 Inhaltliche Anforderungen an die Methodik

In Kapitel 1 wurde die Entwicklung einer Methodik zur potenzial- und risikobasierten Bewertung von Technologien für die initiale Technologieauswahl als Zielsetzung der Dissertation, ausgehend von bestehenden praktischen Herausforderungen, motiviert. Aufbauend auf der Zielsetzung und dem praktischen Problem sowie unter Berücksichtigung des Theoriedefizits aus Unterkapitel 2.5 werden nachfolgend die inhaltlichen

Anforderungen an das Modell wie in Abbildung 3-1 dargestellt definiert. Diese dienen als Grundlage für die Herleitung des Grobkonzepts der Methodik.

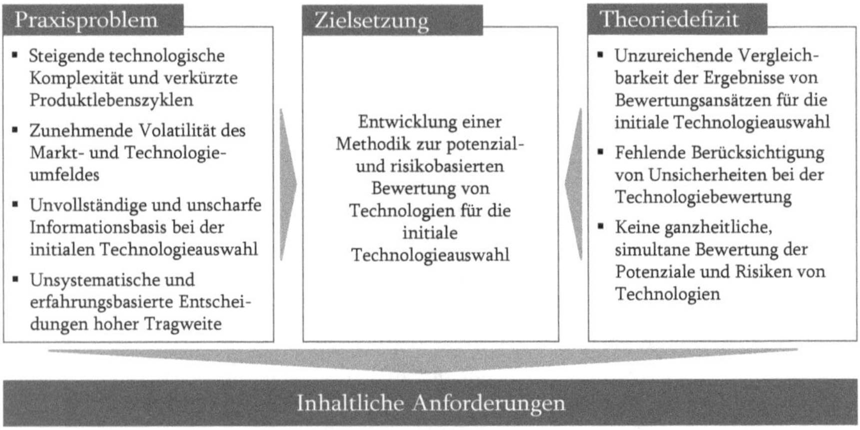

Abbildung 3-1: Herleitung der inhaltlichen Anforderungen an die zu entwickelnde Methodik

Auf Basis des praktischen Problems, des ermittelten Theoriedefizits sowie der Zielsetzung der vorliegenden Dissertation werden nachfolgende inhaltliche Anforderungen an die zu entwickelnde Methodik formuliert. Hierbei wird auf den Zusammenhang zu dem praktischen Problem, dem Theoriedefizit sowie der Zielsetzung der Arbeit eingegangen.

Gewährleistung der relativen Vergleichbarkeit unterschiedlicher Technologien

Eingangs wurde bereits die hohe wettbewerbsbezogene Relevanz der frühzeitigen Fokussierung vorhandener Unternehmensressourcen auf wenige, potenzialträchtige Technologien hervorgehoben. So können durch eine frühzeitige Bündelung von Ressourcen erfolgversprechende Technologien entsprechend dem S-Kurven-Konzept schneller entwickelt werden [FOST86, S. 108]. Dies ermöglicht insbesondere technologieintensiven Unternehmen eine nachhaltige Differenzierung gegenüber Wettbewerbern. Diesem Vorteil stehen jedoch ebenso große Nachteile im Falle einer Fehlbewertung infolge der derzeit gängigen Praxis der erfahrungsbasierten Technologieauswahl gepaart mit hohen Unsicherheiten in den Frühphasen gegenüber (vgl. Teilkapitel 1.1).

Für eine fokussierte Ressourcenallokation ist eine möglichst objektive Auswahl der Technologien erforderlich. Hierbei steht die Vergleichbarkeit der vorhandenen Technologiealternativen im Vordergrund, welche ein Schlüsselelement zur Gewährleistung einer möglichst objektiven Entscheidungsfindung ist. Durch bestehende Technologiebewertungsansätze für die initiale Technologieauswahl werden vorrangig stark fokussierte Auswahlproblematiken, z. B. die Entscheidung zwischen wenigen alternativen Technologien für eine konkrete Anwendung, adressiert. Diese Ansätze sind jedoch für eine grundsätzliche technologiebezogene Richtungsentscheidung, wie im Rahmen der vorliegenden Dissertation angestrebt, nicht geeignet, da für eine solche Richtungsentscheidung zunächst alle vorhandenen Technologiealternativen in den Entscheidungsprozess einzubeziehen sind. Daher soll mithilfe der zu entwickelnden Methodik die relative Vergleichbarkeit unterschiedlichster Technologien zur ganzheitlichen Technologieauswahl ermöglicht werden. So sollen durch die Methodik der vorliegenden Dissertation bspw. sowohl Produkt- als auch Prozesstechnologien gemeinsam betrachtet und gegeneinander abgewogen werden können, da nur so eine ganzheitliche Erstauswahl von Technologien ermöglicht wird.

Quantifizierung unternehmensindividueller Erfolgspotenziale von Technologien

Bestehende Ansätze zur Technologiebewertung für die initiale Technologieauswahl basieren auf vorrangig qualitativen Bewertungsmethoden. Diese unterliegen jedoch in hohem Maße dem subjektiven Einfluss der jeweiligen Entscheidungsträger und sind allgemein für den Vergleich stark divergierender Objekte wenig geeignet. Darüber hinaus existieren quantitative Ansätze für spätere Phasen der Technologiebewertung, welche primär monetäre Bewertungen zum Ziel haben. Die eindeutige Bestimmung monetärer Potenziale von Technologien wird jedoch durch die zum Zeitpunkt der initialen Technologieauswahl vorherrschende Informationsunschärfe erschwert und ist daher nicht oder unter unverhältnismäßig hohem Aufwand möglich. Damit sind monetäre Bewertungsansätze, wie bspw. die Kapitalwertmethode, vor dem Hintergrund der Ausgangssituation und Zielsetzung der vorliegenden Dissertation wenig geeignet.

Die zu entwickelnde Methodik soll stattdessen der Quantifizierung nicht-monetärer Technologiepotenziale dienen. Hierzu bedarf es eines Bewertungsansatzes, mit dem, auf Basis der zum Zeitpunkt der initialen Technologieauswahl vorhandenen Informationen, quantitativ vergleichbare Bewertungsgrößen ermittelt werden können. Die Entscheidung für oder gegen eine Technologie hat aufgrund der langwierigen und ressourcenintensiven Entwicklung sowie der hohen Wettbewerbsbedeutung von Technologien einen strategischen Charakter (vgl. Teilkapitel 1.1). Wie in Teilkapitel 2.2 erläutert, werden Technologiepotenziale daher als eine Form strategischer Erfolgspotenziale betrachtet. Somit gilt es bei der Quantifizierung dieser Potenziale, strategische Zielgrößen von Unternehmen zu berücksichtigen. Weiterhin sind der technologische Nutzen sowie die Ziele des Unternehmens als zukunftsgerichtete Projektionen zu beschreiben, da die Potenziale, an den Einsatz der Technologie gekoppelt, in der Zukunft liegen.

Ganzheitliche Risikobewertung von Technologiepotenzialen

Wie bereits erläutert, ist eine prädiktive Bewertung der erwarteten Technologiepotenziale erforderlich. Diese Bewertung ist aufgrund der unvollständigen Informationslage, bspw. bezüglich der technologischen Machbarkeit, der allgemeinen technologischen Entwicklung oder der Marktakzeptanz mit hohen Unsicherheiten behaftet, welche durch die gesteigerte Volatilität des Markt- und Technologieumfeldes zusätzlich erhöht werden (vgl. Teilkapitel 1.1). Diese Unvollständigkeit und Unschärfe der Informationsgrundlage steht dem langfristigen strategischen Charakter von Technologieentscheidungen diametral entgegen und muss bei der Bewertung berücksichtigt werden. Die daraus resultierende Unsicherheit wird durch bestehende Ansätze zur Potenzial- bzw. Risikobewertung von Technologien nur unzureichend adressiert, da keine simultane Beurteilung von Potenzialen und Risiken erfolgt (vgl. Teilkapitel 2.5). Um Entscheidungen effektiv treffen zu können, bedarf es jedoch weitreichender Transparenz über bestehende Unsicherheiten und deren Bezug zu den erwarteten Technologiepotenzialen. Entsprechend sind mögliche Risiken bezogen auf die Erreichbarkeit der prognostizierten Potenziale durch die Methodik transparent darzustellen. Dies erfordert eine möglichst vollständige Erfassung und Bewertung aller Risikoquellen [ROME18, S. 9].

3.1.2 Formale Anforderungen an die Methodik

Bei der Modellbildung sind weitere Anforderungen zu berücksichtigen, um eine hohe formale Modellqualität zu gewährleisten. Diese formalen Anforderungen werden im Rahmen der Modellierung zur Gewährleistung des modelltheoretischen Prinzips der optimalen Wirksamkeit herangezogen [PATZ82, S. 309]. Nach diesem Prinzip ist der angestrebte Modellnutzen gegen den Aufwand für die Erstellung und Anwendung des Modells abzuwägen [PATZ82, S. 309]. PATZAK charakterisiert ein gutes Modell im Sinne der optimalen Wirksamkeit anhand der fünf Merkmale: Empirische und formale Richtigkeit, Produktivität, Handhabbarkeit sowie eine aufwandsarme Erstellung und Anwendung [PATZ82, S. 309 f.].

Ein Modell ist *empirisch richtig*, falls eine hohe Ähnlichkeit zur Realität besteht. Diese ist durch den Grad der Übereinstimmung zwischen dem Modellverhalten und dem beobachtbaren Phänomen gekennzeichnet und wird über die Struktur und Elemente des Modells determiniert. Für ein *formal richtiges* Modell ist überdies die Exaktheit im Sinne eines widerspruchsfreien und formal einwandfreien Modells vorausgesetzt. Darin sind die Forderungen nach Wiederholbarkeit und Überprüfbarkeit der Modellergebnisse sowie deren möglichst quantitative Darstellung inkludiert. Ferner gilt ein Modell als *produktiv*, sofern auf die zugrundeliegenden spezifischen Fragestellungen zweckbezogene, d. h. inhaltlich und formal brauchbare Antworten geliefert werden. Als *handhabbar* wird ein Modell bezeichnet, wenn es leicht anzuwenden ist und die Ergebnisse leicht zu interpretieren sind. Das Kriterium *aufwandsarm* ist erfüllt, falls der Aufwand für die Erstellung und Nutzung durch den Anwender möglichst gering ist. [PATZ82, S. 309 f.]

An dieser Stelle ist anzumerken, dass die ersten drei Anforderungen mit den übrigen in einem Zielkonflikt stehen. Somit ist jedes Modell ein Kompromiss zwischen der möglichst exakten Repräsentation eines realen Sachverhalts und der angestrebten Simplifizierung. [PATZ82, S. 310] Zur Optimierung des Zielkonflikts zwischen einer hohen Aussagequalität des Modells bei gleichzeitig aufwandsarmer Erstellung und Anwendung sind bewusst Vereinfachungen vorzunehmen. Hierzu sind nach PATZAK folgende Prinzipien geeignet [PATZ82, S. 316]:

- Reduktion der Vollständigkeit des Modells (z. B. durch gezielte Vernachlässigung bestimmter Aspekte)
- Reduktion bei der Formalisierung des Modells (z. B. durch den Verzicht einer Quantifizierung)
- Reduktion der Genauigkeit des Modells (z. B. durch Funktionalisierung, Linearisierung oder Näherungen)

Da jede Vereinfachung den Modellnutzen verringert, gilt es stets zwischen einer Aufwandsreduktion und der zu erzielenden Aussagequalität abzuwägen. Hierbei handelt es sich um fallspezifische Entscheidungen, welche sowohl bei der Grobkonzeption als auch der nachgelagerten Detaillierung der Methodik zu treffen sind, um schrittweise zu einem wirtschaftlichen Modell zu gelangen.

3.2 Grundlagen der Modell- und Systemtheorie

Zur Beantwortung der aufgeworfenen wissenschaftlichen Fragestellungen werden im Folgenden verschiedene Teilmodelle erarbeitet und zu einer Gesamtmethodik verknüpft. Nachfolgend werden die hierzu verwendeten modell- und systemtheoretischen Grundlagen erläutert.

3.2.1 Systemtheorie und Systemtechnik

Die Systemtheorie ist eine interdisziplinäre Theorie, auf deren Basis die Zustände und Verhaltensweisen komplexer Systeme beschrieben und erklärt werden können [BRUN91, S. 6; FUCH73, S. 33 f.; ROPO09, S. 71]. Innerhalb der Systemtheorie stellt die Systemtechnik (engl.: Systems Engineering) ein Methodengerüst zur Lösung von Problemen hoher Komplexität dar [PATZ82, S. 15]. Mithilfe der Systemtechnik ist es möglich, komplexe Probleme zur Identifikation von Teilproblemen und deren Wechselwirkungen untereinander sowie mit der Systemumwelt transparent darzustellen [WINZ16, S. 2]. Durch die methodischen Komponenten können Ansätze für Entscheidungssituationen entwickelt oder Verhaltenseigenschaften analysiert werden. Die beiden konstituierenden Elemente der Systemtechnik sind das *Systemdenken* sowie das generelle *Vorgehensmodell* für den Problemlösungsprozess. [HABE19, S. 3] Diese werden nachfolgend erläutert.

Das *Systemdenken* dient als Hilfsmittel zur Strukturierung von Situationen und Sachverhalten sowie zur Darstellung ihrer Zusammenhänge. Damit wird ein besseres Systemverständnis und die Möglichkeit zur Systemgestaltung geschaffen. [HABE19, S. 3] In Abbildung 3-2 sind die Grundelemente und -begriffe des Systemdenkens dargestellt.

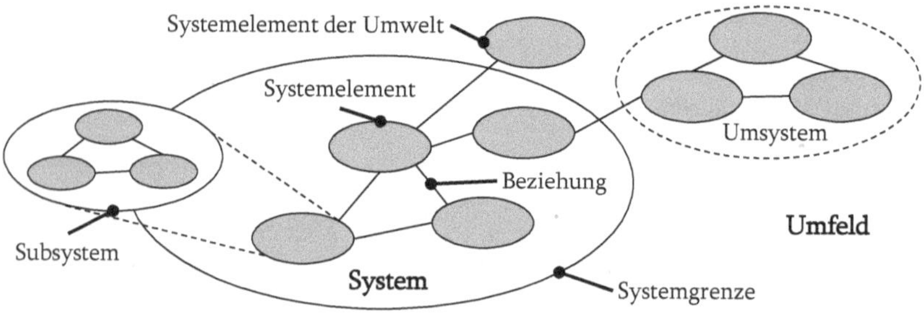

Abbildung 3-2: Grundelemente und -begriffe des Systemdenkens i. A. a. HABERFELLNER ET AL. [HABE19, S. 5 – 7]

Das *System* stellt das Untersuchungsobjekt, einen von seiner Umwelt abgegrenzten Bereich der Wirklichkeit, dar [SCHM85, S. 50]. Ein System besteht aus *Elementen* mit bestimmten Eigenschaften und Funktionen, welche durch Beziehungen miteinander verknüpft sind [FUCH73, S. 39; HABE19, S. 4]. Elemente wiederum können im Falle einer weiteren Untergliederung ihrerseits als System bzw. als *Subsystem* verstanden werden [HABE19, S. 6]. Die Grenze zwischen dem System und dem es umgebenden Umfeld wird durch die *Systemgrenze* determiniert. Im *Umfeld* sind weitere Systeme (auch Umsysteme genannt) oder Elemente angesiedelt, welche auf das System einwirken bzw. durch das System beeinflusst werden können. Abhängig davon, ob eine Beziehung zum Umfeld besteht wird das System als offenes oder geschlossenes System bezeichnet. [HABE19, S. 5]

Das zweite wichtige Element der Systemtechnik ist das *Vorgehensmodell* als Leitfaden zur systematischen Problemlösung [WINZ16, S. 2]. In der Praxis haben sich hierzu vier grundlegende Prinzipien nach HABERFELLNER ET AL. bewährt [HABE19, S. 27]. Diese sind in Abbildung 3-3 schematisch dargestellt und werden nachfolgend erläutert.

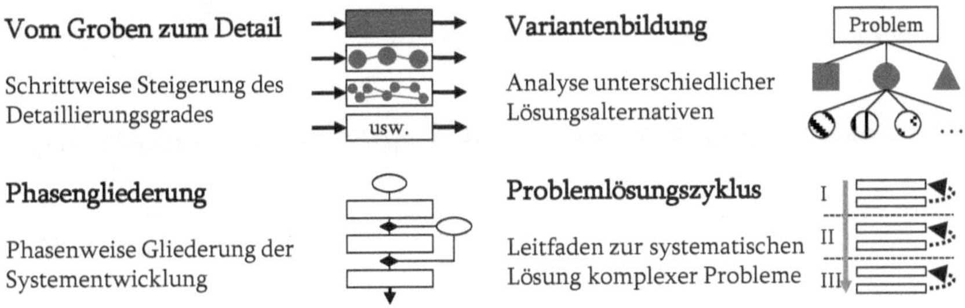

Abbildung 3-3: Vier Prinzipien des Vorgehensmodells i. A. a. HABERFELLNER ET AL. [HABE19, S. 54]

Nach dem ersten Prinzip, welches auch als Top-down-Ansatz bezeichnet wird, ist bei der Lösungsfindung *vom Groben zum Detail* vorzugehen. Nach diesem Prinzip sind zunächst die Elemente und Grenzen des Betrachtungsbereichs festzulegen und grob zu strukturieren, bevor die Lösung im Rahmen einer schrittweisen Detaillierung erarbeitet wird. [HABE19, S. 28 – 31]

Das zweite Prinzip ist das Prinzip der *Variantenbildung*. Im Sinne der Variantenbildung sind für jede Detaillierungsebene zunächst alternative Lösungsoptionen zu untersuchen, bevor die Detaillierung eines Lösungsansatzes, ebenfalls unter Berücksichtigung alternativer Lösungsoptionen, auf der nächsttieferen Ebene erfolgt. Zur Vermeidung einer exponentiellen Variantenbildung ist für jede Detaillierungsebene zunächst eine Lösungsidee auszuwählen, bevor die nächsttiefere Ebene untersucht wird. [HABE19, S. 31 – 35]

Die *Phasengliederung* ist das dritte Prinzip und als Erweiterung der beiden zuvor erläuterten Prinzipien in Form einer Makro-Logik zu verstehen. Nach dem Prinzip der Phasengliederung sind die Idee, Entwicklung und Realisierung einer Lösung in mehrere Phasen zu untergliedern, welche zeitlich und logisch voneinander getrennt werden können. Auf diese Weise wird ein stufenweiser Planungs-, Entscheidungs- und Umsetzungsprozess ermöglicht, um für alle Beteiligten eine Reduktion der Komplexität in der Projektabwicklung zu erreichen. [HABE19, S. 35 – 43]

Das vierte Prinzip ist der *Problemlösungszyklus*, welcher im Gegensatz zur Phasengliederung einer Mikro-Logik, bestehend aus den drei übergeordneten Schritten: Zielsuche bzw. -konkretisierung, Lösungssuche und schließlich Lösungsauswahl entspricht. Der Problemlösungszyklus ist ein universelles Denkschema und somit als Leitfaden zur Behandlung unterschiedlich komplexer Probleme oder Aufgabenstellungen in den unterschiedlichen Phasen des Projekts zu verstehen. [HABE19, S. 43 – 53]

Die Systemtechnik wird im weiteren Verlauf der Arbeit zur Beantwortung der Forschungsfrage aus Teilkapitel 1.2 genutzt. Sowohl das Systemdenken als auch das Vorgehensmodell mit den vier vorgestellten Prinzipen werden aufgrund der besonderen Relevanz im ingenieurwissenschaftlichen Kontext der Grobkonzeption sowie der nachgelagerten Detaillierung zugrunde gelegt.

3.2.2 Allgemeine Modellierungstheorie

Zur Lösung komplexer Probleme ist es erforderlich und sinnvoll, das zugrundeliegende Realsystem in Modelle zu überführen [TRIE13, S. 52 f.]. Durch Modelle werden reale Sachverhalte in abstrahierter und simplifizierter Form dargestellt, sodass bspw. Vorhersagen über das Verhalten des Realsystems mit reduziertem Aufwand getroffen werden können [PATZ82, S. 307].

Gemäß STACHOWIAK können Modelle anhand von drei Hauptmerkmalen charakterisiert werden. Entsprechend dem *Abbildungsmerkmal* sind Modelle Abbilder natürlicher oder künstlicher Originale, die selbst wieder Modelle sein können. Nach dem *Verkürzungsmerkmal* werden durch ein Modell nicht alle Attribute des Realsystems repräsentiert, sondern nur solche, welche im Kontext der Modellverwendung als nutzenstiftend wahrgenommen werden. Nach dem *pragmatischen Merkmal* sind Modelle ihrem Original nicht eindeutig zugeordnet. Stattdessen wird das Original durch Modelle lediglich für einen bestimmten sachlichen und zeitlichen Anwendungsfall repräsentiert. [STAC73, S. 131 – 133]

Neben den allgemeinen Charakteristika wird, in Abhängigkeit des Verwendungszwecks, zwischen vier unterschiedlichen Typen von Modellen differenziert [SCHW91, S. 73]. Diese bauen konsekutiv aufeinander auf. [PATZ82, S. 312]

Beschreibungsmodelle sind deskriptive Modelle und werden zur Abbildung relevanter Eigenschaften und Strukturen des betrachteten Realitätsausschnittes verwendet. Informationen über die zugrundeliegenden Wirkzusammenhänge werden nicht gegeben, sodass Beschreibungsmodelle weder wesentliche deduktive noch induktive Schritte beinhalten. [PATZ82, S. 313; SCHW91, S. 74]

Ebendiese Wirkzusammenhänge werden mit *Erklärungsmodellen*, auch als explikative Modelle bezeichnet, dargestellt [BAET74, S. 55]. Hierzu werden allgemeingültige Wirkzusammenhänge in logisch-induktiven Schritten ermittelt und qualitativ oder quantitativ dargestellt. Auf diese Weise werden Gesetzmäßigkeiten für das Auftreten bestimmter Zustände sowie Voraussetzungen und Beschränkungen für die Gültigkeit dieser Gesetzmäßigkeiten ermittelt. [PATZ82, S. 313 f.]

Aufbauend auf den Gesetzmäßigkeiten der Erklärungsmodelle dienen *Prognosemodelle* der Vorhersage zukünftiger Systemzustände und des zukünftigen Systemverhaltens [SCHW91, S. 75]. Bei Prognosemodellen handelt es sich somit um logisch-deduktive Spezialisierungen allgemeiner Hypothesen. [PATZ82, S. 314]

Gestaltungsmodelle schließlich sind präskriptiv-normative Modelle zur Bewertung von Handlungsalternativen unter Berücksichtigung eines vorgegebenen Zielsystems. Mithilfe von Gestaltungsmodellen wird das theoretische Wissen zur Unterstützung der Problemlösung und Entscheidungsfindung in der Praxis transferiert. [LEHN08, S. 31 f.; PATZ82, S. 314 f.; SCHW91, S. 76 f.]

Im Rahmen der vorliegenden Dissertation werden sowohl Beschreibungs- als auch Erklärungs- und Gestaltungsmodelle verwendet. Zunächst werden die grundlegenden Elemente im Rahmen von Beschreibungsmodellen in den Teilkapiteln 4.1 und 4.2 erläutert. Anschließend erfolgt die Erklärung der Zusammensetzung von Potenzial und

Risiko mithilfe von Erklärungsmodellen (vgl. Teilkapitel 4.3 und 4.4). Diese Informationen werden abschließend in Teilkapitel 4.5 im Rahmen eines Gestaltungsmodells für die praktische Anwendung expliziert.

3.3 Grobkonzept der potenzial- und risikobasierten Technologiebewertung

In diesem Teilkapitel wird das Grobkonzept ausgehend von der Zielsetzung aus Teilkapitel 1.2 sowie den inhaltlichen und formalen Anforderungen aus Teilkapitel 3.1 erarbeitet. Das Vorgehen der Konzeption folgt dabei den Prinzipien der Systemtechnik (vgl. Unterkapitel 3.2.1). Entsprechend diesen Prinzipien erfolgt zunächst die Entwicklung der Grobstruktur der Methodik in Form mehrerer verbundener Teilmodelle als Lösungsansatz auf übergeordneter Systemebene. Anschließend werden die deduzierten Teilmodelle der Methodik konzeptioniert, um den Lösungsraum für eine zielgerichtete Vorgehensweise zur Detaillierung in Kapitel 4 weiter einzugrenzen.

Zielsetzung der vorliegenden Arbeit ist die Entwicklung einer Methodik zur Bewertung des unternehmensindividuellen Potenzials von Technologien sowie der Risiken bezüglich der Erreichbarkeit dieser Potenziale. Zu diesem Zweck gilt es, initial die erforderliche Informationsbasis für die Potenzial- und Risikobewertung zu schaffen. Im Zentrum steht dabei die Technologie als Bewertungsobjekt. Das Potenzial einer Technologie sowie mögliche Risiken werden durch die spezifischen Charakteristika einer Technologie determiniert. Daher ist ein Modell zur Charakterisierung von Technologien als Eingangsgröße für die Potenzial- sowie die Risikobewertung erforderlich. Aus dem gleichen Grund ist der Anwendungskontext der Technologien im Unternehmen als zweite relevante Inputgröße für die Methodik in Form eines Modells zu explizieren. So können zum einen diverse Risiken bezogen auf die Realisierung von Technologiepotenzialen durch das Umfeld bestimmt werden, in welchem die Technologie zur Anwendung kommen soll. Zum anderen ist die Bedeutung der betrachteten Anwendung für das Unternehmen für die Beurteilung der Höhe des Technologiepotenzials relevant [SCHI15, S. 50].

Das Potenzial, welches eine Technologie für ein Unternehmen haben kann, beruht auf dem möglichen Beitrag der Technologie zur Einnahme strategischer Erfolgspositionen durch das Unternehmen (vgl. Teilkapitel 2.2). Die Existenz von Technologiepotenzialen wird dabei durch die Charakteristika der Technologie determiniert. Für die Ermittlung des Potenzials ist die Kenntnis über die Interdependenzen zwischen dem Potenzial und den Technologiecharakteristika als Eingangsgrößen der Potenzialbewertung erforderlich. Folglich bedarf es eines Modells zur Erklärung dieser Wirkzusammenhänge und deren Einfluss auf die Höhe des Technologiepotenzials als Grundlage der Potenzialbewertung. Um Entscheidungen unter Unsicherheit effektiv treffen zu können, ist neben der Kenntnis der Potenziale die Transparenz über mögliche Risiken erforderlich [ROME18, S. 10]. Diese Risiken gilt es im Rahmen der Methodik bewertbar zu machen. Da die Risikobewertung allgemein auf der Analyse der dem Risiko zugrunde liegenden Wirkbeziehungen basiert (vgl. Unterkapitel 2.3.2), gilt es diese im Rahmen eines weiteren Modells zu identifizieren und zu analysieren.

Abschließend ist die strukturierte Verwendung der potenzial- und risikobasierten Technologiebewertung durch den jeweiligen Anwender sicherzustellen. Dem Verständnis des Methodik-Begriffs als planerisches Vorgehen folgend, ist daher auf Basis der Erkenntnisse der zuvor erarbeiteten Modelle die Anwendung der Potenzial- und Risikobewertung auszugestalten. Auf diese Weise sollen die Adressaten der Methodik in der Anwendung systematisch unterstützt und damit die Ergebnisgüte sichergestellt werden. In Abbildung 3-4 sind die deduzierten Teilmodelle mit den beschriebenen Interdependenzen dargestellt.

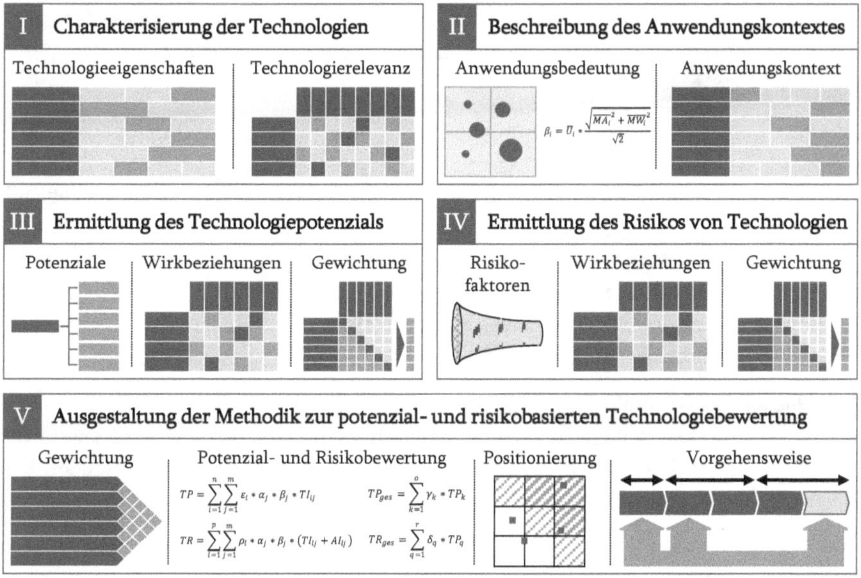

Abbildung 3-4: Grobkonzept der Methodik zur potenzial- und risikobasierten Technologiebewertung

Nachfolgend werden die fünf Teilmodelle hinsichtlich des inhaltlichen Aufbaus und der Struktur näher erläutert. Zudem wird die wissenschaftliche Vorgehensweise für die Erstellung der Teilmodelle beschrieben.[2]

Generische Charakterisierung von Technologien

Technologien sind das zentrale Bewertungsobjekt der zu entwickelnden Methodik. Diese Technologien gilt es als Eingangsgröße für die Potenzial- und Risikobewertung in angemessener Form zu beschreiben. Dabei wird die Zielsetzung verfolgt, eine reproduzierbare Bewertung der Potenziale und Risiken im Kontext der initialen Technologieauswahl zu ermöglichen. Aufgrund der hohen Informationsunschärfe zum Zeitpunkt der initialen Technologieauswahl ist die Quantifizierung der Technologiepotenziale anhand definierter Leistungsparameter nicht möglich, da diese hochindividuell sind und somit nicht allgemeingültig für unterschiedliche Technologien bestimmt werden können. Daher wird für die zu entwickelnde Methodik eine Technologiecharakterisierung anhand generischer Merkmale gewählt, welche als Indikatoren für die prädiktive Potenzial- und Risikobewertung verwendet werden. Dieser Ansatz ist, im Einklang mit den modelltheoretischen Prinzipien aus Unterkapitel 3.2.2, ein notwendiger Kompromiss zwischen der erforderlichen wissenschaftlichen Genauigkeit und der gegebenen Informationsverfügbarkeit zum Zeitpunkt der Technologiebewertung [SAIS16, S. 5].

Die Beschreibung und Klassifizierung von Technologien wird bereits in diversen Standardwerken des Technologiemanagements behandelt (vgl. u. a. [BULL94, S. 95 – 98; GERP05, S. 26 f.; SCHI15, S. 54 f.; WOLF94, S. 174 f.]). Daher sind für die vorliegende Dissertation relevante Eigenschaftsmerkmale und Merkmalsausprägungen von Technologien auf Basis der bestehenden Wissenschaftsliteratur zu identifizieren. Diese dienen zum einen als Indikatoren für die Risikobewertung sowie für die Ermittlung der Technologiepotenziale, da sowohl das Potenzial als auch das Risiko einer Technologie von deren Eigenschaften abhängig ist

Der Beitrag von Technologien zum Unternehmenserfolg beruht ferner auf dem Einsatz der jeweiligen Technologie in den Produkten und Prozessen des Unternehmens [GOCH20, S. 15]. Folglich ist zur Bestimmung des Technologiepotenzials neben den Eigenschaften der Technologie deren Bedeutung für die Produkte und Prozesse des

2 Einige Bestandteile der in diesem Teilkapitel dargestellten Grobstruktur sind unter Mitwirkung des Autors bereits in [SCHU19] auszugsweise vorveröffentlicht worden.

Unternehmens zu beschreiben. Da hierzu bereits wissenschaftliche Ansätze (vgl. Ausführungen zu UNTIEDT in Abschnitt 2.5.2.1) existieren, gilt es nachfolgend einen für die vorliegende Methodik im besonderen Maße geeigneten Ansatz zu identifizieren und auszuwählen.

Beschreibung des Anwendungskontextes

Wie im vorherigen Abschnitt erläutert, ist das unternehmensspezifische Technologiepotenzial von den aktuellen und möglichen zukünftigen Anwendungen eines Unternehmens abhängig, in denen die Technologie eingesetzt werden kann. So ist nach BULLINGER für die Beurteilung einer Technologie das mögliche Anwendungsspektrum zu berücksichtigen [BULL94, S. 157]. Weiterhin werden durch den Anwendungskontext die Rahmenbedingungen und Restriktionen, die bei der Entwicklung und kommerziellen Verwertung der Technologien zu berücksichtigen sind, repräsentiert. Mit diesem Teilmodell wird daher das Ziel verfolgt, den Anwendungskontext der Technologie durch eine Beschreibung der Anwendungsfelder des Unternehmens und deren unternehmensindividuelle Bedeutung darzustellen. Hierzu werden analog zum Modell für die Technologiecharakterisierung generische Merkmale und Merkmalsausprägungen der möglichen Anwendungsfelder erarbeitet.

Weiterhin ist zur Beurteilung der Höhe des Technologiepotenzials die Kenntnis der Bedeutung der betrachteten Anwendungen für das Unternehmen erforderlich. Daher ist, neben der Beschreibung der Anwendungseigenschaften, ebenfalls die Beschreibung der Anwendungsbedeutung für das Unternehmen im Rahmen des Teilmodells zu adressieren. Für die Beschreibung der Bedeutung von Produkten und Märkten existieren im Bereich des strategischen Managements bereits diverse Ansätze. Für die Beurteilung der Bedeutung der Anwendungen sind daher bestehende Methoden und Werkzeuge auf ihre Eignung im Kontext der Zielstellung der vorliegenden Dissertation zu prüfen und auszuwählen.

Ermittlung des Technologiepotenzials

Entsprechend der Definition aus Teilkapitel 2.2 wird einer Technologie ein Potenzial zuerkannt, wenn durch diese die Möglichkeit zur unternehmensseitigen Einnahme strategischer Erfolgspositionen besteht. Da die strategischen Erfolgspositionen durch das strategische Management bestimmt werden (vgl. Unterkapitel 2.1.1), sind die strategischen Ziele produzierender Unternehmen der Ausgangspunkt der Potenzialbewertung. Diese sind zur Beurteilung des Technologiepotenzials zunächst zu systematisieren. Hierzu gilt es in der Literatur vorherrschende, generische Wettbewerbsstrategien und strategische Erfolgspositionen zu untersuchen, da diese als Aggregation logischer

Ziel-Mittel-Kombinationen betrachtet werden können. Aufbauend auf diesen Erkenntnissen können anschließend Dimensionen des Potenzials als Grundlage für die Ermittlung der Technologiepotenziale deduziert werden.

Die Existenz eines Technologiepotenzials ist entsprechend der Definition aus Teilkapitel 2.2 von der Technologie selbst respektive deren Charakteristika abhängig, während die tatsächliche Höhe des Potenzials durch die Einsatzmöglichkeiten und die unternehmensspezifische Relevanz determiniert wird [GOCH20, S. 15]. Nachfolgend wird in diesem Kontext von dem latenten und tatsächlichen Technologiepotenzial gesprochen. Die Elemente des tatsächlichen Technologiepotenzials werden durch die Technologierelevanz (Teilkapitel 4.1) und Anwendungsbedeutung (Teilkapitel 4.2) adressiert. Für die Beurteilung des latenten Technologiepotenzials ist zusätzlich die Kenntnis der Interdependenzen zwischen den Technologiecharakteristika und den Potenzialdimensionen als Grundlage für die Potenzialbewertung erforderlich. Hierzu sind zunächst technologiebezogene Anforderungen im Sinne von Voraussetzungen für die Existenz von Technologiepotenzialen zu identifizieren. Dies ermöglicht eine zielgerichtete Identifikation von bestehenden Relationen zwischen den Technologiecharakteristika und den Potenzialdimensionen. Diese technologiebezogenen Anforderungen werden anschließend als Ausgangspunkt für die Erklärung der Ursache-Wirkungsbeziehungen verwendet. Abschließend sind die Wirkbeziehungen mithilfe einer geeigneten Methodik zu quantifizieren, um die in Unterkapitel 3.1.1 geforderte relative Vergleichbarkeit der Technologiepotenziale zu ermöglichen.

Ermittlung des Risikos von Technologien

Mit diesem Teilmodell wird die Zielsetzung verfolgt, mögliche Risiken bezogen auf die Erreichbarkeit der angestrebten Technologiepotenziale bewertbar zu machen. I. A. a. den Ansatz von WAITZINGER zur Risikoidentifikation bei Geschäftsmodellinnovationen (vgl. Abschnitt 2.5.2.1) wird das Vorgehen zur Ermittlung des Risikos an der internationalen Norm DIN ISO 31000 zum Risikomanagement ausgerichtet. Nach der DIN ISO 31000 ist die Risikobewertung das Ergebnis der Risikobeurteilung (vgl. Unterkapitel 2.3.1). Entsprechend der DIN ISO 31000 bedarf es zur Risikobewertung zunächst einer vorgelagerten Identifikation der Risiken ausgehend von den Risikoursachen [DIN18, S. 19 – 21]. Daher gilt es, mögliche Risiken zu strukturieren und Risikoursachen zu identifizieren, welche einer erfolgreichen Entwicklung und Verwertung von Technologien entgegenstehen. Die Ursachenforschung zum Erfolg und Misserfolg von Technologie- und Innovationsvorhaben wird seit vielen Jahren durch diverse Studien und wissenschaftliche Publikationen adressiert. Für die Identifikation von Risikoursachen ist daher die Durchführung einer Grundlagenstudie nicht erforderlich. Vielmehr gilt es, bestehende Erkenntnisse umfassend auszuwerten und im Hinblick auf den Betrachtungsbereich und die Zielsetzung dieser Arbeit zu synthetisieren. Da Ergebnis und Güte einer solchen literaturbasierten Analyse in hohem Maße von der Selektion der verwendeten Quellen abhängig sind, gilt es, diesen Prozess möglichst transparent und systematisch zu gestalten [BROC09, S. 2]. Daher wird für die Identifikation der Risikofaktoren eine systematische Literaturrecherche verwendet und auf diese Weise die formale Richtigkeit der Methodik gewährleistet.

Die Risikoursachen sind anschließend im Einklang mit der Vorgehensweise der DIN ISO 31000 durch die Aggregation zu Teilrisiken zu systematisieren. Diese sind einfacher zu handhaben als einzelne Ursachen und daher ein notwendiger Schritt auf dem Weg zu einer effizienten Risikobewertung. Weiterhin sind für die einzelnen Teilrisiken die relevanten Ursache-Wirkungsbeziehungen zu ermitteln und als Grundlage für die Risikobewertung zu analysieren [DIN18, S. 20]. Wie im vorherigen Abschnitt erläutert, sind die Charakteristika der zu bewertenden Technologien und der Zielanwendungen des Unternehmens die Eingangsgrößen für die Risikobewertung. Somit ist die Analyse der Wirkbeziehungen zwischen diesen Charakteristika und den ermittelten Risikofaktoren die Grundlage für die Risikobewertung. Die Ursache-Wirkungsbeziehungen werden auf Basis von in der wissenschaftlichen Literatur dokumentierten Zusammenhängen sowie sachlogischer Ableitungen identifiziert.

Ausgestaltung der Methodik zur potenzial- und risikobasierten Technologiebewertung

Abschließend ist die Gesamtmethodik auf Basis der Erkenntnisse der vorangegangenen Teilmodelle zu gestalten. Nach LEHNER ET AL. besteht die Zielsetzung eines Gestaltungsmodells in der praktischen Unterstützung von Entscheidungsträgern bei der Auswahl eines Optimums aus vorliegenden Alternativen in Abhängigkeit des angestrebten Ziels [LEHN08, S. 31 f.]. Derartige Entscheidungs- und Auswahlprobleme werden in der Praxis durch Bewertungsinstrumente unterstützt, deren Kern eine handlungsleitende Ergebnisdarstellung bildet. Für die zielgerichtete Ausgestaltung der Methodik ist daher zunächst eine geeignete Darstellungsform zu definieren, durch welche die beschriebene Zielsetzung bestmöglich unterstützt wird. Die Auswahl von Technologien ist aufgrund des langfristigen Einflusses auf den Unternehmenserfolg auf der Ebene des strategischen Managements angesiedelt. Daher werden für die Gestaltung des Bewertungsinstruments neben generischen Gestaltungsprinzipien aus der wissenschaftlichen Literatur bestehende Ansätze aus dem strategischen Management bedarfsorientiert eingebunden.

Weiterhin gilt es im Rahmen des Gestaltungsmodells die zuvor entwickelten Teilmodelle zu subsumieren und zu einer übergreifenden Methodik zusammenzuführen [LEHN08, S. 31]. Diese Aggregation und Operationalisierung erfolgt unter Berücksichtigung der definierten Darstellung der Bewertungsmethodik. Hierzu gilt es die Inputgrößen für die Bewertung in Form der Technologiecharakteristika und des Anwendungskontextes gemeinsam mit den identifizierten Ursache-Wirkungsbeziehungen aus den Erklärungsmodellen für die Potenziale und Risiken in ein durchgängiges Bewertungsvorgehen zu überführen. In diesem Zusammenhang ist insbesondere die Berechnungsvorschrift für die Quantifizierung der Potenziale und Risiken zu deduzieren und die Anwendung für den Nutzer transparent darzustellen. Abschließend ist die Vorgehensweise zur Anwendung der Methodik im Unternehmen in durchgängiger Form zu beschreiben, um den Transfer in die Praxis möglichst effizient zu gestalten.

3.4 Zwischenfazit: Konzept zur potenzial- und risikobasierten Bewertung von Technologien

Die Zielstellung dieses Kapitels ist die Grobkonzeption einer Methodik zur potenzial- und risikobasierten Technologiebewertung für die Unterstützung der initialen Technologieauswahl in Industrieunternehmen. Hierzu wurden eingangs die inhaltlichen und formalen Anforderungen an die zu entwickelnde Methodik formuliert, um eine zielgerichtete Entwicklung der Modellstruktur sowie der erforderlichen Teilmodelle zu ermöglichen. Die inhaltlichen Anforderungen basieren dabei auf der übergeordneten Zielstellung dieser Dissertation, der zugrundeliegenden praktischen Problemstellung (vgl. Kapitel 1) und dem identifizierten Theoriedefizit aus Teilkapitel 2.5. Die formalen Anforderungen sind hingegen auf modell- und systemtheoretische Grundlagen gegründet.

Als weitere Ausgangsbasis für die Konzeption der Methodik wurden relevante modell- und systemtheoretische Grundlagen in Teilkapitel 3.2 erläutert, um das notwendige Verständnis für die Entwicklung des Grobkonzepts sowie die in Kapitel 4 folgende Detaillierung zu schaffen. Hierzu wurden die Grundprinzipien der Systemtechnik mit dem Systemverständnis und dem Vorgehensmodell der Systemtechnik ausgeführt, durch welche eine strukturierte und zielgerichtete Lösungsfindung ermöglicht wird. Weiterhin wurden die Grundlagen der Modelltheorie mit dem generischen Modellverständnis und den übergeordneten Modelltypen als Basis für die Gestaltung der Teilmodelle beschrieben.

Abschließend erfolgte die Grobkonzeption der Methodik. Hierzu wurde zunächst die erforderliche Modellstruktur im Kontext der zuvor definierten Anforderungen eingeführt und die Schnittstellen zwischen den Teilmodellen herausgearbeitet. Darauf aufbauend wurden schließlich die Ziele und das Grobkonzept der Teilmodelle als Basis für die nachfolgende Detaillierung in Kapitel 4 erarbeitet. Die Gesamtstruktur wurde in fünf Teilmodelle gegliedert.

Initial wurden die Inputgrößen für die potenzial- und risikobasierte Technologiebewertung definiert. Hierbei wurden zunächst die Teilmodelle zur Beschreibung der Inputgrößen, welche der Charakterisierung der zu bewertenden Technologien sowie der Beschreibung des geplanten Anwendungskontextes dienen, ausgehend von der Zielsetzung der Methodik motiviert und erläutert. Weiterhin wurden die grundsätzliche Struktur sowie der Aufbau der Erklärungsmodelle der Methodik deduziert. Hierbei handelt es sich zum einen um das Modell für die Erklärung der dem Potenzial zugrundeliegenden Ursache-Wirkungsbeziehung mit dem Ziel, die Wissensbasis für eine prädiktive Technologiebewertung zu schaffen. Zum anderen wurde die Notwendigkeit und erforderliche Strukturierung eines Modells für die Risikobewertung hergeleitet. Im letzten Teilmodell wurde abschließend die Ausgestaltung der Methodik erläutert, um eine systematische und reproduzierbare Potenzial- und Risikobewertung zu ermöglichen. Dabei wurde die Bedeutung einer geeigneten Darstellungsform erläutert. Ferner wurde auf relevante Aspekte für die Vorgehensweise im Rahmen der Methodik eingegangen.

Die zentralen Herausforderungen bei der Konzeption der Methodik waren zum einen die Breite des Forschungsfeldes sowie zum anderen der ständige Zielkonflikt zwischen einer aufwandsarmen Gestaltung bei gleichzeitig hohen Anforderungen an die Aussagekraft und Ergebnisgüte. Sowohl hinsichtlich des Potenzialbegriffs als auch bezogen auf das Risiko existieren diverse Varianten und Interpretationen in einer Vielzahl von Forschungsarbeiten. Dabei wurde insbesondere der Potenzialbegriff bereits in diversen Publikationen im Kontext des Technologie- und Innovationsmanagements untersucht und interpretiert. Daher bestand die Herausforderung darin, beide Dimensionen bezogen auf die initial definierte Zielstellung zu detaillieren und zu einer ganzheitlichen Methodik zu verbinden, wobei unter der Ganzheitlichkeit die komplementäre Verbindung der Potenzial- und Risikoperspektive zu verstehen ist. Zur Ausgestaltung des Potenzials und Risikos im Rahmen der vorliegenden Dissertation wird daher in den Erklärungsmodellen zum Potenzial in Teilkapitel 4.3 bzw. zum Risiko in Teilkapitel 4.4 zunächst die Strukturierung beider Elemente angestrebt. So wird das Potenzial, ausgehend von allgemeinen Referenzstrategien produzierender Unternehmen, in mehrere

Dimensionen untergliedert, durch welche die Handhabbarkeit für die weitere Ausgestaltung erhöht wird. Ebenso wird das Risiko vor dem Hintergrund der gleichen Zielsetzung in einzelne Teilrisiken strukturiert. Durch beide Erklärungsmodelle soll eine möglichst umfassende Darstellung des Potenzials sowie des Risikos im Kontext von Technologien dargestellt werden.

Während für die Gestaltung des Potenzialmodells bereits diverse Ansätze aus dem Bereich des Technologie- und Innovationsmanagements zur Orientierung bestehen (vgl. Teilkapitel 2.5), ist das Risikomodell in weiten Teilen neu zu gestalten. Nichtsdestotrotz wurden der Erfolg und Misserfolg von Technologien und Innovationen bereits im Rahmen diverser wissenschaftlicher Arbeiten umfassend untersucht. Vor diesem Hintergrund wird die Methode der systematischen Literaturrecherche gewählt, um die Entwicklung eines validen und ganzheitlichen Modells für die Risikobewertung zu ermöglichen. Die Gestaltung der wechselseitigen Beziehung zwischen dem Potenzial und Risiko sowie die Ausgestaltung der Risikobewertung an sich sind daher als die zentralen Elemente der Dissertation zu betrachten. Diese werden in den nachfolgenden Teilkapiteln, ebenso wie die übrigen Teilmodelle, detailliert.

4 Detaillierung der Methodik

Aufbauend auf den formaltheoretischen Grundlagen sowie der Grobkonzeption der Methodik werden in diesem Kapitel die einzelnen Teilmodelle detailliert. Zunächst wird in Teilkapitel 4.1 das Beschreibungsmodell zur Charakterisierung der zu bewertenden Technologien detailliert. Hierzu werden zum einen charakteristische Merkmale von Technologien und deren Ausprägungen ermittelt sowie ein Ansatz zur Beschreibung der Technologierelevanz im Anwendungszusammenhang ausgestaltet. Im anschließenden Teilkapitel 4.2 erfolgt in ähnlicher Weise die Konkretisierung der Beschreibung des Anwendungskontextes der Technologien im Unternehmen. Neben der Identifikation geeigneter Merkmale für die Darstellung des Anwendungskontextes wird weiterhin die Beschreibung der Bedeutung der betrachteten Anwendungen aus Unternehmensperspektive expliziert.

In den darauffolgenden Teilkapiteln werden aufbauend auf den Ergebnissen der beiden Beschreibungsmodelle die erforderlichen Ursache-Wirkungsbeziehungen für die potenzial- und risikobasierte Technologiebewertung ermittelt. Hierzu wird in Teilkapitel 4.3 zunächst das Technologiepotenzial über definierte Dimensionen expliziert. Ausgehend von diesen Dimensionen und deren konkreten technologiebezogenen Anforderungen werden anschließend die Wirkbeziehungen zu den Technologiecharakteristika ermittelt. In ähnlicher Form werden in Teilkapitel 4.4 die dem Risiko zugrundeliegenden Zusammenhänge hinsichtlich der erfolgreichen Umsetzung der Technologie ermittelt. Auf Basis einer systematischen Literaturrecherche werden entsprechend dem Vorgehen der DIN ISO 31000 zunächst relevante Risiken deduziert. Anschließend werden die Wirkbeziehungen und -stärken zwischen den Technologie- bzw. Anwendungsmerkmalen und den Risiken abgeleitet. Im abschließenden Teilkapitel 4.5 werden die zuvor entwickelten Modelle zu einer ganzheitlichen Bewertungsmethodik ausgestaltet.

4.1 Generische Charakterisierung von Technologien

Mit diesem Teilmodell wird das Ziel verfolgt, Technologien anhand definierter Merkmale und Merkmalsausprägungen generisch zu charakterisieren, um die Basis für eine Technologiebewertung mit reproduzierbaren und vergleichbaren Ergebnissen zu schaffen. Die auf diese Weise beschriebenen Charakteristika einer Technologie sollen als Indikatoren für die Bewertung möglicher Potenziale sowie potenzialbezogener Risiken dienen. Als Grundlage für die Charakterisierung werden daher in Unterkapitel 4.1.1 Anforderungen an Technologiecharakteristika formuliert, welche durch diese erfüllt werden müssen, um als Indikatoren herangezogen zu werden. Anschließend erfolgen die Identifikation, Analyse und Synthese relevanter Technologiecharakteristika entsprechend den zuvor definierten Anforderungen in den Unterkapiteln 4.1.2 und 4.1.3. Die Charakteristika werden nachfolgend in Unterkapitel 4.1.4 über definierte Ausprägungen operationalisiert, um eine reproduzierbare Beschreibung der Technologiealternativen sicherzustellen. Neben den Eigenschaften der Technologie ist im Kontext der späteren Potenzialbewertung ebenfalls die Kenntnis der Relevanz respektive Eignung für die Anwendungen des Unternehmens erforderlich. Daher wird in Unterkapitel 4.1.5 abschließend ein Ansatz zur Beschreibung der Technologierelevanz dargestellt.

4.1.1 Ableitung von Anforderungen an die Technologieindikatoren

Wie bereits in Unterkapitel 3.3 erläutert, dienen die Technologiemerkmale im Rahmen der zu entwickelnden Methodik als Indikatoren für die Ermittlung der Potenziale und Risiken. Somit müssen die Merkmale ebenfalls Anforderungen, welche allgemein an Indikatoren gestellt werden, genügen.

Indikatoren sind eine spezifische Form von Kennzahlen und dienen der Abbildung komplizierter, nicht eindeutig gesicherter oder empirisch belegbarer Zusammenhänge [GLAD14, S. 9; KÜPP05, S. 364]. Anders als absolute Kennzahlen, wie bspw. der Kapitalwert, stehen Indikatoren nicht in einem direkten Verhältnis zum jeweiligen Sachverhalt [BURZ19, S. 1031; GLAD14, S. 10 f.; HILG08, S. 38]. Vielmehr dienen Indikatoren der näherungsweisen Abbildung nicht direkt messbarer Tatbestände sowie der Abschätzung nicht oder nur schwer prognostizierbarer Größen [GLAD14, S. 10 f.; KÜPP05, S. 364]. Indikatoren sind somit Ersatzmessgrößen, welche durch eine einfachere Messbarkeit bei gleichzeitig jedoch geringerer Validität als die eigentliche Zielgröße gekennzeichnet sind. Aufgrund dieser Eigenschaften sind Indikatoren im besonderen Maße zur Anwendung im Falle unscharfer Informationen sowie zur Früherkennung und Prognose von Chancen und Risiken geeignet. [KÜPP13, S. 477]

Um zu prüfen, welche Technologiemerkmale als Indikatoren im Rahmen der zu entwickelnden Methodik genutzt werden können, sind zunächst Anforderungen an die Merkmale zu definieren.

Die Anforderungen, welche an Indikatoren gestellt werden, sind abhängig vom jeweiligen Nutzungskontext [BURZ19, S. 1033; MERZ11, S. 80; UNIT08, S. 7]. Allgemein ist eine geringe Anzahl an Indikatoren auszuwählen, durch welche der analysierte Sachverhalt jedoch gleichzeitig möglichst umfänglich beschrieben wird. Auf diese Weise wird Interpretationsschwierigkeiten und daraus resultierenden Schwächen bei der Entscheidungsfindung vorgebeugt. Hierzu ist es erforderlich, die Indikatoren möglichst einfach und verständlich zu gestalten [GLAD14, S. 96 f.; MUND09b, S. 1521 f.; UNIT08, S. 7]. Dabei sind eine grundlegende Objektivität und Widerspruchsfreiheit zu gewährleisten [GLAD14, S. 96].

Da Indikatoren Messinstrumente sind, wird deren Mess- bzw. Bewertbarkeit vorausgesetzt. Durch die Eigenschaft der Bewertbarkeit wird nicht zwingend ein quantitativer Charakter impliziert, vielmehr können Indikatoren auch qualitativer Art sein [MERZ11, S. 75]. Hierzu ist es erforderlich, dass die Informationen zur Bestimmung der Ausprägungen der Indikatoren verfügbar und zudem leicht zugänglich sind. Ferner ist der Nutzen von Indikatoren von deren Bezug zu den untersuchten Sachverhalten abhängig, sodass die Wirkrichtung jedes Indikators bekannt sein muss. [MUND09b, S. 1521 f.] Zudem ist eine weitgehende Unabhängigkeit der Indikatoren untereinander gefordert, um die spätere Aggregation zu erleichtern [MUND09a, S. 11].

Ausgehend von den Erläuterungen zu den Anforderungen an Indikatoren und Kennzahlen werden im Rahmen dieser Arbeit zusammenfassend folgende Anforderungen an Indikatoren gestellt:

- **Eindeutigkeit** hinsichtlich Objektivität und Widerspruchsfreiheit der Indikatoren
- **Bewertbarkeit** im Sinne der Informationsverfügbarkeit und einfache Informationsbeschaffung zum Zeitpunkt der initialen Technologieauswahl
- **Redundanzfreiheit** im Sinne der weitestgehenden Unabhängigkeit der Indikatoren untereinander bezogen auf das Untersuchungsobjekt
- **Klarheit** hinsichtlich des Bezugs und der Wirkrichtung
- **Relevanz** für die Beurteilung möglicher Technologiepotenziale oder damit verbundener Risiken

Die definierten Anforderungen sind kongruent zu den allgemeinen formalen und inhaltlichen Anforderungen an die zu entwickelnde Methodik (vgl. Teilkapitel 3.1) und werden für die weitere Analyse und Synthese der identifizierten Merkmale in Unterkapitel 4.1.3 zugrunde gelegt. Grundsätzlich sind dabei durch die Summe der Merkmale alle genannten Anforderungen zu erfüllen, sodass diese als Indikatoren im Rahmen der zu entwickelnden Methodik verwendet werden können. Daher werden alle genannten Anforderungen als notwendige Bedingungen für die Eignung eines Merkmals als Indikator verstanden. Nichtsdestotrotz ist hinsichtlich des Erfüllungsgrads der Anforderungen, wie schon bei den übergeordneten formalen Anforderungen an die Methodik aus Unterkapitel 3.1.2, stets ein Abwägen erforderlich, um eine aufwandsarme Erstellung und Nutzung der Methode sicherzustellen.

Die Prüfung der Eignung erfolgt kaskadisch, wobei die Reihenfolge zur Überprüfung der Anforderungserfüllung in Abhängigkeit des Aufwands für die Prüfung, beginnend mit der aufwandsärmsten Prüfung, gewählt wird. Da in jeder Stufe der Prüfung einige Merkmale ausgeschlossen werden, wird der Umfang der zu überprüfenden Merkmale somit sukzessive reduziert. Auf diese Weise wird eine aufwandsarme Modellerstellung im Sinne der formalen Anforderungen an die Methodik sichergestellt. Zunächst wird die Anforderung der *Eindeutigkeit* überprüft, welche als erfüllt angesehen wird, sofern das jeweilige Merkmal eindeutig definiert werden kann. Nachfolgend wird die *Bewertbarkeit* überprüft, indem der Informationsbedarf für die Beurteilung des Merkmals der Informationsverfügbarkeit zum Zeitpunkt der initialen Technologieauswahl gegenübergestellt wird. Die eindeutigen und bewertbaren Merkmale werden anschließend auf Wechselwirkungen untersucht, um die *Redundanzfreiheit* zu überprüfen. Die für die Analyse bestehender Abhängigkeiten erforderliche Einflussanalyse ist aufgrund der umfassenden Prüfung aller möglichen Relationen zwischen den verbliebenen Merkmalen der aufwendigste Schritt der Prüfung und wird daher zuletzt durchgeführt. Die Beurteilung der *Relevanz* und *Klarheit* der synthetisierten Faktoren erfolgt abschließend im Rahmen der Analyse der Ursache-Wirkungsbeziehungen für das Potenzial- und Risikomodell in den Teilkapiteln 4.3 und 4.4, da für eine aussagekräftige Bewertung die Kenntnis der Wirkbeziehungen erforderlich ist.

4.1.2 Identifikation möglicher Technologieindikatoren

Mit diesem Unterkapitel wird das Ziel verfolgt, Technologiemerkmale, welche als Indikatoren für die Potenzial- und Risikobewertung zur initialen Technologieauswahl verwendbar sind, systematisch zu analysieren und zu definieren. Die Beschreibung bzw. Charakterisierung von Technologien anhand von Eigenschaftsmerkmalen ist im

Allgemeinen seit vielen Jahren Gegenstand der Forschung (vgl. [BULL94; WOLF94; ZAHN95]). Daher ist es zweckdienlich, für die Identifikation von Merkmalen zur potenzial- und risikoorientierten Beschreibung von Technologien auf bestehenden Forschungsarbeiten aufzubauen. Wie bereits erläutert, sind das Technologie- und Innovationsmanagement nicht klar voneinander abzugrenzen. Vielmehr ist der Übergang zwischen beiden Disziplinen fließend. Daher werden zur Identifikation von Technologiecharakteristika neben Forschungsarbeiten zum Technologiemanagement ebenfalls Arbeiten zum Technologie- und Innovationsmanagement betrachtet.

Die Identifikation möglicher Technologiecharakteristika wird nachfolgend auf Basis zentraler Werke des Technologie- und Innovationsmanagements, in denen die Beschreibung oder Klassifikation von Technologien anhand definierter Merkmale betrachtet wird, durchgeführt. In Tabelle 4-1 sind identifizierte Merkmale zur Charakterisierung von Technologien sowie deren literarischer Ursprung alphabetisch aufgeführt. Durch die Fokussierung auf eine begrenzte Anzahl an Standardwerken zur Erzeugung dieser Ausgangsbasis wird eine aufwandsarme Entwicklung des Teilmodells ermöglicht, ohne jedoch die empirische und formale Richtigkeit in signifikantem Maße negativ zu beeinflussen. Der geringe Einfluss auf die Richtigkeit der Ergebnisse ist zum einen in der hohen Reputation der ausgewählten Werke und Autoren begründet. So zählen u. a. die Werke von BULLINGER (vgl. [BULL94]), ZAHN (vgl. [ZAHN95]), WOLFRUM (vgl. [WOLF94]), GERPOTT (vgl. [GERP05]) und PEIFFER (vgl. [PEIF92]) gemeinhin zu den Standardwerken des Technologie- und Innnovationsmanagements. Zum anderen sind die Merkmale, welche in der wissenschaftlichen Literatur zur Technologiecharakterisierung genannt werden, weitestgehend konstant. So beinhalten auch neuere Publikationen, wie bspw. SCHIMPF UND RUMMEL (vgl. [SCHI15]), nur wenige Merkmale, die nicht bereits in vorangegangenen Werken genannt werden.

Die Auswahl der Werke für die Analyse erfolgt ausgehend von aktuellen Publikationen mithilfe einer Rückwärtssuche. Hierbei werden durch Prüfung der Referenzen weitere Publikationen identifiziert [WEBS02, S. 16]. Dabei wurden nur solche Publikationen für die Analyse berücksichtigt, welche bezogen auf die aufgeführten Merkmale zur Technologiecharakterisierung als Ursprungsquelle zu betrachten sind. So existieren neben den in Tabelle 4-1 aufgeführten Werken weitere Arbeiten zur Klassifikation und Beschreibung von Technologien, welche in ihrem Ursprung jedoch auf die aufgelisteten Werke zurückzuführen sind. Als Beispiele seien an dieser Stelle u. a. SCHUH ET AL. (vgl. [SCHU11f]) genannt, welche sich auf GERPOTT (vgl. [GERP05]) stützen oder VORBACH (vgl. [VORB14]), welcher letztlich auf BULLINGER (vgl. [BULL94]) verweist.

Tabelle 4-1: Merkmale zur Technologiecharakterisierung

Technologiemerkmal	[BULL94]	[CHIE07]	[GERP05]	[JOLL03]	[KRÖL07]	[PEIF92]	[SCHI15]	[SEIB98]	[SPUR98]	[PERL07]	[VDI00]	[WOLF94]	[ZAHN95]
Anwendungsbedeutung		X	X				X		X	X			X
Anwendungsbreite	X	X	X	X	X	X	X	X	X			X	X
Entwicklungsaufwand		X			X			X					
Erfolgswahrscheinlichkeit					X			X				X	
Externe Akzeptanz				X									
F&E Intensität							X		X				
F&E Ressourcen				X				X				X	
Funktionalität					X		X				X		
Gegenstand	X		X				X		X	X			X
Interdependenzen	X		X				X		X	X			
Kompatibilität			X									X	
Vorhandene Kompetenzen		X		X	X			X				X	
Komplementärtechnologien		X	X					X	X			X	X
Komplexität		X				X							X
Konkurrenztechnologien	X	X	X	X				X	X	X			X
Lebenszyklusphase	X		X	X			X						X
Leistungsdifferenz		X		X								X	
Leistungsreserve				X				X		X		X	
Marktdurchdringung		X		X									
Nähe zum Kerngeschäft				X									
Neuheitsgrad		X								X			
Öffentliche Unterstützung				X									
Reifegrad						X							
Robustheit					X								
Schützbarkeit		X	X	X								X	
Sicherheit											X		
Sichtbarkeit							X						
Strategie-Fit							X	X					
Umweltverträglichkeit					X		X				X		
Wettbewerbswirkung				X		X							

Die Auflistung in Tabelle 4-1 beinhaltet eine Übersicht bestehender Merkmale mit dem jeweiligen Quellenbezug. Entsprechend der selektiven Vorgehensweise wird kein Anspruch auf Vollständigkeit erhoben. Eine detaillierte Übersicht der identifizierten Merkmale mit den zugrundeliegenden Synonymen ist in Tabelle A-1 im Anhang zu finden. Weiterhin wird für eine Definition der identifizierten Merkmale auf Tabelle A-2 im Anhang verwiesen. Auf mögliche Ausprägungen der Merkmale wird zudem in Unterkapitel 4.1.4 eingegangen.

4.1.3 Analyse und Synthese der Technologieindikatoren

Nachfolgend gilt es, die in Tabelle 4-1 genannten und in Tabelle A-2 erläuterten Merkmale hinsichtlich ihrer Verwendbarkeit als Indikatoren im Kontext dieser Arbeit zu prüfen. Die Überprüfung der Anforderungen erfolgt kaskadisch, wobei die Anforderung der *Eindeutigkeit* durch die Definitionen aus Tabelle A-2 bereits als erfüllt angesehen wird. Zunächst werden die Merkmale vorselektiert. Hierzu wird geprüft, ob diese zum Zeitpunkt der initialen Technologieauswahl grundsätzlich sowie unter vertretbarem Aufwand bestimmt werden können, um das Kriterium der *Bewertbarkeit* und damit die Handhabbarkeit der Methode sicherzustellen (vgl. Unterkapitel 3.1.2). Anschließend ist zu prüfen, inwieweit die notwendige Bedingung der Unabhängigkeit und *Redundanzfreiheit* gewährleistet ist. Hierzu werden die vorselektierten Merkmale hinsichtlich Abhängigkeiten und Redundanzen untersucht. Für diesen Schritt ist eine tiefergehende Beschreibung der einzelnen Merkmale erforderlich, um mögliche Abhängigkeiten qualifiziert beurteilen zu können. Im Falle großer Abhängigkeiten zwischen Merkmalen wird dasjenige gewählt, welches den eindeutigeren und umfänglicheren Bezug zum jeweiligen Betrachtungsobjekt hat. Die Beurteilung der *Relevanz* und *Klarheit* der synthetisierten Faktoren erfolgt wie bereits erläutert in den Teilkapiteln 4.3 und 4.4,

4.1.3.1 Prüfung der Bewertbarkeit der Technologiemerkmale

Im Folgenden werden die Technologiemerkmale aus Tabelle A-2 hinsichtlich der Bewertbarkeit zum Zeitpunkt der initialen Technologieauswahl untersucht. Die Erläuterungen beschränken sich hierbei auf Merkmale, welche den genannten Kriterien nicht genügen und daher ausgeschlossen werden.

Von den identifizierten Merkmalen sind die Merkmale *Erfolgswahrscheinlichkeit*, *Strategie-Fit*, *Wettbewerbswirkung*, *externe Akzeptanz*, *F&E Intensität*, *Funktionalität* und *Wirtschaftlichkeit* zum Zeitpunkt der initialen Technologieauswahl nicht respektive, nicht eindeutig oder mit vertretbarem Aufwand zu bewerten. Dies wird nachfolgend näher erläutert.

Die *Erfolgswahrscheinlichkeit* einer Technologieentwicklung und -verwertung ist von übergeordnetem Interesse bei Technologieentscheidungen und kann als Synonym für den Risikobegriff interpretiert werden. Daher ist das Kriterium nicht direkt messbar. Dies gilt ferner für den *Strategie-Fit*, welcher mit dem Beitrag der Technologie zu den strategischen Unternehmenszielen und damit in Teilen dem Technologiepotenzial gleichzusetzen ist [SEIB98, S. 155]. In beiden Fällen bedarf es vielmehr diverser Indikatoren, um die Erfolgswahrscheinlichkeit oder den Strategie-Fit bewerten zu können, sodass diese Merkmale für die direkte Betrachtung ausgeschlossen werden.

Ebenso sind die Merkmale *Wettbewerbswirkung* und *externe Akzeptanz* zu bewerten. Beide Faktoren können erst zum Zeitpunkt der Einführung und Verwertung einer Technologie im Markt beurteilt werden. Daher können die Merkmale nicht als Indikatoren berücksichtigt werden.

Die *F&E Intensität* ist als Verhältnis der F&E Ausgaben für eine Technologie zu dem mit dieser erzielten Umsatz definiert [SCHI15, S. 54 f.]. Weder die F&E Ausgaben noch der mit der Technologie erzielte Umsatz sind zum Zeitpunkt der initialen Technologieauswahl bewertbar, da F&E Ausgaben in Abhängigkeit des Entwicklungsziels nur schwer vorhergesagt werden können und der erzielte Umsatz von diversen markt- und wettbewerbsseitigen Faktoren beeinflusst wird. Die F&E Intensität wird daher ebenfalls nicht als Indikator berücksichtigt.

Abschließend sind die Merkmale der *Funktionalität* und *Wirtschaftlichkeit* zu nennen. Zur unternehmensspezifischen Bewertung der Merkmale ist die Frage zu beantworten, inwieweit die Brauchbarkeit und wirtschaftliche Verwendbarkeit einer Technologie für eine definierte Applikation gegeben ist. Dies ist jedoch erst bei Kenntnis der Anwendungsarchitektur zu beantworten. Da diese zum Zeitpunkt der initialen Technologieauswahl nicht bekannt ist, können die Merkmale nicht als Indikator verwendet werden.

4.1.3.2 Prüfung der Redundanzfreiheit der Technologiemerkmale

In diesem Abschnitt wird die Prüfung der verbleibenden 25 Merkmale aus Tabelle 4-1 auf Interdependenzen und darauf aufbauend die Bereinigung von Redundanzen durchgeführt. Zu diesem Zweck werden die Beziehungen zwischen den verbleibenden Merkmalen im Rahmen einer Einflussanalyse untersucht. Mithilfe der Einflussanalyse nach PROBST UND GOMEZ werden die gegenseitigen Beziehungen der Merkmale aus Tabelle A-2 geprüft. Hierzu werden die Merkmale in einer Matrix gegenübergestellt. Daraufhin wird eine paarweise Bewertung der Beziehung der Merkmale zueinander durchgeführt. Die Intensität der Beziehung wird qualitativ mit einer vierstufigen Skala bewertet: [PROB91, S. 13]

- Keine oder äußerst geringe Intensität (Zellenwert = 0)
- Geringe Intensität (Zellenwert = 1)
- Starke Intensität (Zellenwert = 2)
- Sehr starke Intensität (Zellenwert = 3)

Die paarweisen Vergleiche der identifizierten Merkmale aus Tabelle A-2 sind in Abbildung A-1 im Anhang dargestellt. Die Ermittlung der Bewertung erfolgt auf Basis einer sachlogischen Analyse der Merkmale. Im Anschluss an die paarweise Bewertung erfolgt die Auswertung, welche in Abbildung 4-1 dargestellt ist und nachfolgend erläutert wird.

Für die Auswertung werden die Aktiv- und Passivsummen der Merkmale berechnet. Dabei entspricht die Aktivsumme der Zeilensumme des Merkmals in der Matrix, während die Passivsumme durch die Spaltensumme repräsentiert wird. Die Aktiv- und Passivsummen dienen als Indikatoren für die Rolle des jeweiligen Merkmals im Interdependenzgeflecht. Mit der Aktivsumme wird dabei die Einflussstärke des Merkmals auf andere Merkmale angegeben, während mit der Passivsumme die Beeinflussung des Merkmals durch die übrigen angegeben wird. [GAUS18, S. 126; PROB91, S. 13 f.] Die Summen werden normiert und in Form einer Intensität-Beziehungs-Matrix dargestellt.

Mithilfe der Intensitäts-Beziehungs-Matrix werden die Merkmale in vier Kategorien eingeteilt. Merkmale, welche einen starken Einfluss auf andere Merkmale haben, selbst aber von anderen Merkmalen wenig beeinflusst werden, werden als *aktive Merkmale* bezeichnet. Merkmale, welche durch andere Merkmale stark beeinflusst werden, selbst jedoch nur geringen Einfluss haben, sind *passive Merkmale.* Merkmale, welche durch andere stark beeinflusst werden und ebenfalls einen starken Einfluss haben, werden als *kritische Merkmale* bezeichnet. Merkmale, welche schwach beeinflusst werden und ebenfalls nur einen schwachen Einfluss auf andere Merkmale haben, sind *träge Merkmale.* [PROB91, S. 14] Träge Merkmale werden, ebenso wie aktive Merkmale, nur in geringem Maße beeinflusst und erfüllen damit das Kriterium der Redundanzfreiheit. Daher können diese Faktoren als Indikatoren verwendet werden. Passive und kritische Merkmale[3] weisen hingegen eine starke Beeinflussung durch andere Merkmale auf und können somit nicht als Indikatoren herangezogen werden.

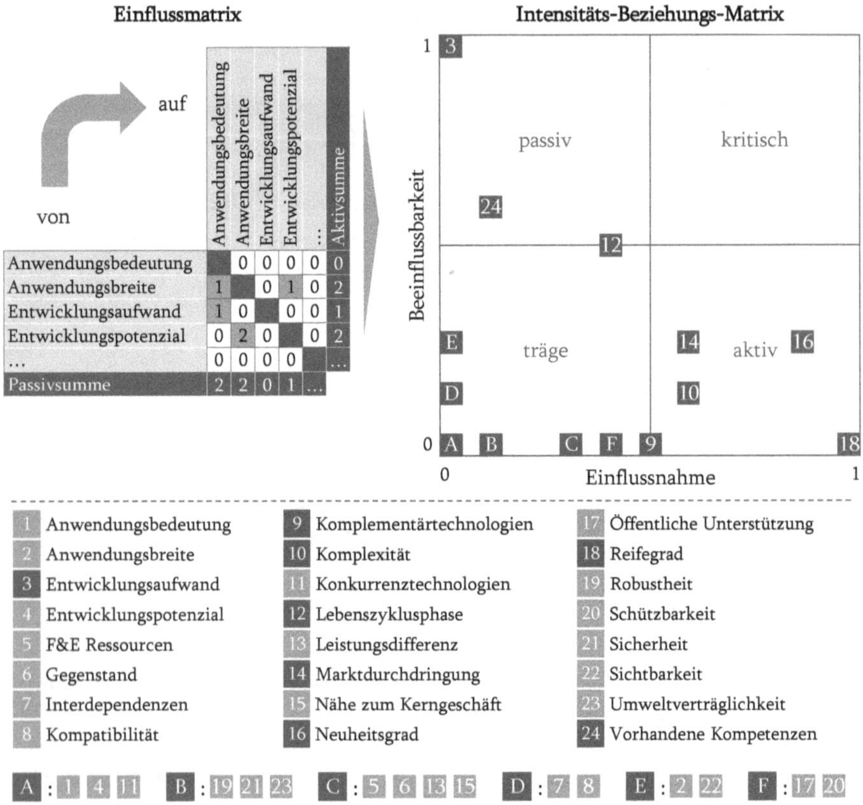

Abbildung 4-1: Intensitäts-Beziehungs-Matrix i. A. a. PROBST UND GOMEZ [PROB91, S. 14]

[3] Kritische Merkmale müssten aufgrund der ebenfalls stark beeinflussenden Wirkung näher untersucht werden. Diese Prüfung entfällt jedoch, da keines der untersuchten Merkmale dieser Kategorie zuzuordnen ist.

Die Einteilung der Merkmale wird als Ausgansbasis für die Eliminierung von Redundanzen verwendet. In Abbildung 4-1 ist die Bewertung und Kategorisierung der Merkmale aus Tabelle A-2 mithilfe der Intensitäts-Beziehungs-Matrix dargestellt. Zur Verbesserung der Übersichtlichkeit sind Merkmale mit der gleichen Aktiv- und Passivsumme gruppiert dargestellt und mit Buchstaben anstelle von Zahlen bezeichnet.

Entsprechend der vorangegangenen Erklärung sind die Merkmale *Entwicklungsaufwand* und *vorhandene Kompetenz* aufgrund der starken Abhängigkeit von anderen Merkmalen nicht als Indikatoren für die Potenzial- und Risikobewertung geeignet. Das Merkmal *Lebenszyklusphase* wird in signifikantem Maße beeinflusst, weist jedoch ebenfalls einen Einfluss auf andere Merkmale auf und ist keiner Kategorie klar zuzuordnen. Entsprechend der in Abbildung A-1 dargestellten Einflussmatrix besteht bezogen auf das Merkmal Lebenszyklusphase eine wechselseitige Beziehung zu den Merkmalen *Reifegrad*, *Marktdurchdringung* und *Neuheitsgrad*. Das Lebenszykluskonzept mit den Lebenszyklusphasen geht auf SOMMERLATTE UND DESCHAMPS zurück. Für die Einteilung einer Technologie in eine Lebenszyklusphase schlagen SOMMERLATTE UND DESCHAMPS verschiedene Kriterien vor, welche inhaltlich kongruent zu den drei übrigen genannten Merkmalen Reifegrad, Marktdurchdringung und Neuheitsgrad sind (vgl. [SOMM85, S. 52]). Daher kann das Merkmal Lebenszyklusphase als redundant zur Summe der drei genannten übrigen Merkmale betrachtet werden. Zwischen den übrigen Merkmalen bestehen keine oder nur geringe Interdependenzen (vgl. Abbildung 4-1), sodass für diese Merkmale das Kriterium der Redundanzfreiheit als erfüllt betrachtet wird. Die verbliebenen Merkmale (vgl. Tabelle 4-2) sind daher potenzielle Indikatoren, deren indikative Wirkung für das Potenzial und/oder Risiko in den Teilkapiteln 4.3 und 4.4 überprüft wird.

Tabelle 4-2: Potenzielle Technologieindikatoren für die Potenzial- bzw. Risikobewertung

Technologieindikator	Technologieindikator	Technologieindikator
Anwendungsbedeutung	Komplementärtechnologien	Öffentliche Unterstützung
Anwendungsbreite	Komplexität	Reifegrad
Leistungsreserve	Konkurrenztechnologien	Robustheit
F&E Ressourcen	Leistungsdifferenz	Schützbarkeit
Gegenstand	Marktdurchdringung	Sicherheit
Interdependenzen	Nähe zum Kerngeschäft	Sichtbarkeit
Kompatibilität	Neuheitsgrad	Umweltverträglichkeit

4.1.4 Operationalisierung der Technologieindikatoren

In diesem Unterkapitel erfolgt die Operationalisierung der Technologieindikatoren. Diese ist notwendig, um die Reproduzierbarkeit und Vergleichbarkeit der Ergebnisse der Methodik sicherzustellen. Hierzu werden zunächst die Ausprägungen der synthetisierten Indikatoren definiert. Anschließend wird die Operationalisierung durch eine Erläuterung des Bewertungskontextes für die Bestimmung der Indikatorausprägungen vervollständigt. Dabei wird, wo immer möglich, auf bereits bestehende und damit etablierte Ausprägungen zurückgegriffen, um dem späteren Nutzer der Methodik die Anwendung durch vertraute Elemente zu erleichtern. Auf diese Weise wird die formale Anforderung der aufwandsarmen Gestaltung der Methodik adressiert. Weiterhin ist, entsprechend den Erkenntnissen bestehender wissenschaftlicher Arbeiten im Themenfeld, zu prüfen, ob die Bewertung der Ausprägungen anwendungsspezifisch erfolgen muss. Der Anwendungsbezug ist zu prüfen, da die Beurteilung von Technologien häufig in Abhängigkeit des angestrebten Einsatzgebiets variiert [SCHI16, S. 40]. In diesen Fällen sind die individuellen Rahmenbedingungen des Anwendungsfalls bei der Bewertung der Technologieindikatoren zu beachten und das Bewertungsergebnis je Anwendungsfall unterschiedlich. Bspw. kann der Neuheitsgrad einer Technologie anwendungsspezifisch variieren und eine Technologie in einem Anwendungsbereich seit Langem etabliert sein, während diese für eine andere Anwendung gerade erst erprobt wird. Andere Indikatoren sind hingegen generisch zu bewerten, da hier der anwendungsspezifische Bezug sehr gering oder nicht vorhanden ist. Als Beispiel wird an dieser Stelle auf den Reifegrad verwiesen, welcher allgemeingültig bestimmt wird.

Anwendungsbedeutung

Die Relevanz einer Technologie für einen Anwendungsfall kann lediglich qualitativ beurteilt werden. Die Beurteilung der Bedeutung beruht auf der Analyse der wichtigsten funktionalen Leistungen des Produkts und der Identifikation der Technologien, die zur Erfüllung der erforderlichen Leistung beitragen. D. h. es ist zu bewerten, in welchem Maße die Technologie entscheidend für die Erfüllung der Kernfunktionen des Produkts ist. [CHIE07, S. 64 f.] Als Abstufung zur Bewertung der Anwendungsbedeutung ist in der Praxis eine Gliederung mit absteigender Bedeutung in die drei Kategorien Haupt-, Neben- und Hilfstechnologie etabliert (vgl. [SCHI15, S. 55; SPUR98, S. 97]). Die Bewertung der Anwendungsbedeutung ist, aufgrund des Produktbezugs, je Anwendungsfall individuell durchzuführen.

Anwendungsbreite

Ähnlich wie die Anwendungsbedeutung ist die Anwendungsbreite qualitativ zu beurteilen. Für die Beschreibung des möglichen Einsatzspektrums respektive der Einsatzflexibilität einer Technologie existieren ebenfalls etablierte Ausprägungen. Hierbei wird zwischen Querschnittstechnologien und spezifischen Technologien unterschieden [BULL94, S. 97; SCHI15, S. 54]. Die genannten Ausprägungen sind jedoch nicht binärer Natur. Vielmehr sind diese als Maximalausprägungen zu betrachten, zwischen denen weitere Abstufungen existieren. Die Bewertung des Indikators erfolgt generisch, unabhängig von spezifischen Anwendungsfällen, da mit diesem die Summe aller Anwendungsfälle adressiert wird.

F&E Ressourcen

Die vorhandenen F&E Ressourcen zur Entwicklung oder Weiterentwicklung der Technologie sind im Vergleich zur Konkurrenz zu bewerten [SEIB98, S. 154]. Dies gilt insbesondere, da der Entwicklungsfortschritt als Wettbewerbsfaktor nach FOSTER eine Funktion der eingesetzten Ressourcen ist [FOST86, S. 108]. Hierzu wird eine dreistufige Skala vorgeschlagen, um zu beurteilen, ob die vorhandenen F&E Ressourcen geringer, auf gleichem Niveau oder höher einzuschätzen sind als diejenigen der Konkurrenz.

Gegenstand

Technologien können anhand ihres Einsatzgebietes bzw. der Funktion untergliedert werden [GERP05, S. 26]. Hinsichtlich ihres Einsatzgebietes wird zwischen Produkttechnologien, d. h. Technologien, die der Erfüllung einer (Teil-) Funktion eines Produkts dienen, und Produktionstechnologien, d. h. Technologien, die zur Herstellung eines Produktes benötigt werden, unterschieden [BULL99, S. 27]. Wie bereits in Unterkapitel 2.1.1 erläutert, ist darüber hinaus eine weitere Differenzierung (z. B. Materialtechnologien, Informationstechnologien etc.) möglich. Diese können jedoch dem Feld der Produkt- oder Produktionstechnologien zugeordnet werden. Diese Einteilung ist nicht immer eindeutig und muss daher unternehmensindividuell in Abhängigkeit der Betrachtungsperspektive durchgeführt werden [SCHU11f, S. 35 f.].

Interdependenzen

Die Höhe der Interdependenz ist von dem Umfang und der Stärke bestehender Abhängigkeiten und Beziehungen zu anderen Technologien im jeweiligen System abhängig. Zur Bewertung der Interdependenz werden Technologien in Einzeltechnologien, mit wenig bis keinen Interdependenzen, und Systemtechnologien, mit einer Vielzahl von Interdependenzen, unterschieden. [GERP05, S. 26] Ähnlich wie im Fall der Anwendungsbreite sind die Ausprägungen als Maximalausprägungen zu verstehen, wobei zwischen diesen weitere Abstufungen existieren. Aus diesem Grund werden zusätzlich tendenzielle Ausprägungen (eher Einzeltechnologie, eher Systemtechnologie) ergänzt. Die Bewertung ist aufgrund der Systemabhängigkeit anwendungsspezifisch vorzunehmen.

Kompatibilität

Für die Beurteilung der Kompatibilität sind gängige Ausprägungen keine, geringe oder hohe Kompatibilität zu den bestehenden Technologien des Unternehmens. Die Bewertung erfolgt qualitativ. Kompatible Technologien sind dabei durch Anschlussfähigkeit an Vorläufertechnologien oder Integrierbarkeit in größere Systeme gekennzeichnet [GERP05, S. 26]. Da die Ausprägung des Indikators – wie die Interdependenz – in Abhängigkeit zum jeweiligen System steht, ist die Bewertung ebenfalls anwendungsspezifisch vorzunehmen.

Komplementärtechnologien

Der Anwendungsbezug ist ebenfalls bei der Beurteilung des Vorhandenseins von Komplementärtechnologien zu berücksichtigen, da die ergänzende Wirkung dieser Technologien abhängig vom jeweiligen Anwendungsfall ist [SCHU11f, S. 36]. Für die Ausprägung des Indikators wird zwischen keinen, wenigen, einigen und vielen Komplementärtechnologien unterschieden.

Komplexität

Die Komplexität einer Technologie ist abhängig von der Menge der einzubeziehenden naturwissenschaftlichen und technischen Erkenntnisse [PEIF92, S. 38] sowie der Anzahl der Elemente des technologischen Systems [LUHM05, S. 257; PERL07, S. 35]. Unter Berücksichtigung der genannten Kennzeichen der Komplexität kann zwischen einfachen, durchschnittlich-komplexen und komplexen Technologien unterschieden werden. Da die Komplexität eine relative Größe ist, ist die Bewertung ebenfalls relativ zu anderen Technologien im Unternehmen, jedoch nicht anwendungsspezifisch zu bewerten.

Konkurrenztechnologien

Neben den Komplementärtechnologien gilt es die Anzahl möglicher Konkurrenztechnologien zu beurteilen. Hierbei ist zwischen keinen, wenigen, einigen und vielen Konkurrenztechnologien zu unterscheiden. Weiterhin ist die Bewertung anwendungsspezifisch vorzunehmen, da Konkurrenztechnologien nur in Anbetracht der jeweiligen Problemstellung beurteilt werden können [BIND96, S. 96].

Leistungsdifferenz

Die Leistungsdifferenz ist der Leistungsvorsprung bzw. -rückstand einer Technologie gegenüber dem bestehenden Referenzzustand [CHIE07, S. 65]. Dabei besteht ein Leistungsvorsprung, sofern die Leistungsfähigkeit der untersuchten Technologie derjenigen der Referenztechnologie überlegen ist [SCHI15, S. 56]. Ein Leistungsrückstand besteht hingegen, wenn die Leistungsdifferenz zur bestehenden Referenztechnologie negativ ist [CHIE07, S. 65]. Folglich wird die Leistungsdifferenz in den Ausprägungen Leistungsrückstand, Leistungsparität und Leistungsvorsprung beurteilt. Da das geforderte Leistungsniveau in Abhängigkeit des Anwendungsfalls steht, ist die Bewertung der Leistungsdifferenz ebenfalls anwendungsspezifisch vorzunehmen.

Leistungsreserve

Die Leistungsreserve wird anhand der Differenz zwischen dem aktuellen Leistungsniveau und dem maximal erreichbaren Leistungsniveau der Technologie gemessen [GOCH20, S. 23; JOLL12, S. 313]. Als maximales Leistungsniveau wird die physikalische Leistungsgrenze der jeweiligen Technologie angesehen, wobei diese häufig wirtschaftlich nicht erreichbar ist [PERL07, S. 46]. Zur Orientierung für die Bewertung der Leistungsreserve kann die Position der Technologie auf der S-Kurve nach FOSTER herangezogen werden [FOST86, S. 111]. Die Leistungsreserve ist generisch zu bewerten, da die Bewertung primär von der physikalischen Leistungsgrenze abhängig ist. Hierbei ist zu beachten, dass die Position einer Technologie auf der S-Kurve lediglich geschätzt werden kann, da die tatsächliche Leistungsgrenze durch verschiedene Lock-in und Lock-out Effekte beeinflusst wird [SCHU11f, S. 45]. Da keine einheitlichen Abstufungen für die Bewertung existieren und mögliche quantitative Leistungsparameter technologieindividuell sind, wird eine qualitative Bewertung in den Stufen gering, mittel und hoch vorgeschlagen.

Marktdurchdringung

Bei dem Technologieindikator Marktdurchdringung wird zwischen zwei wesentlichen Extremausprägungen differenziert. Hierbei wird zwischen keiner Marktdurchdringung, bspw. im Falle von Marktneuheiten, und einer vollständigen Durchdringung unterschieden. [JOLL12, S. 313] Für die Bewertung der Marktdurchdringung sind die Marktanteile der wichtigsten Konkurrenztechnologien heranzuziehen. Im Vergleich zu diesen kann neben den Extremausprägungen von einer geringen Marktdurchdringung gesprochen werden, wenn die Marktanteile der Konkurrenztechnologien signifikant größer sind, bzw. von einer hohen Marktdurchdringung, sofern das Verhältnis umgekehrt ist. Bei gleichen Marktanteilen ist von einer durchschnittlichen Marktdurchdringung zu sprechen. Die Bewertung ist anwendungsfallspezifisch durchzuführen, da es sich um eine anwendungsspezifische Größe handelt.

Nähe zum Kerngeschäft

Die Nähe bzw. Entfernung einer Technologie zum Kerngeschäft des Unternehmens ist aus der Sicht des jeweiligen Unternehmens qualitativ zu bewerten [JOLL03, S. 389]. Im Rahmen der vorliegenden Arbeit werden die Ausprägungen geringe, durchschnittliche und große Nähe zum Kerngeschäft unterschieden.

Neuheitsgrad

Der Neuheitsgrad einer Technologie ist abhängig von der Betrachtungsperspektive. Hierbei sind grundsätzlich zwei Perspektiven zu unterscheiden – die unternehmensinterne und -externe Perspektive [GARC02, S. 124]. In beiden Fällen gilt es die Ähnlichkeit der Technologie zu bereits bestehenden bzw. bekannten Technologien zu bewerten. Da der unternehmensinterne Neuheitsgrad inhaltlich mit der Nähe zum Kerngeschäft gleichzusetzen ist, wird nachfolgend mit dem Begriff Neuheitsgrad die externe Perspektive bezeichnet. Der Neuheitsgrad wird i. A. a. die Beurteilung von Innovationen in den Ausprägungen inkrementelle bis radikale Neuheit bewertet [GARC02, S. 120; STEI08, S. 3 f.]. Der Neuheitsgrad ist, aufgrund der Abhängigkeit von der jeweiligen Betrachtungsperspektive, anwendungsfallspezifisch zu bewerten.

Öffentliche Unterstützung

In Abhängigkeit des Interesses öffentlicher Stellen an bestimmten neuen Technologiebereichen sind einige Technologien mehr „in Mode" als andere, mit diversen positiven Aspekten bezogen auf die Akzeptanz und Finanzierung [JOLL12, S. 314]. Für die Bewertung der öffentlichen Unterstützung existiert keine allgemein anerkannte Metrik.

Im Rahmen der vorliegenden Arbeit wird daher zwischen keiner, geringer, durchschnittlicher und starker öffentlicher Unterstützung unterschieden. Die Unterstützung ist dabei in der Regel unabhängig vom jeweiligen Anwendungsfall, sodass die Bewertung im Rahmen dieser Arbeit ebenfalls generisch erfolgt.

Reifegrad

Mit dem Reifegrad wird der aktuelle Entwicklungsstand einer Technologie beurteilt. Das wohl bekannteste Modell zur Bewertung des Reifegrads ist das Bewertungsverfahren der NASA, welches in den 1980er Jahren entwickelt wurde [SCHI15, S. 59]. Kernstück des Modells sind neun Technology Readiness Level (TRL), welche zur Bewertung des Reifegrads einer bestimmten Technologie und zum konsistenten Vergleich des Reifegrads verschiedener Technologietypen verwendet werden [MANK04, S. 1]. Das Modell wurde mehrfach adaptiert und ist in verallgemeinerter Form weit verbreitet (vgl. [EURO19]). Die ersten beiden Stufen sind der Grundlagenforschung zuzuordnen [MANK04, S. 2 – 5]. Diese werden aufgrund der Entfernung zur praktischen Nutzung nicht im Rahmen der Dissertation berücksichtigt. Die übrigen Stufen werden in folgender Weise berücksichtigt: Experimenteller Nachweis des Konzepts (TRL3), Technologie im Laborumfeld validiert (TRL4), Technologie in Einsatzumgebung validiert (TRL5), Technologie in Einsatzumgebung demonstriert (TRL6), System-/Serienprototyp in Einsatzumgebung (TRL7), Technologie im Einsatzbereich validiert und qualifiziert (TRL8), Technologie im Einsatzbereich bewährt (TRL9) [MANK04, S. 2 – 5].

Robustheit

Die Robustheit einer Technologie kann allgemein anhand ihrer Unempfindlichkeit gegenüber äußeren Störgrößen, Fehlbedienungen sowie der langfristigen Konstanz der Funktionserfüllung bewertet werden [KRÖL07, S. 96]. Die Frage, ob eine Technologie robust ist, muss kontextabhängig sowie im Vergleich zu bestehenden Referenztechnologien erfolgen. Hierzu wird im Rahmen der vorliegenden Untersuchung eine qualitative Bewertung in den Abstufungen geringe, durchschnittliche und hohe Robustheit vorgeschlagen, welche anwendungsfallspezifisch im Vergleich zu bestehenden Referenztechnologien durchzuführen ist.

Schützbarkeit

Zur Bewertung der Schützbarkeit einer Technologie gegen Imitation sind verschiedene Möglichkeiten zu berücksichtigen [NEEM11, S. 283]. Aus rechtlicher Sicht besteht die Schutzmöglichkeit über Patente und Gebrauchsmuster [MITT09, S. 116].

Weiterhin kann für Konkurrenten der Zugang zum erforderlichen Wissen durch Maßnahmen zur Geheimhaltung erschwert werden [NEEM11, S. 293 – 296]. Folglich ist hinsichtlich der Schützbarkeit zu beurteilen, in welchem Umfang rechtliche oder Know-how bezogene Schutzmöglichkeiten existieren oder möglich sind. Die Schützbarkeit ist unter Berücksichtigung der genannten Aspekte als gering, durchschnittlich oder hoch zu bewerten.

Sicherheit

Die Höhe der Sicherheit ist ein subjektives Maß, welches anwendungsspezifisch zu bewerten ist. Für die Bewertung werden die Ausprägungen geringe, mittlere und hohe Sicherheit verwendet. Zur Beurteilung des Indikators ist die allgemeine Sicherheit bei ordnungsgemäßer Verwendung, die Sicherheit im Schadens- respektive Störungsfall zu berücksichtigen sowie die Sicherheit gegenüber Missbrauch [VDI00, S. 16]. Da Sicherheitsanforderungen bzw. das geforderte Sicherheitsniveau anwendungsspezifisch sind, wird für die Bewertung des Indikators ebenfalls eine kontextabhängige Bewertung vorgenommen.

Sichtbarkeit

Hinsichtlich der Sichtbarkeit ist zu bewerten, inwieweit die jeweilige Technologie für den Kunden wahrnehmbar ist. Die Bewertung kann in den Ausprägungen nicht sichtbar bis sichtbar vorgenommen werden. [SCHI15, S. 55] Für die Beurteilung der Sichtbarkeit ist zu bestimmen, ob die durch die Technologie ermöglichte Funktionalität im technischen System unmittelbar für den Nutzer wahrnehmbar ist und mit der Technologie assoziiert wird. Aufgrund der Systemabhängigkeit ist die Sichtbarkeit anwendungsspezifisch zu bewerten.

Umweltverträglichkeit

Nach SCHULTZ sind zur Bewertung der Umweltverträglichkeit einer Technologie der Ressourcenverbrauch, die potenziellen Auswirkungen auf das Ökosystem und eine mögliche Gesundheitsbelastung zu berücksichtigen. Ferner gilt es bei der Bewertung den Umfang der Umweltwirkung hinsichtlich lokaler, regionaler oder globaler Wirkung zu betrachten. [SCHU02a, S. 39] Darüber hinaus ist die Recyclingfähigkeit der Technologie im Sinne der Demontagemöglichkeit sowie der Wiederverwertungsmöglichkeit eingesetzter Komponenten und Materialien zu beurteilen [KRÖL07, S. 96]. Da für die Bewertung der Umweltverträglichkeit keine definierte Skala existiert, wird für diese Arbeit eine qualitative Bewertung in den Ausprägungen geringe, durchschnittliche und hohe Umweltverträglichkeit im Vergleich zu bestehenden Referenztechnologien vorgeschlagen. Die Umweltverträglichkeit nimmt dabei mit zunehmender Recyclingfähigkeit und abnehmender Umweltbelastung sowie sinkendem Ressourcenverbrauch zu. Die potenziellen Indikatoren mit den definierten Ausprägungen sind in Abbildung 4-2 zusammenfassend dargestellt.

	Technologieindikator	Ausprägungen						
Generische Bewertung	Anwendungsbreite	spezifische Technologie	eher spezifische Technologie	eher Querschnitts-technologie	Querschnitts-technologie			
	F&E Ressourcen	wenige	durchschnittlich	viele				
	Gegenstand	Produkttechnologie	Prozesstechnologie					
	Komplexität	gering	durchschnittlich	hoch				
	Nähe zum Kerngeschäft	gering	durchschnittlich	hoch				
	Öffentliche Unterstützung	keine	gering	durchschnittlich	hoch			
	Reifegrad	TRL 3	TRL 4	TRL 5	TRL 6	TRL 7	TRL 8	TRL 9
	Schützbarkeit	gering	durchschnittlich	hoch				
	Umweltverträglichkeit	gering	durchschnittlich	hoch				
	Leistungsreserve	gering	mittel	hoch				
Anwendungsspezifische Bewertung	Anwendungsbedeutung	Haupttechnologie	Nebentechnologie	Hilfstechnologie				
	Interdependenzen	Einzeltechnologie	eher Einzel-technologie	eher System-technologie	Systemtechnologie			
	Kompatibilität	einfach	durchschnittlich	hoch				
	Komplementärtechnologien	keine	wenige	einige	viele			
	Konkurrenztechnologien	keine	wenige	einige	viele			
	Leistungsdifferenz	Leistungsrückstand	Leistungsparität	Leistungsvorsprung				
	Marktdurchdringung	keine	gering	durchschnittlich	hoch	vollständig		
	Neuheitsgrad	inkrementell	eher inkrementell	eher radikal	radikal			
	Robustheit	gering	durchschnittlich	hoch				
	Sicherheit	gering	durchschnittlich	hoch				
	Sichtbarkeit	nicht sichtbar	sichtbar					

Abbildung 4-2: Technologieindikatoren mit Ausprägungen

Wie eingangs erläutert, können solche Indikatoren, deren Ausprägungen nicht durch den Anwendungskontext determiniert werden, generisch bewertet werden. Indikatoren, deren Ausprägung in signifikantem Maße in Abhängigkeit des Anwendungskontextes divergiert, sind hingegen je Anwendung zu beurteilen. Die Indikatoren sind daher entsprechend dem erforderlichen Bewertungskontext in die zwei Gruppen generische und anwendungsspezifische Bewertung untergliedert.

4.1.5 Beschreibung der anwendungsspezifischen Relevanz von Technologien

Die Anwendungsbedeutung wurde bereits in Unterkapitel 4.1.2 als relevantes Merkmal zur Beschreibung von Technologien identifiziert. Aufgrund der zentralen Bedeutung der anwendungsbezogenen Technologierelevanz für die Beurteilung des Technologiepotenzials (vgl. Teilkapitel 3.3) wird nachfolgend ein im Kontext der vorliegenden Dissertation geeigneter Ansatz für die Beurteilung des Merkmals ausgewählt. Zur Beschreibung der Relevanz einer Technologie für eine dezidierte Anwendung wurden zwei bereits bestehende Ansätze identifiziert. Hierbei handelt es sich zum einen um die *Produkt-Technologie-Matrix* nach GOCHERMANN (vgl. [GOCH20, S. 15 – 19]) sowie das Vorgehen zur Bewertung der *Technologierelevanz* im Kontextmodell nach UNTIEDT (vgl. [UNTI09, S. 84 – 91]). Beide Modelle wurden zur Bewertung der Relevanz von Technologien für Anwendungsfälle von Unternehmen entwickelt und sind prinzipiell zur Verwendung im Kontext dieser Arbeit geeignet [GOCH20, S. 15 – 19; UNTI09, S. 84 – 91]. Der Hauptunterschied zwischen den Ansätzen besteht hinsichtlich des divergierenden Detailgrads und des Aufwands für die Durchführung, wobei Detailgrad und Durchführungsaufwand korrelieren. Die Beurteilung der Technologierelevanz für Anwendungen mithilfe der Produkt-Technologie-Matrix nach GOCHERMANN ist nur mit geringem Aufwand verbunden, während gleichzeitig bezogen auf die Bedeutung der jeweiligen Technologie lediglich drei Bedeutungsgrade unterschieden werden. Im Rahmen des Kontextmodells nach UNTIEDT wird hingegen eine äußerst detaillierte Untersuchung der Technologierelevanz aus Markt-, Kunden- und Funktionsperspektive angestrebt und so eine differenziertere Aussage über die Relevanz der jeweiligen Technologie ermöglicht. Die Unterschiede zwischen den beiden Ansätzen sind auf den angestrebten Verwendungszweck zurückzuführen. So entwickelt GOCHERMANN sein Modell mit dem Ziel, den initialen Auswahlprozess von Technologien zu unterstützen [GOCH20, S. 15]. UNTIEDT strebt hingegen die Bewertung einer begrenzten Menge von Technologien an, welche bereits im Unternehmen eingesetzt werden, um die technologische Zukunftsfähigkeit des Unternehmens zu bestimmen (vgl. hierzu die Ausführungen in Unterkapitel 2.5.2 zum Ansatz von UNTIEDT).

Während für die Bewertung bestehender Technologien nahezu alle erforderlichen Informationen die jeweilige Technologie betreffend im Unternehmen vorliegen, müssen diese für die Bewertung neuer Technologien durch umfassende Markt- und Wettbewerbsanalysen oft aufwendig ermittelt werden. Dies ist unter Berücksichtigung der formalen Anforderungen der aufwandsarmen Gestaltung der Methodik nicht zu rechtfertigen, insbesondere, da infolge der vorherrschenden Informationsunschärfe eine höhere Aussagekraft der Ergebnisse zweifelhaft ist. Daher wird zur Beurteilung der Relevanz einer Technologie für die Anwendungen des Unternehmens die Produkt-Technologie-Matrix nach GOCHERMANN verwendet.

Mithilfe der Produkt-Technologie-Matrix wird die Bedeutung einer Technologie in Abhängigkeit des Beteiligungsgrads an der Realisierung verschiedener Produkte und Prozesse beurteilt [GOCH20, S. 15]. Der Beteiligungsgrad wird nach GOCHERMANN in den drei Stufen Kerntechnologie, verwendete Technologie und optionale Technologie gemessen [GOCH20, S. 17]. Diese Stufen werden für die Nutzung im Rahmen der vorliegenden Dissertation als Haupt-, Neben- und Hilfstechnologien bezeichnet, mit dem Ziel, die Übereinstimmung zum bereits definierten Technologiemerkmal der Anwendungsbedeutung zu gewährleisten, ohne jedoch die inhaltliche Bedeutung zu verändern (vgl. Teilkapitel 4.1). Die abgewandelten Stufen mit der Erläuterung nach GOCHERMANN sind in Tabelle 4-3 aufgeführt.

Tabelle 4-3: Stufen zur Bewertung der anwendungsbezogenen Technologierelevanz i. A. a. GOCHERMANN [GOCH20, S. 17]

Beteiligungsgrad	Wert	Erläuterung
Haupttechnologie	3	Unabdingbare Voraussetzung für die Funktionalität und die Qualität des Produktes oder zur Leistungserstellung.
Nebentechnologie	2	Technologie zur Realisierung der Funktionen oder zur Erstellung des Produktes oder der Leistung.
Hilfstechnologie	1	Ergänzende Technologie, welche zur Erstellung der Leistung eingesetzt wird, jedoch auch anders realisiert werden kann.

Dabei können mithilfe der Produkt-Technologie-Matrix ebenfalls Anwendungen berücksichtigt werden, welche durch das jeweilige Unternehmen noch nicht adressiert werden. Für die Beurteilung der Technologierelevanz werden die zu bewertenden

Technologien in den Zeilen der Matrix eingetragen und den potenziellen Anwendungen in den Spalten gegenübergestellt. Anschließend wird für jeder Zelle der Matrix ein Wert oder Symbol zugewiesen, welches eine der in Tabelle 4-3 genannten Stufen repräsentiert. Auf diese Weise können die Technologien für die Anwendungen relativ zueinander bewertet werden, wodurch die Vergleichbarkeit erhöht wird.

Für die Berechnung des Technologiepotenzials im Rahmen der Methodik ist die Technologierelevanz zu quantifizieren, sodass Zahlenwerte je Relevanzstufe definiert werden. Für die Quantifizierung der Intensität von Beziehungen zwischen Technologien und Anwendungen schlägt SCHÖNING in seiner Arbeit zum Technologiepotenzial alternativ eine dreistufige Skala in normaler oder logarithmischer Skalierung[4] vor [SCHÖ06, S. 80]. Für die vorliegende Dissertation wird eine normale Skalierung gewählt, um einer Verzerrung der Bewertungsergebnisse aufgrund einer überproportionalen Gewichtung der Haupttechnologien vorzubeugen. Die Skalenwerte werden aufsteigend den Beteiligungsgraden zugeordnet. Folglich wird die Technologierelevanz von Haupttechnologien mit einem Wert von 3, Nebentechnologien mit dem Wert 2 und Hilfstechnologien mit dem Wert 1 quantifiziert.

4.1.6 Zwischenfazit zur Charakterisierung von Technologien

Innerhalb dieses Unterkapitels wurde ein Modell zur generischen Beschreibung von Technologien anhand definierter Merkmale erarbeitet. Aufgrund der bereits bestehenden umfassenden Vorarbeiten sowie der hohen Verbreitung der Technologiebeschreibung in der wissenschaftlichen Literatur und der Praxis wurden 30 Merkmale auf Basis von 12 Standardwerken identifiziert und diese auf ihre Eignung im Kontext der übergeordneten Zielsetzung geprüft. Die Auswahl der Standardwerke erfolgte über eine Rückwärtssuche, ausgehend von diversen aktuellen Publikationen. Etwa die Hälfte der identifizierten Werke und damit ebenfalls ein signifikanter Anteil der identifizierten Merkmale ist älter als 20 Jahre. Dennoch wird in aktuellen Publikationen nach wie vor auf diese Werke und die genannten Merkmale referenziert, sodass die Validität der Merkmale als gesichert betrachtet wird. Weiterhin wird aufgrund der geringen Änderung in den letzten Jahren die Merkmale betreffend auch für die Zukunft von einer beständigen Gültigkeit ausgegangen.

Da die Technologiemerkmale als Indikatoren für die Potenzial- und Risikobewertung dienen, erfolgte eine Prüfung hinsichtlich der Erfüllung notwendiger Anforderungen

---

[4] Als Zahlenwerte werden von SCHÖNING die Werte 1, 2 und 3 für eine normalskalierte und 1, 3 und 9 für eine logarithmisch skalierte Bewertung vorgeschlagen [SCHÖ06, S. 80].

an Indikatoren und Kennzahlen. Als Anforderungen wurden die Eindeutigkeit, Bewertbarkeit, Redundanzfreiheit, Relevanz und Klarheit ausgehend von verschiedenen wissenschaftlichen Publikationen aus dem Bereich des Performance-Managements und Controllings definiert. Die Anforderungen der Eindeutigkeit, Bewertbarkeit und Redundanzfreiheit wurden anschließend zur Prüfung der identifizierten Merkmale verwendet. Bei der Überprüfung wurden die Beurteilung der Bewertbarkeit im Rahmen der initialen Technologieauswahl sowie die Redundanzfreiheit zur Sicherung der empirischen Richtigkeit der späteren Bewertungsergebnisse fokussiert und 21 potenzielle Indikatoren selektiert. Die verbliebenen Anforderungen der Relevanz und Klarheit des Bezugs zum Potenzial und Risiken werden in den Teilkapiteln 4.3 und 4.4 analysiert. Die Prüfung der Anforderungen erfolgt im Rahmen der Analyse von Ursache-Wirkungsbeziehungen zwischen den Indikatoren und den Anforderungen der Potenziale sowie den Treibern und Hemmnissen des Risikos, da die Kenntnis der Wirkbeziehungen die Voraussetzung für die Überprüfung der Anforderungserfüllung ist. Im Anschluss an diese Teilmodelle können die Technologieindikatoren für die Potenzial- und Risikobewertung abschließend benannt werden. Für die vorselektierten 21 Indikatoren wurden anschließend definierte Ausprägungen als Basis für die spätere Bewertung erarbeitet. Dabei wurde nach Möglichkeit auf bestehende Ausprägungen zurückgegriffen mit dem Ziel, die Zugänglichkeit für den späteren Nutzer der Methodik zu erleichtern. Die Ausprägungen wurden zudem um Erläuterungen mit Hinweisen zu deren Beurteilung ergänzt, um die Handhabbarkeit zu steigern. Die Indikatoren bzw. deren Ausprägungen werden nachfolgend als Eingangsgrößen für die Ausgestaltung der Vorgehensweise in Teilkapitel 4.5 genutzt.

4.2 Beschreibung des Anwendungskontextes der Technologien

Im Rahmen dieses Teilmodells wird der Anwendungskontext als zweite Inputgröße für die zu entwickelnde Methodik, ergänzend zur Technologiecharakterisierung aus Teilkapitel 4.1, entwickelt. Während durch die Technologiecharakterisierung des vorangegangenen Teilkapitels die Eigenschaften der zu bewertenden Technologie erarbeitet wurden, wird durch dieses Teilmodell der unternehmensspezifische Nutzungskontext der Technologie dargestellt. So ist das Potenzial einer Technologie nicht nur von den Eigenschaften dieser Technologie wie bspw. deren Leistungsvorsprung abhängig, sondern ebenfalls von den verschiedenen Anwendungen, in denen die Technologie im Unternehmen zum Einsatz kommen kann. Weiterhin wird das Risiko für die erfolgreiche Realisierung der Potenziale ebenfalls durch Aspekte wie die Wettbewerbsintensität oder die Beständigkeit der Rahmenbedingung in den betrachteten Anwendungsfällen determiniert. Da der Wert einer Technologie erst durch den Einsatz in den Produkten und Prozessen des Unternehmens entsteht (vgl. Teilkapitel 3.3), ist der durch die Anwendungen dargestellte Nutzungskontext somit ebenso ein Schlüsselelement für die Potenzial- und Risikobewertung. Da die Beschreibung des Anwendungskontextes, wie die Technologiecharakterisierung zuvor, indikatorbasiert erfolgen soll, wird die Strukturierung und Entwicklung des Modells an das Technologiemodell aus Teilkapitel 4.1 angelehnt. Zunächst werden in Unterkapitel 4.2.1 Merkmale für die Beschreibung des Anwendungskontextes identifiziert und in Unterkapitel 4.2.2 hinsichtlich der Verwendbarkeit als Indikator für die Potenzial- und Risikobewertung analysiert. Im Anschluss erfolgt die Operationalisierung der Merkmale in Unterkapitel 4.2.3 über definierte Merkmalsausprägungen. Neben der Beschreibung des Anwendungskontextes mithilfe von Indikatoren wird abschließend in Unterkapitel 4.2.4 ein Vorgehen zur Beurteilung der jeweiligen Anwendungsbedeutung im Unternehmenskontext erarbeitet.

4.2.1 Identifikation von Merkmalen zur Beschreibung des Anwendungskontextes

Für die Identifikation möglicher Merkmale zur Beschreibung des Anwendungskontextes werden analog zur Vorgehensweise für die Identifikation der Technologiecharakteristika diverse Werke aus dem Bereich des Technologie- und Innovationsmanagements geprüft. Die Identifikation möglicher Indikatoren wird auf diese Disziplinen beschränkt, da mit dem Teilmodell die Beschreibung des Anwendungskontextes von Technologien angestrebt wird. Somit wird durch die thematische Fokussierung der untersuchten Publikationen bereits eine sinnvolle Eingrenzung des Untersuchungsbereichs getroffen und eine effiziente Modellerstellung ermöglicht. Für die Identifikation der Merkmale werden nachfolgend verschiedene Publikationen aus dem Themenfeld der Technologieverwertung und Markteinführung von Technologien herangezogen.

Die Auswahl der Publikationen erfolgt auf Basis der thematischen Fokussierung auf das Spannungsfeld zwischen Technologie und Markt. Die Publikationen werden hinsichtlich relevanter Aspekte zur Beschreibung des Anwendungskontextes von Technologien geprüft, wobei inhaltlich ähnliche Aspekte zu Oberbegriffen aggregiert werden. Eine Übersicht der Merkmale mit den zugehörigen Publikationen ist in Tabelle A-3 im Anhang aufgeführt. Als Ergebnis wurden 15 Merkmale zur Beschreibung des Anwendungskontextes identifiziert. Diese werden nachfolgend zur Schaffung eines einheitlichen Verständnisses hinsichtlich des grundlegenden Verständnisses im Kontext der vorliegenden Arbeit erläutert. Die Erläuterung erfolgt unter Berücksichtigung bestehender Definitionen in der wissenschaftlichen Literatur.

Zur Beschreibung der *Anzahl der Stakeholder* ist zunächst der Stakeholder-Begriff zu definieren. Nach RÜEGG-STÜRM UND GRAND sind Stakeholder wirtschaftliche Entitäten, welche am Prozess der Wertschöpfung beteiligt sind oder durch diese aktuell oder potenziell betroffen sind [RÜEG20, S. 54]. Als Beispiele sind u. a. Kunden, Kapitalgeber, Mitarbeiter, Lieferanten, Konkurrenten und der Staat zu nennen [LOMB17, S. 25; RÜEG20, S. 54]. Nach THOMMEN ET AL. können Stakeholder in unternehmensinterne und externe Stakeholder untergliedert werden [THOM20, S. 14 f.]. Da durch den Anwendungskontext die externe Perspektive der Potenzial- und Risikobewertung repräsentiert wird, werden nachfolgend lediglich externe Stakeholder im Sinne der Kunden, Lieferanten, Kapitalgeber und Konkurrenten adressiert.

Der Begriff *Dominantes Design* geht auf UTTERBACK UND ABERNATHY zurück und ist als technologisches Design zu verstehen, welches als Quasistandard von den Marktteilnehmern akzeptiert wird [SUAR95, 416; UTTE75, S. 643 f.]. In diesem Zusammenhang ist jedoch zu beachten, dass ein dominantes Design nicht zwangsläufig entstehen muss und kein übergreifender Industriestandard entsteht.

RACHFALL UND RACHFALL verstehen unter dem Begriff der *Marktdynamik* die Veränderlichkeit der Branchenbedingungen sowie der Anzahl und des Verhaltens der Marktakteure [RACH13, S. 1]. Nach GUDEHUS ist die Stärke der Marktdynamik durch die Geschwindigkeit und Vorhersagbarkeit der Verhaltensänderung der Marktakteure gekennzeichnet [GUDE07, S. 13 f.].

Als *Markteintrittsbarrieren* werden Hürden bezeichnet, durch welche der Zugang für potenzielle neue Marktteilnehmer erschwert oder eingeschränkt wird. Beispiel für derartige Hürden sind u. a. Kosten für die Etablierung eines Vertriebs- und Beschaffungsnetzes [WEBE18, S. 104].

Als *Marktposition* wird die Position im Sinne der Einflussstärke des Unternehmens im Markt bezeichnet. Die Marktposition ist dabei abhängig von dem Marktanteil des Unternehmens sowie der Verhandlungsposition der externen Stakeholder. Der Marktanteil ist dabei eine betriebswirtschaftliche Kennzahl zur Beschreibung des Verhältnisses des Unternehmensumsatzes zum Marktumsatz [BERS80, S. 36 f.; PÖLL21, S. 218].

Als *Marktregulierung* werden Eingriffe von zumeist gesetzgebender Natur in das Marktumfeld verstanden, mit dem Ziel, das Verhalten der Marktakteure im Sinne einer Korrektur aktiv zu beeinflussen. Die Beeinflussung ist dabei primär einschränkender Art, bspw. in Form von Anforderungen und Auflagen, welche als Bedingungen für den Marktzugang aufgestellt werden. [DUNN15, S. 40 f.; RAMB18, S. 1]

Die *Marktstruktur* ist durch die Aufteilung des Marktes zwischen den Anbietern und Nachfragern sowie deren Anzahl gekennzeichnet. In Abhängigkeit der Aufteilung wird zwischen verschiedenen Marktstrukturen, wie bspw. einem Monopol- oder Oligopolmarkt, differenziert. [THOM20, S. 115 f.; WEBE18, S. 272 f.] Voraussetzung für diese Einteilung ist das Vorhandensein eines sog. vollkommenen Marktes, welcher in der Realität jedoch so gut wie nie gegeben ist. Nichtsdestotrotz können auch reale Märkte in den gleichen Kategorien strukturiert werden. [THOM20, S. 115]

Das *Marktvolumen* ist eindeutig definiert und wird als Summe des realisierten Umsatzes aller Marktteilnehmer für ein bestimmtes Produkt auf einem bestimmten Markt verstanden [THOM20, S. 67].

Das *Marktwachstum* steht in direktem Bezug zum zuvor definierten Marktvolumen und ist die relative Veränderung des Marktvolumens innerhalb eines bestimmten Zeitraums [BERS80, S. 59 – 61].

Die *Preissensitivität* ist ein Merkmal, welches zur Beschreibung des Einflusses der Preisänderung eines Produkts auf die Marktnachfrage herangezogen wird und auf dem Konzept der Preiselastizität beruht [OPRE15, S. 90; THOM20, S. 113] Die Preissensitivität des Marktes ist als hoch zu bezeichnen, wenn eine kleine Änderung des Verkaufspreises zu einer starken Änderung der Nachfrage führt [MAMU14, S. 2].

Als *Reaktivität* wird die Reaktionsgeschwindigkeit und -fähigkeit der Marktteilnehmer auf Produktinnovationen durch neue und bestehende Wettbewerber definiert [ABEL06, S. 84]. Bei der Beurteilung der Reaktivität ist die durchschnittliche Zykluszeit für die Entwicklung und Markteinführung neuer Produkte (engl. *‚time-to-market'*) im Anwendungsfeld zu berücksichtigen.

Die *Relevanz des Markteintrittszeitpunkts* ist ein Merkmal zur Beschreibung des Einflusses des Markteintrittszeitpunkts auf den späteren Markterfolg eines Produkts oder einer Produktinnovation. Im Rahmen dieser Arbeit wird bezogen auf das Merkmal des Markteintrittszeitpunktes vor allem die Bedeutung der Pionierstrategie für den Markterfolg betrachtet, da diese mit besonderen Herausforderungen sowie tendenziell mit

Wettbewerbsvorteilen verbunden ist [GOCH20, S. 46; ZHU11, S. 527]. Weiterhin besteht eine besondere Relevanz bezogen auf den Betrachtungsbereich der vorliegenden Dissertation, da die Einführung neuer Technologien stets einen Pioniercharakter hat.

Als *sozio-ökologische Anforderung* wird die Bedeutung von sozialen bzw. ökologischen Aspekten für die Akzeptanz neuer Produkte in einem Markt definiert [MILE16, S. 25]. Soziale Anforderungen sind dabei auf gesellschaftliche Implikationen infolge der Herstellung und Verwendung der Technologie bezogen, während durch ökologische Aspekte die Einhaltung von Umweltstandards adressiert wird.

Die *Technologieaffinität* ist ein Merkmal zur Beschreibung der Marktreaktion im Falle der Einführung technischer Innovationen [JOLL03, S. 388]. Bei einer hohen Technologieaffinität sind neue Technologien bzw. technologiebasierte Innovationen als Wettbewerbsvorteile zu betrachten.

Die *Wettbewerbsintensität* ist ein Merkmal zur Beschreibung der Anzahl an Wettbewerbern sowie deren Wettbewerbsaktivität und -stärke [JOLL12, S. 312]. Dabei wird die Wettbewerbsintensität durch die zunehmende Anzahl und Stärke der Wettbewerber erhöht [ANG08, S. 1057]. Ebenso führt eine hohe Aktivität der Wettbewerber im Sinne der Aufmerksamkeit der Konkurrenten zu einer Erhöhung der Wettbewerbsintensität [JOLL12, S. 312].

Auf Basis der vorangegangenen Erläuterungen wird nachfolgend, wie im Fall der Technologiecharakteristika, die Eignung der Anwendungsmerkmale bezogen auf die Verwendbarkeit als Indikatoren für die Potenzial- und Risikobewertung von Technologien überprüft.

4.2.2 Analyse und Auswahl relevanter Merkmale zur Beschreibung des Anwendungskontextes

Nachfolgend werden den identifizierten Merkmalen aus Unterkapitel 4.2.1 die gleichen Anforderungen in Bezug auf die Verwendbarkeit als Indikator zugrunde gelegt. Die Prüfung erfolgt ebenfalls kaskadisch, beginnend mit der Prüfung der *Eindeutigkeit* über die *Bewertbarkeit* und *Redundanzfreiheit* bis hin zur *Relevanz* der Merkmale und *Klarheit* der Wirkbeziehungen (vgl. Unterkapitel 4.1.1). Entsprechend den Erläuterungen zur Prüfung des Kriteriums der *Eindeutigkeit* aus Unterkapitel 4.1.1 wird diese Anforderung aufgrund der expliziten Definition der Merkmale im vorherigen Unterkapitel als erfüllt angesehen.

Die *Bewertbarkeit* ist, mit Ausnahme des Merkmals *Relevanz des Markteintrittszeitpunkts*, ebenfalls gegeben. Hinsichtlich des Markteintrittszeitpunkts kann sowohl ein früher Markteintritt als auch ein später Markteintritt vorteilhaft und damit relevant sein. Die Bewertung, in welchem Maße der Eintrittszeitpunkt von Bedeutung ist, kann, ebenso wie die Bestimmung des Zeitpunktes selbst, nicht ex-ante durchgeführt werden [CHIE07, S. 64]. Daher wird die Bewertbarkeit im Rahmen der initialen Technologieauswahl als nicht gegeben angesehen. Die übrigen Merkmale sind typische Bestandteile von Wettbewerbsanalysen, welche durch Unternehmen im Vorfeld der Strategieentwicklung oder Entscheidung für einen Markteintritt durchgeführt werden [BULL18, S. 67 f.; THEO16, S. 5]. Folglich ist die Informationsverfügbarkeit gegeben bzw. mit vertretbarem Aufwand zu erreichen. Diese Tatsache ist insbesondere im Kontext der Handhabbarkeit und aufwandsarmen Gestaltung der Methodik positiv hervorzuheben.

Da die Summe der anwendungsbezogenen Merkmale deutlich geringer ist als diejenige der Technologiemerkmale des vorherigen Kapitels kann die Überprüfung der *Redundanzfreiheit* der übrigen 14 Merkmale in vereinfachter Form vorgenommen werden. Dementsprechend wird für Merkmale mit einer wechselseitigen Beziehung direkt eine Detailbetrachtung durchgeführt. Eine solche Beziehung besteht zwischen den Merkmalen *Anzahl der Stakeholder*, der *Marktdynamik* und der *Wettbewerbsintensität* sowie den *Markteintrittsbarrieren* und der *Marktregulierung*. Sowohl die Marktdynamik als auch die Wettbewerbsintensität sind entsprechend den Definitionen des vorangegangenen Abschnitts durch die Anzahl der Marktakteure respektive Wettbewerber beeinflusst. Wettbewerber sind der Gruppe der Marktakteure zuzurechnen [GRAN13, S. 103]. Sowohl die Wettbewerber als auch die Marktakteure sind als externe Stakeholder zu bezeichnen und werden damit durch das Merkmal der Stakeholderanzahl adressiert [RÜEG20, S. 54]. Somit ist das Merkmal Anzahl der Stakeholder bereits in den Merkmalen Marktdynamik und Wettbewerbsintensität berücksichtigt und wird nachfolgend nicht als eigenständiges Merkmal betrachtet. Die Interdependenz zwischen den Markteintrittsbarrieren und der Marktregulierung beruht auf der Tatsache, dass eine hohe Marktregulierung eine Eintrittsbarriere für neue Wettbewerber darstellt [BEA17, S. 111]. Nichtsdestotrotz werden beide Merkmale nachfolgend weiter berücksichtigt. Die Berücksichtigung der Markteintrittsbarrieren wird darauf gegründet, dass neben einer ausgeprägten Regulierung weitere Eintrittsbarrieren existieren und folglich eine vollständige Redundanz nicht gegeben ist. In Bezug auf die Regulierung ist, neben der Barrierewirkung, u. a. deren aufwandtreibende Wirkung bezogen auf Entwicklungsvorhaben anzuführen, welche auch für etablierte Marktteilnehmer von Bedeutung ist.

Wie bereits für die Technologiemerkmale erläutert, erfolgt die abschließende Beurteilung der *Relevanz* und *Klarheit* der Wirkungsbeziehungen zum Potenzial bzw. Risiko im Rahmen der Analyse der Ursache-Wirkungsbeziehungen in den Teilkapiteln 4.3 und 4.4.

4.2.3 Operationalisierung der Beschreibung des Anwendungskontextes

In diesem Abschnitt werden die ausgewählten 13 Merkmale zur Beschreibung des Anwendungskontextes operationalisiert, um die Reproduzierbarkeit und Vergleichbarkeit der Ergebnisse der Methodik sicherzustellen. Analog zu Unterkapitel 4.1.4 wird hierfür nach Möglichkeit auf bereits in der wissenschaftlichen Literatur bestehende Ausprägungen zurückgegriffen, um einer aufwandsarmen Gestaltung und der geforderten Handhabbarkeit Rechnung zu tragen. Aus den genannten Gründen wird neben den Ausprägungsmerkmalen nachfolgend ebenfalls der Bewertungskontext erläutert.

Die Merkmale zur Beschreibung des Anwendungskontextes mit den zugehörigen Ausprägungen sind in Abbildung 4-3 dargestellt und werden nachfolgend erläutert.

<table>
<tr><th>Anwendungsmerkmal</th><th colspan="60">Ausprägung</th></tr>
<tr><td>Dominantes Design</td><td colspan="30">nein</td><td colspan="30">ja</td></tr>
<tr><td>Marktdynamik</td><td colspan="15">statisch</td><td colspan="15">eher statisch</td><td colspan="15">eher volatil</td><td colspan="15">volatil</td></tr>
<tr><td>Markteintrittsbarrieren</td><td colspan="20">gering</td><td colspan="20">durchschnittlich</td><td colspan="20">hoch</td></tr>
<tr><td>Marktposition</td><td colspan="20">schwach</td><td colspan="20">durchschnittlich</td><td colspan="20">stark</td></tr>
<tr><td>Marktregulation</td><td colspan="20">gering</td><td colspan="20">mittel</td><td colspan="20">hoch</td></tr>
<tr><td>Marktstruktur</td><td colspan="20">monopolistisch</td><td colspan="20">oligopolistisch</td><td colspan="20">polypolistisch</td></tr>
<tr><td>Marktvolumen</td><td colspan="20">gering</td><td colspan="20">mittel</td><td colspan="20">hoch</td></tr>
<tr><td>Marktwachstum</td><td colspan="12">negativ</td><td colspan="12">eher negativ</td><td colspan="12">neutral</td><td colspan="12">eher positiv</td><td colspan="12">positiv</td></tr>
<tr><td>Preissensitivität</td><td colspan="20">gering</td><td colspan="20">durchschnittlich</td><td colspan="20">hoch</td></tr>
<tr><td>Reaktivität</td><td colspan="20">gering</td><td colspan="20">durchschnittlich</td><td colspan="20">hoch</td></tr>
<tr><td>Sozioökologische Anforderungen</td><td colspan="20">gering</td><td colspan="20">durchschnittlich</td><td colspan="20">hoch</td></tr>
<tr><td>Technologieaffinität</td><td colspan="20">gering</td><td colspan="20">durchschnittlich</td><td colspan="20">hoch</td></tr>
<tr><td>Wettbewerbsintensität</td><td colspan="20">gering</td><td colspan="20">durchschnittlich</td><td colspan="20">hoch</td></tr>
</table>

Abbildung 4-3: Merkmale und Ausprägungen für die Beschreibung des Anwendungskontextes

Die Bewertung des Vorhandenseins eines *dominanten Designs* ist grundsätzlich eine binäre Entscheidung zwischen der Existenz oder Nichtexistenz eines dominanten Designs.

Hinsichtlich der *Marktdynamik* kann zwischen einem weitestgehend statischen Markt und einem volatilen Markt differenziert werden. Zwischen diesen Ausprägungen existieren weiterhin Zwischenstufen, sodass die tendenziellen Ausprägungen eher statischer und eher volatiler Markt ergänzt werden. Für die Einschätzung, ob ein Markt als statisch oder volatil zu bezeichnen ist, sind die bereits genannten Aspekte der Geschwindigkeit und Vorhersagbarkeit der Änderung der Anzahl und des Verhaltens der Marktakteure zu berücksichtigen [GUDE07, S. 13 f.]. Darüber hinaus ist für die Beurteilung des Merkmals die jeweilige Unternehmensperspektive in Betracht zu ziehen, da bspw. für die Einschätzung der Geschwindigkeit der Marktveränderung keine definierte Metrik existiert. Die Bewertung ist somit im Vergleich zu den übrigen Anwendungsfeldern des Unternehmens vorzunehmen.

Ähnlich wie die Marktdynamik ist das Merkmal *Markteintrittsbarrieren* zu bewerten. Hinsichtlich der Markteintrittsbarrieren ist zwischen geringen, durchschnittlichen und hohen Eintrittsbarrieren zu differenzieren. Für die Einschätzung der Höhe der Eintrittsbarrieren sind Faktoren wie Kosten für die Etablierung von Vertriebskanälen, die Relevanz von Skaleneffekten oder Größenvorteilen sowie regulatorische Bestimmungen zu berücksichtigen [PORT98, S. 7 – 13; WEBE18, S. 104]. Inwieweit Hürden als hoch oder gering wahrgenommen werden, ist jedoch, wie im Falle der Marktdynamik, aus der jeweiligen Unternehmensperspektive im Vergleich zu anderen Anwendungen zu beurteilen.

Für die Einschätzung der *Marktposition* sind der Marktanteil des Unternehmens sowie die Verhandlungsposition der externen Stakeholder zu berücksichtigen. Für die Beurteilung des Merkmals werden die Ausprägungen schwache, durchschnittliche und starke Marktposition verwendet. Die Marktposition ist relativ, im Verhältnis zu den übrigen Marktteilnehmern, zu beurteilen.

Zur Bewertung der *Marktregulierung* werden die qualitativen Ausprägungen geringe, mittlere und hohe Marktregulierung vorgeschlagen. Die Marktregulierung ist in Abhängigkeit des Umfangs und der Menge an staatlichen und institutionellen Regeln und Vorschriften zu beurteilen [RAMB18, S. 1]. Hierbei gilt es wie bei den vorangegangenen Merkmalen den unternehmensindividuellen Kontext im Sinne der Erfahrungen und Fähigkeiten im Umgang mit den regulatorischen Anforderungen zu berücksichtigen.

Die *Marktstruktur* ist hingegen weitestgehend unternehmensunabhängig zu bewerten. In Abhängigkeit der Anzahl der Wettbewerber und der Verteilung der Marktanteile wird zwischen einem monopolistischen, oligopolistischen und polypolistischen Markt unterschieden. Dabei ist von einem monopolistischen Markt zu sprechen, wenn ein Anbieter nahezu den gesamten Marktanteil repräsentiert. Ein oligopolistischer Markt liegt vor, wenn die Marktanteile zwischen einigen wenigen Anbietern aufgeteilt sind, während im Falle eines polypolistischen Markts viele Anbieter mit vergleichbaren Marktanteilen existieren. [WEBE18, S. 272 f.]

Bei den Merkmalen *Marktvolumen* und *Marktwachstum* handelt es sich um betriebswirtschaftliche Kennzahlen (vgl. Unterkapitel 4.2.1). Die Ausprägungen beider Merkmale werden üblicherweise in Prozent angegeben. Hinsichtlich des Marktwachstums ist dabei ebenfalls eine negative Ausprägung im Fall eines Marktrückgangs denkbar. Eine genaue Angabe der Ausprägung des Zahlenwerts wäre für dieses Merkmal möglich. Nichtsdestotrotz werden für beide Kennzahlen qualitative Ausprägungen vorgeschlagen, welche in Relation zu den übrigen Anwendungen des Unternehmens zu bewerten sind, um den Bewertungsaufwand zu reduzieren. Dies ist insofern unkritisch, da die übrigen Ausprägungen zwangsweise qualitativ zu beurteilen sind, sodass der Mehraufwand in Summe nicht durch einen Gewinn an Genauigkeit gerechtfertigt ist. Das Marktvolumen wird daher in den Ausprägungen gering, mittel und hoch bewertet. Die Beurteilung ist jeweils in Relation zu den übrigen Marktvolumina des Unternehmens vorzunehmen. Das Marktwachstum wird in den Ausprägungen negativ, eher negativ, neutral, eher positiv und positiv bewertet, wobei auch hier andere Anwendungen des Unternehmens als Bezugsgröße zu verwenden sind.

Durch die Merkmale *Preissensitivität*, *sozioökologische Anforderungen* und *Technologieaffinität* werden die im Anwendungsfall vorherrschende Einstellung und Erwartungshaltung der Kunden beschrieben. Alle drei Merkmale sind als qualitative Größen zu bezeichnen und aus der Perspektive des Unternehmens, ggf. im Verhältnis zu den übrigen Anwendungen des Unternehmens, zu bewerten. Für die Bewertung werden daher die Ausprägungen gering, durchschnittlich und hoch vorgeschlagen.

Mit den verbliebenen zwei Merkmalen der *Reaktivität* und der *Wettbewerbsintensität* wird die Wettbewerbssituation im Anwendungsfall charakterisiert. Beide Merkmale sind qualitativ in Relation zu den übrigen Anwendungen des Unternehmens zu bewerten. Für die Beurteilung der Reaktivität ist darüber hinaus die durchschnittliche

Zykluszeit für die Entwicklung und Markteinführung von technologischen Innovationen zu berücksichtigen. Die Merkmale werden mit den Ausprägungen gering, durchschnittlich und hoch bewertet.

4.2.4 Bewertung der Anwendungsbedeutung aus Unternehmenssicht

Zur Bewertung der Bedeutungen von unterschiedlichen Anwendungsfeldern werden in Unternehmen in der Regel Portfolios verwendet [BULL94, S. 144; ERNS07, S. 426]. Zu den bekanntesten zählen dabei das Marktanteils-Marktwachstums-Portfolio der Boston Consulting Group (BCG) (*BCG-Matrix*) und das Marktattraktivitäts-Wettbewerbsstärke-Portfolio von McKinsey (*McKinsey-Portfolio*). Beide Portfoliotechniken werden zur systematischen Analyse in Mehrproduktunternehmen für die Ableitung von Produkt-Markt-Strategien verwendet [LIPP20, S. 123]. Analog zum vorherigen Abschnitt ist bei der Auswahl einer geeigneten Methode für die Bewertung der unternehmensindividuellen Anwendungsbedeutung zwischen dem Durchführungsaufwand und dem Detaillierungsgrad zu differenzieren. Mit der BCG-Matrix werden die drei Einflussgrößen Umsatz, relativer Marktanteil und zukünftiges Marktwachstum zur Bestimmung der Anwendungsbedeutung verwendet [LIPP20, S. 124 f.]. Das McKinsey-Portfolio kann als eine Weiterentwicklung der BCG-Matrix mit deutlich differenzierter Betrachtung verstanden werden. So werden die Hauptbewertungskriterien Marktattraktivität und Wettbewerbsstärke zunächst auf Basis diverser Faktoren bewertet, welche einzeln zu ermitteln und über eine individuelle Gewichtung zu aggregieren sind. Gleichzeitig ist durch die Untergliederung der Matrix in neun Felder mit definierten Normstrategien eine weitaus differenziertere Betrachtung durchführbar [LIPP20, S. 126 f.]. Beide Methoden sind in der Praxis weit verbreitet und hinsichtlich ihres Nutzens anerkannt. Da im Kontext der vorliegenden Arbeit lediglich die Bedeutung der Anwendungsfelder ohne strategische Handlungsoptionen zu ermitteln ist, wird der Nutzen der beiden aufgezeigten Alternativen als ähnlich hoch eingeschätzt. Aufgrund der deutlich höheren Komplexität der Analyse und der vorgelagerten Datenbeschaffung sowie der zusätzlich erforderlichen Gewichtung der einzelnen Faktoren [LIPP20, S. 127] wird im Sinne einer aufwandsarmen Gestaltung in der vorliegenden Arbeit der BCG-Matrix der Vorzug gegeben. Auf diese Weise kann einerseits der Aufwand der Durchführung und andererseits der benötigte Informationsbedarf begrenzt werden.

Die strategischen Implikationen sind abhängig von der Bedeutung der Anwendung für das Unternehmen und werden in Abhängigkeit der Positionierung der Anwendungen in der BCG-Matrix abgeleitet [LIPP20, S. 123 – 125]. Dabei ist die Bedeutung umso größer, je größer der relative Marktanteil und das Marktwachstum sind. Diesen Zusammenhang gilt es zur Bewertung der Anwendungsbedeutung im Rahmen der Gesamtmethodik der vorliegenden Arbeit zu quantifizieren. Weiterhin ist für die Beurteilung der Bedeutung einer Anwendung der Umsatzanteil des Unternehmens zu betrachten. Von diesem Punkt wird für die vorliegende Dissertation abgewichen, da die Bedeutung der Anwendung für die prädiktive Beurteilung des Technologiepotenzials herangezogen werden soll und durch den Umsatzanteil lediglich der Status quo repräsentiert wird. Daher wird alternativ das absolute Marktvolumen je Anwendungsfall als Ausdruck des bestehenden wirtschaftlichen Potenzials betrachtet.

Für die Quantifizierung der Anwendungsbedeutung werden zunächst die verwendeten Kennzahlen relativer Marktanteil (MA), das Marktwachstum (MW) sowie das Marktvolumen (MV) auf einen dimensionslosen Wert normiert, um die Vergleichbarkeit zu erhöhen. Hierfür wird das Marktvolumen je Anwendung (MV_j) durch das größte Marktvolumen aller Anwendungen des Unternehmens dividiert (vgl. Formel (4-1)).

$$\overline{MV_j} = \frac{MV_j}{max\,(MV)} \tag{4-1}$$

Weiterhin wird das anwendungsspezifische Marktwachstum (MW_j) mit der Formel (4-2) auf einen Maximalwert von 1 normiert. Hierzu wird die Differenz aus dem anwendungsspezifischen Marktwachstum (MW_j) und dem minimalen Marktwachstum eines Anwendungsfalls im Unternehmen durch die Spannweite des Marktanteils dividiert. Die Normierung ist als unkritisch zu betrachten, da in der BCG-Matrix die maximalen und minimalen Achswerte ebenfalls entsprechend der Spannweite angepasst werden [LIPP20, S. 125]. Zudem wird durch eine Normierung die Gleichrangigkeit der Einflussgrößen gewährleistet.

$$\overline{MW_j} = \frac{MW_j - min(MW)}{max\,(MW) - min(MW)} \tag{4-2}$$

Die letzte zu normierende Einflussgröße ist der relative Marktanteil, welcher aus dem unternehmenseigenen Marktanteil (MA_j) dividiert durch den Marktanteil (MAW_j) des stärksten Wettbewerbers errechnet wird. Die Achswerte des Portfolios werden üblicherweise von 0 bis 2 beschriftet, wobei durch einen Wert größer 1 eine Marktführung induziert wird. [LIPP20, S. 124 f.] Um die gängige Konnotation für die Bewertung des

Marktanteils zu erhalten, gleichzeitig jedoch eine Priorisierung des Marktanteils gegenüber dem Marktwachstum aufgrund der unterschiedlichen Spanne der Skalenwerte zu vermeiden, wird die Skala für den Marktanteil auf einen Wertebereich von 0 bis 1 normiert (vgl. Formel(4-3)).

$$\overline{MA_j} = \frac{1}{2} * min\left\{\frac{MA_j}{MWA_j}, 2\right\} \tag{4-3}$$

Für die Darstellung der relativen Bedeutung einer Anwendung im Unternehmenskontext wird ausgehend von den normierten Kennzahlen ein Parameter (β_a) ermittelt. Hierzu wird die Formel (4-4) verwendet, deren Aufbau nachfolgend begründet erläutert wird.

$$\beta_j = \frac{1}{2} * \left(\overline{MV_j} + \frac{\sqrt{\overline{MA_i}^2 + \overline{MW_i}^2}}{\sqrt{2}}\right) \tag{4-4}$$

Die Position der jeweiligen Anwendung in der Matrix entspricht deren Bedeutung. Diese Position kann mathematisch als Vektor interpretiert werden. Dabei entspricht die Länge des Vektors der strategischen Bedeutung der Anwendung für das Unternehmen (vgl. Abbildung 4-4).

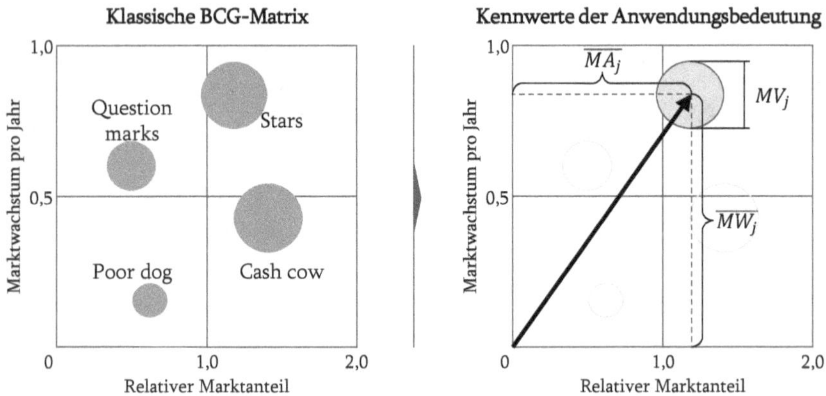

Abbildung 4-4: Darstellung der Kennwerte für die Ermittlung der Anwendungsbedeutung

Folglich wird zur Ermittlung der strategischen Bedeutung die Formel zur Berechnung des Betrags eines Vektors nach dem *Satz des Pythagoras* mit dem normierten Abszissen- und der Ordinatenwerte als Koordinaten verwendet. Durch das normierte Marktvolumen ($\overline{MV_j}$) wird die wirtschaftliche Bedeutung der Anwendung dargestellt. Dabei gilt, dass die Bedeutung einer Anwendung für das Unternehmen umso größer ist, je höher das Marktvolumen und damit der potenzielle Umsatz für das Unternehmen ist. Da keine Evidenz einer Dominanz zwischen der strategischen oder wirtschaftlichen Bedeutung vorliegt, sind beide Faktoren mit gleicher Bedeutung zu berücksichtigen. Daher werden die beiden Elemente durch Addition zur Gesamtbedeutung einer Anwendung für das Unternehmen aggregiert.

Während für bestehende Anwendungen alle erforderlichen Informationen (Umsatz, relativer Marktanteil, Marktwachstum) vorliegen, ist für neue Anwendungen lediglich das Marktwachstum allgemein verfügbar. Daher müssen in diesem Fall der Umsatz und der relative Marktanteil durch den Anwender geschätzt werden. Dies ist jedoch insofern unkritisch, da Überlegungen zu neuen Anwendungsfällen an Erwartungen zum Umsatz und Marktanteil geknüpft werden, sodass diese Informationen zwangsläufig beschafft werden müssen und kein Zusatzaufwand für das erläuterte Bewertungsvorgehen entsteht.

4.2.5 Zwischenfazit zur Beschreibung des Anwendungskontextes

Wie im Rahmen der Konzeption in Teilkapitel 3.3 erläutert, entsteht der Wert von Technologien für ein Unternehmen erst durch deren Anwendung in den Produkten und Prozessen des Unternehmens. Gleichzeitig ist für die Beurteilung möglicher Risiken die externe Perspektive von zentraler Bedeutung (vgl. Teilkapitel 3.3). Daher wurde in diesem Unterkapitel ein Modell zur Beschreibung des Anwendungskontextes von Technologien als Ausgangsbasis für die Bewertung der Technologiepotenziale und der potenzialbezogenen Risiken entwickelt. Dabei wird durch den Anwendungskontext die zweite zentrale Eingangsgröße für die Bewertungsmethodik repräsentiert, welche als Gegenstück zur Technologiecharakterisierung aus Teilkapitel 4.1 zu verstehen ist. So werden durch die Technologiecharakterisierung Indikatoren wie der Reifegrad adressiert, welche einzig von der betrachteten Technologie abhängig sind. Demgegenüber sind die Merkmale des Anwendungskontextes, wie bspw. das Marktwachstum oder die Marktdynamik, unabhängig von den betrachteten Technologien zu beurteilende Indikatoren.

Aufgrund der dennoch vorhandenen Ähnlichkeit zur Technologiecharakterisierung aus Teilkapitel 4.1 hinsichtlich der Verwendung des Beschreibungsmodells im Rahmen der Gesamtmethodik erfolgte die Strukturierung und Herangehensweise analog. Auf Basis der Analyse von 16 Publikationen aus der bestehenden wissenschaftlichen Fachliteratur der vergangenen zwei Jahrzehnte wurden 15 Merkmale zur Beschreibung des Anwendungskontextes identifiziert und hinsichtlich ihrer Eignung als Indikatoren für die Potenzial- und Risikobewertung geprüft. Hierbei wurden, aufgrund der bereits erwähnten Ähnlichkeit, die gleichen Anforderungen, welche zur Beurteilung der Technologiemerkmale verwendet wurden, zugrunde gelegt. Mithilfe dieser Anforderungen wurden schließlich 12 als Indikatoren geeignete Merkmale identifiziert. Die große Zeitspanne der untersuchten Werke wurde gewählt, um eine möglichst umfassende Darstellung möglicher Merkmale zur Beschreibung des Anwendungskontextes zu erhalten. Auf diese Weise konnte die kontinuierliche Relevanz der Merkmale sichergestellt und somit deren langfristige Gültigkeit validiert werden.

Zur Gewährleistung der Handhabbarkeit erfolgte anschließend die Operationalisierung der identifizierten Merkmale über definierte Ausprägungen. Hierzu wurden nach Möglichkeit bestehende Ausprägungen aus der wissenschaftlichen Literatur verwendet, um dem späteren Nutzer der Methodik die Anwendung durch vertraute Elemente zu erleichtern und der Forderung der aufwandsarmen Gestaltung gerecht zu werden. Weiterhin wurden als Ergänzung zu den Ausprägungen kurze Erläuterungen bezogen auf den Bewertungskontext ergänzt, um diesen zu explizieren und ebenfalls die erwähnten Anforderungen zu adressieren. Die abschließende Prüfung der Relevanz sowie Eindeutigkeit der Wirkbeziehungen der Merkmale für die Potenzial- und/oder Risikobewertung wird in den folgenden Teilkapiteln 4.3 und 4.4. analysiert.

Zudem wurde in Unterkapitel 4.2.4 aufgrund des Bezugs zwischen dem Technologiepotenzial und dem Anwendungsspektrum des Unternehmens ein Ansatz zur Bewertung der Anwendungsbedeutung aufgezeigt. Hierbei wurden praktisch erprobte, bestehende Ansätze für die Verwendung im Rahmen der vorliegenden Dissertation adaptiert mit dem Ziel, die Validität des Modells sicherzustellen.

4.3 Konstitution des Technologiepotenzials

In diesem Teilkapitel wird ein Modell zur Erklärung der Konstitution des Technologiepotenzials erarbeitet. Für die Entwicklung des Modells werden aufgrund der umfassenden Vorarbeiten zum Technologiepotenzial (vgl. Unterkapitel 2.5.2) etablierte, bestehende Ansätze zugrunde gelegt. Als Ausgangspunkt für die Bewertung gilt es zunächst die Dimensionen des Technologiepotenzials zu definieren und zu detaillieren. Diese Definition erfolgt in Unterkapitel 4.3.1 aufbauend auf den Grundlagen zum

Technologiepotenzial aus Teilkapitel 2.2 sowie allgemeinen unternehmerischen Zielgrößen. Hierbei werden insbesondere Anforderungen herausgestellt, welche für die Existenz der Potenziale erfüllt sein müssen. Das Vorhandensein eines Technologiepotenzials ist entsprechend den Ausführungen aus Teilkapitel 3.3 von der Technologie selbst respektive deren Charakteristika abhängig, während die Höhe in Abhängigkeit des Anwendungsspektrums zu bewerten ist. Im darauffolgenden Unterkapitel 4.3.2 werden daher zunächst die identifizierten Indikatoren zur Technologiecharakterisierung den Anforderungen der deduzierten Potenzialdimensionen gegenübergestellt, um Wirkbeziehungen zwischen den Dimensionen und den Indikatoren und deren Ausprägungen zu identifizieren. Diese Wirkbeziehungen werden im darauffolgenden Unterkapitel 4.3.3 hinsichtlich ihrer Einflussstärke quantifiziert, um die geforderte quantitative Vergleichbarkeit der Technologiepotenziale im Rahmen der übergeordneten Methodik zu ermöglichen. Abschließend werden die gewonnenen Erkenntnisse in Unterkapitel 4.3.4 zusammenfassend reflektiert.

4.3.1 Dimensionen des Technologiepotenzials

Nachfolgend werden die Dimensionen des Technologiepotenzials definiert und erläutert. Exemplarisch sind an dieser Stelle die Arbeiten von PÜMPIN zum potenzialorientierten Management (vgl. [PÜMP86a]) sowie von PORTER zu Wettbewerbsvorteilen zu nennen (vgl. [PORT14]). Weiterhin gilt es, thematisch verwandte Werke mit erfolgspotenzialorientierter Perspektive wie die Arbeit von SCHUH zu Referenzstrategien für produzierende Unternehmen (vgl. [SCHU02b]) ebenso wie entsprechende Fachliteratur aus dem Bereich des Technologiemanagements zu berücksichtigen. Als Beispiel wird an dieser Stelle auf die Arbeit von WOLFRUM (vgl. [WOLF94]) verwiesen, in welcher sich dieser intensiv mit der Thematik der Technologiestrategie und deren Bezug zur Wettbewerbsstrategie von Unternehmen auseinandersetzt.

Zur Strukturierung der Dimensionen des Technologiepotenzials wird auf Basis dokumentierter Zusammenhänge in der bestehenden wissenschaftlichen Literatur (u. a. den oben genannten Arbeiten) eine stufenweise Deduktion der zu betrachtenden Potenzialdimensionen vorgenommen. Die Zielsetzung bei der Definition der Potenzialdimensionen ist zum einen, eine hinreichende Differenzierung zwischen unterschiedlichen Aspekten des Technologiepotenzials zu erreichen, um den unternehmensindividuellen Charakter des Potenzials entsprechend den definierten Anforderungen an die Methodik berücksichtigen zu können (vgl. Unterkapitel 3.1.1). Zum anderen gilt es eine überschaubare Anzahl an Dimensionen zu definieren, welche durch den späteren Anwender differenziert betrachtet werden können. Als Orientierung für die maximale

Anzahl an Dimensionen wird im Rahmen der vorliegenden Arbeit die *Millersche Zahl* herangezogen. Diese ist als Referenz für die Menge gleichzeitig verfolgter Ziele in unterschiedlichen Entscheidungssituationen allgemein anerkannt, um deren vollständige Erfassung und Verarbeitung sicherzustellen [GLAS19, S. 55 f.]. Die Millersche Zahl ist auf George Miller zurückzuführen, welcher in einem der meistzitierten Artikel aus dem Bereich der Psychologie beschreibt, dass die kognitive Fähigkeit des Menschen zur gleichzeitigen Informationsverarbeitung auf sieben plus/minus zwei Informationseinheiten limitiert ist [GLAS19, S. 54]. Nach MILLER ist dies auf die Begrenztheit des absoluten Urteilsvermögens und unmittelbaren Gedächtnisses des Menschen bezogen auf die Fähigkeit, Informationen zu verarbeiten, zurückzuführen [MILL56, S. 92]. Im Rahmen der vorliegenden Dissertation wird dem Prinzip der Millerschen Zahl folgend eine maximale Anzahl von sieben plus/minus zwei Potenzialdimensionen angestrebt.

4.3.1.1 Strukturierung des Technologiepotenzials

Die Dimensionen des Technologiepotenzials werden auf Basis bestehender Erkenntnisse zum Technologiemanagement sowie dem strategischen Management im Allgemeinen stufenweise deduziert.

Nach PÜMPIN werden relevante Potenziale im Hinblick auf den Unternehmenserfolg und damit, entsprechend der Definition aus Teilkapitel 2.2 auch Technologiepotenziale, in interne und externe Potenziale unterteilt [PÜMP92b, S. 20]. Als *interne Potenziale* sind dabei solche zu bezeichnen, welche primär im Unternehmen selbst nutzenstiftend sind, während durch die *externen Potenziale* die Bezugsgruppen des Unternehmens adressiert werden. Unabhängig von der Wirkung ist jedoch beiden Arten ein Beitrag zum Unternehmenserfolg gemein.

Die externen Potenziale sind entsprechend der erfolgsorientierten Perspektive auf Wettbewerbsvorteile ausgerichtet. Nach PORTER sind niedrige Kosten und Differenzierung die zwei Grundtypen von Wettbewerbsvorteilen, über die ein Unternehmen verfügen kann [PORT14, S. 33]. Dabei sind Technologien als zentrales Element der Wettbewerbsfähigkeit für beide Typen von Bedeutung [PORT14, S. 54]. *Kostenvorteile* basieren auf der Fähigkeit, Produkte kostengünstiger herstellen und anbieten zu können als Konkurrenten in der gleichen Branche [PORT14, S. 35]. Entsprechend ist Technologien ein Potenzial zuzusprechen, sofern durch diese die Möglichkeit zur Kostensenkung besteht [PORT14, S. 228]. Neben Kostenvorteilen können Technologien ebenfalls die Grundlage für eine Differenzierung gegenüber Wettbewerbern sein. Grundlegend hierfür ist ein gewisses Maß an Einzigartigkeit in Produkten und Dienstleistungen [PORT14, S. 173]. In diesem Kontext unterscheidet SCHUH vier Gruppen strategischer Erfolgspositionen für produzierende Unternehmen. Diese wurden auf Basis von über 30 Strategieaudits bei produzierenden Unternehmen unterschiedlicher Branchen abgeleitet [SCHU02b, S. 26]. Aufgrund der daher gesicherten hohen Validität werden diese Erfolgspositionen nachfolgend zur Strukturierung des Technologiepotenzials aus der Perspektive der Differenzierung verwendet. Gemäß SCHUH sind einzigartige Produkt- oder Prozesstechnologien, ein herausragendes Image sowie eine exzellente Prozesskettenbeherrschung die zentralen strategischen Erfolgspositionen [SCHU02b, S. 27]. Unter dem Begriff *Image* werden Wettbewerbsvorteile zusammengefasst, welche auf den Ruf und die öffentliche Wahrnehmung des Unternehmens zurückzuführen sind. Das Image wird neben anderen Faktoren auch durch Technologien beeinflusst, welche eine positive öffentliche Wahrnehmung erfahren. Durch die Prozesskettenbeherrschung wird eine herausragende *Qualität* der Leistungserstellung repräsentiert [SCHU02b, S. 29]. Die Qualität ist ein subjektives Maß aus dem Vergleich kundenseitiger Erwartungen und der Beschaffenheit eines Produktes oder Prozesses [MASI14, S. 4]. Die Differenzierung über die Erfolgspositionen Produkt- und Prozesstechnologien beruht auf einer im Vergleich zu Wettbewerbern überlegenen technologischen Leistungsfähigkeit und Einzigartigkeit. Die Unterscheidung der beiden Erfolgspositionen ist primär auf eine Unterscheidung der Technologietypen zurückzuführen. So unterscheidet SCHUH zwischen der prozessseitigen Einzigartigkeit, durch welche bspw. einzigartige Vorprodukte ermöglicht werden, und einzigartigen Produkttechnologien zur Differenzierung in nachgelagerten Wertschöpfungsstufen. [SCHU02b, S. 28] Im Rahmen der vorliegenden Dissertation wird anerkannt, dass durch technologische Innovationen auf unterschiedlichen Wertschöpfungsstufen Einzigartigkeit und damit eine Differenzierung gegenüber Wettbewerbern erreicht werden kann. Da die Klassifizierung einer Technologie als Produkt- oder Prozesstechnologie von der unternehmensspezifischen Perspektive abhängig ist [SCHU11f, S. 35 f.], wird wie bereits in Unterkapitel 2.4.1 erläutert bezüglich des Technologietyps keine Differenzierung vorgenommen. Daher wird nachfolgend allgemein von einer auf *Innovationen* basierenden Differenzierung gesprochen, welche mit der Wettbewerbsstrategie der Technologieführerschaft nach PORTER zu vergleichen ist [PORT14, S. 243 f.]. Somit wird hinsichtlich der Differenzierung zwischen den Dimensionen Qualität, Image und Innovation unterschieden.

Die internen technologiebezogenen Potenziale werden nach PÜMPIN u. a. in Synergie- und Entwicklungspotenziale unterteilt. Neben den Synergie- und Entwicklungspotenzialen werden von PÜMPIN weitere interne Potenziale[5] wie bspw. das Bilanzpotenzial angeführt, welche jedoch nicht im Zusammenhang mit Technologien stehen und daher im Kontext der vorliegenden Arbeit nicht zu berücksichtigen sind. [PÜMP92b, S. 20] Das *Entwicklungspotenzial* ist grundlegend für zukünftige technologiebasierte Innovationen. Produkte und damit die zugehörigen Technologien müssen kontinuierlich weiterentwickelt werden, um die bestehende Wettbewerbsfähigkeit zu erhalten [KLAP11a, S. 223]. Daher ist nach WOLFRUM Technologien mit einer hohen Leistungsreserve ebenfalls eine hohe Wettbewerbswirkung zuzuschreiben [WOLF94, S. 102]. Neben den Entwicklungsmöglichkeiten sind *Synergien* die zweite zu betrachtende Dimension der internen Potenziale. Der Synergiebegriff im Kontext des strategischen Managements geht auf ANSOFF zurück, welcher die bekannte Formel zwei plus zwei gleich fünf im Sinne der überadditiven Wirkung aus dem Zusammenspiel zweier Komponenten prägte [ANSO65, S. 75].

Die deduzierten Technologiepotenziale sind in Abbildung 4-5 zusammenfassend dargestellt und werden im nachfolgenden Abschnitt als Grundlage für die Identifikation der Wirkbeziehungen zu den Technologieindikatoren weiter ausgeführt.

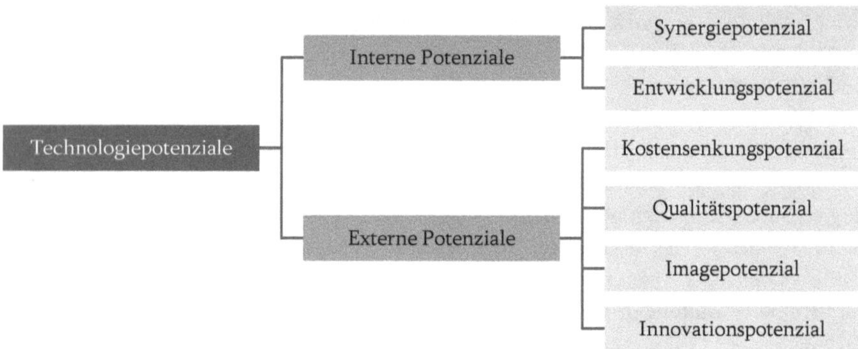

Abbildung 4-5: Übersicht der abgeleiteten Technologiepotenziale

[5] Neben dem Synergie- und Entwicklungspotenzial nennt PÜMPIN das Bilanzpotenzial, das Immobilienpotenzial, das internes Humanpotenzial, das Know-how Potenzial, das Kostensenkungspotenzial, das organisatorische Potenzial und das Standortpotenzial als interne Potenziale [PÜMP92b, S. 20].

4.3.1.2 Charakteristika des Technologiepotenzials

Die sechs in Abbildung 4-5 dargestellten Dimensionen des Technologiepotenzials werden nachfolgend im Kontext von Technologien erläutert. In diesem Zusammenhang werden insbesondere Anforderungen aufgezeigt, welche durch Technologien zu erfüllen sind, sodass diesen ein Technologienpotenzial zugesprochen werden kann.

Synergiepotenzial

Der Definition von ANSOFF aus dem vorherigen Abschnitt folgend ist neuen Technologien ein Synergiepotenzial zuzuschreiben, sofern in Kombination mit den bestehenden Technologien und Produkten des Unternehmens ein zusätzlicher Mehrwert ermöglicht wird. Die Synergiepotenziale basieren auf Synergieeffekten mit bspw. kostensenkenden oder qualitätssteigernden Auswirkungen [SCHU12a, S. 158]. Die kostenseitigen Synergien sind dabei von den Kostenvorteilen im Kontext der Wettbewerbsvorteile zu differenzieren. Erstere entstehen aus dem Zusammenspiel unterschiedlicher Technologien, während letztere auf diesen Technologiekombinationen basieren können, jedoch hier der direkte Vergleich zwischen einzelnen Technologiealternativen zu ziehen ist. Nach PORTER sind Kostenvorteile auf Verflechtungen zwischen Unternehmenseinheiten zurückzuführen. Im Kontext von Technologien liegen diese vor, wenn Unternehmensbereiche Technologien gemeinsam verwenden oder entwickeln können [PORT14, S. 422]. Voraussetzung hierfür ist eine bereite Nutzbarkeit der jeweiligen Technologie für unterschiedliche Anwendungsfelder [SCHU12a, S. 158]. Neben den genannten existieren weitere Synergien im Zusammenhang mit Innovationen. So wird bspw. der Aufwand für Innovationsvorhaben gesenkt, sofern ein Teil der benötigten Technologien bereits im Unternehmen vorhanden ist [DANN01, S. 361]. Werden in diesem Zusammenhang neue Anwendungsfelder für bestehende Technologien eröffnet, wird vom sog. Technology-Leveraging gesprochen. Voraussetzung hierfür ist zum einen das Vorhandensein von potenziell komplementären Technologien im Unternehmen sowie deren Kompatibilität zueinander. [SCHU11d, S. 246] Unabhängig von der Art der Synergie entstehen diese aus dem Zusammenspiel unterschiedlicher Technologien, sodass für die Identifikation der Synergiepotenziale eine unternehmensweite Betrachtung von Technologien erforderlich ist [WOLF94, S. 188].

Entwicklungspotenzial

Die Bedeutung der kontinuierlichen Weiterentwicklung von Technologien für den Erhalt der Wettbewerbsfähigkeit von Unternehmen wurde bereits erläutert (vgl. Abschnitt 4.3.1.1). Notwendige Voraussetzung für das Vorhandensein eines Entwicklungspotenzials ist die generelle Weiterentwickelbarkeit der Technologien im Sinne einer Leistungsreserve zur physikalischen Leistungsgrenze der Technologie. Weiterhin ist das Entwicklungspotenzial einer Technologie abhängig von der jeweiligen Anwendung. So ist die wirtschaftliche Weiterentwicklung nur möglich, wenn die Entwicklungsaufwände über die jeweilige Anwendung amortisiert werden können. [WOLF94, S. 102] Diese Entwicklungsaufwände steigen mit zunehmender Annäherung des Leistungsniveaus an die Leistungsgrenze [FOST86, S. 245] und können damit mit fortschreitendem Leistungsniveau nur noch in wenigen, besonders wirtschaftlichen Anwendungsfällen amortisiert werden

Kostensenkungspotenzial

Die kostenbasierten Wettbewerbsvorteile sind auf die klassische Preistheorie zurückzuführen. Durch diese wird der Zusammenhang zwischen dem Preis eines Produkts und dessen Absatzmenge unter Zuhilfenahme der Preis-Absatz-Funktion erklärt [HOMB20, S. 733]. Obgleich der Kurvenverlauf der Funktion unterschiedlich ausgeprägt sein kann [HOMB20, S. 736], ist im Fall eines sinkenden Produktpreises eine Steigerung der Absatzmenge zu erwarten. Somit besteht durch eine Kostenreduktion die Möglichkeit, die Absatzmenge zu erhöhen oder bei gleichem Preis die Marge des Unternehmens zu steigern. Nach PORTER sind Kostenvorteile häufig auf neue Technologien zurückzuführen [PORT14, S. 149]. Als Beispiele für technologiebasierte Kostenvorteile sind u. a. Automatisierung, geringere Fehlerquoten oder Skaleneffekte in der Produktion zu nennen [HOFE19, S. 1402]. Voraussetzung für eine kostensenkende Wirkung von Technologien ist, dass die Leistungserbringung zu geringeren Kosten realisiert werden kann, als dies mit bestehenden technologischen Alternativen der Fall ist. Diese Kosten sind abhängig von dem Aufwand, der durch das Unternehmen für die Entwicklung und Einführung der Technologie getätigt werden muss, sowie von den Anwendungen, über die diese Kosten amortisiert werden können. Folglich sind für ein Kostensenkungspotenzial geringe Entwicklungs- und Umsetzungskosten sowie eine möglichst umfassende Verwendbarkeit der jeweiligen Technologie erforderlich.

Qualitätspotenzial

Der positive Einfluss der Produktqualität auf die Kundenzufriedenheit und damit den Unternehmenserfolg ist durch zahlreiche empirische Studien belegt [HERR13, S. 12]. So ist die Qualität eines Produkts ein wichtiges Kaufkriterium und eine Quelle von Wettbewerbsvorteilen [PORT14, S. 193 f.]. Diese Wettbewerbsvorteile erfahren einen zunehmenden Bedeutungsgewinn, da infolge der zunehmenden Transparenz der Märkte Produkte durch Kunden besser verglichen werden können, was mit steigenden Qualitätsanforderungen einhergeht [WEID17, S. 2]. Dabei ist die Qualität ein Maß, welches in Relation zu Konkurrenzprodukten sowie auf dem Vergleich kundenseitiger Erwartungen und der Beschaffenheit eines Produktes oder Prozesses basiert [MASI14, S. 4; STYL20, S. 41]. Aus Qualitätssicht sind Technologien potenzialträchtig, sofern durch deren Anwendung eine Steigerung der Produkt- oder Prozessqualität ermöglicht wird. Elemente der Produktqualität sind neben dem Leistungsvermögen u. a. die Zuverlässigkeit und Sicherheit der Produkte [SCHM15, S. 21]. Folglich ist Technologien ein Qualitätspotenzial zuzusprechen, wenn durch diese eines oder mehrere der genannten Attribute gesteigert werden können.

Imagepotenzial

Durch ein positives Image ist eine Differenzierung von Wettbewerbern möglich. Weiterhin kann der Absatz bspw. durch sog. Cross-Selling-Effekte[6] gesteigert werden [GUTS07, S. 1085]. Neben den Wettbewerbsvorteilen wird durch ein positives Image zudem die Attraktivität des Unternehmens allgemein gefördert, wodurch neben der Kundenakquise ebenfalls die Akquise qualifizierter Mitarbeiter erleichtert wird und die Zufriedenheit der bestehenden Mitarbeiter steigt [TERN16, S. 1]. Dies ist insbesondere vor dem Hintergrund des zunehmenden Fachkräftemangels in diversen Branchen für den langfristigen Unternehmenserfolg von Bedeutung [TERN16, S. 3]. Das Image basiert dabei auf der subjektiven, öffentlichen Wahrnehmung des Unternehmens und dessen Produkte [HOMB20, S. 554 f.]. Wie bereits erwähnt, wird die öffentliche Wahrnehmung, neben dem allgemeinen unternehmerischen Handeln und gezielten Marketingmaßnahmen, durch die Technologien und Produkte eines Unternehmens beeinflusst. Hierbei spielen diverse Aspekte der sozialen und ökologischen Nachhaltigkeit, wie die Herstellungs- und Nutzungsbedingungen, der Schutz der Umwelt und die Sicherung von Arbeitsplätzen eine wichtige Rolle [TERN16, S. 1]. Werden diese

[6] Unter dem Begriff Cross-Selling wird der Verkauf zusätzlicher Artikel, die sich von denen unterscheiden, die ein Kunde bereits gekauft hat oder an denen er Interesse bekundet hat, verstanden [SCHM14, S. 1].

Aspekte durch die Eigenschaften einer Technologie positiv beeinflusst, ist dieser ein hohes Imagepotenzial zuzuschreiben.

Innovationspotenzial

Das Innovationspotenzial basiert, wie im vorherigen Abschnitt bereits erläutert, auf dem Prinzip der Technologie- bzw. Innovationsführerschaft. Grundlage für diese Form der Differenzierung sind die Fähigkeiten eines Unternehmens, auf Basis zukunftsträchtiger Technologien als erstes neue Produkte zu kreieren und diese erfolgreich im Markt zu etablieren [SCHU12b, S. 77]. Das Innovationspotenzial basiert damit auf Technologien von herausragender Leistungsfähigkeit sowie der Möglichkeit, diese schneller als Wettbewerber zu realisieren. Für eine schnelle Realisierung der Technologie sind neben umfassenden unternehmerischen Ressourcen bestehende Kenntnisse in Bezug auf die Technologie sowie ein Leistungsvorsprung gegenüber Konkurrenztechnologien erforderlich. Gleichzeitig ist ein gewisses Maß an Exklusivität und Neuheit erforderlich, damit einer Technologie ein Innovationspotenzial zugesprochen werden kann. [WINT14, S. 127]

4.3.2 Identifikation der Wirkbeziehungen zwischen den Technologieindikatoren und den Technologiepotenzialen

In diesem Unterkapitel werden die grundlegenden Wirkbeziehungen zwischen dem Technologiepotenzial und den in Teilkapitel 4.1 erarbeiteten Indikatoren deduziert. Für die Analyse des latenten Technologiepotenzials werden entsprechend der Erläuterung aus Teilkapitel 3.3 die technologiebezogenen Merkmale aus Teilkapitel 4.1 zugrunde gelegt. Die Merkmale werden über Korrespondenzregeln[7] mit den Dimensionen des Technologiepotenzials verbunden, um eine spätere Bewertung des Technologiepotenzials zu ermöglichen [BURZ19, S. 1031]. Die Herleitung wird dabei auf Grundlage der Ausführungen zu den Potenzialdimensionen des vorherigen Kapitels durchgeführt.

4.3.2.1 Indikation des Synergiepotenzials

Ein Mehrwert durch den Einsatz von Technologien entsteht häufig erst durch das Wirken mehrerer Technologien im Verbund [HAAG09, S. 31]. Voraussetzung für diese Verbundwirkungen ist eine möglichst breite Einsetzbarkeit von Technologien. Daher

---

[7] Mit Korrespondenzregeln wird über *wenn-dann-* oder *je-desto-Verknüpfungen* festgelegt, wie der Indikator mit der Dimension bzw. dem Sachverhalt verbunden ist, welcher durch den Indikator induziert wird. [BURZ19, S. 1031].

ist die *Anwendungsbreite* einer Technologie ein geeigneter Indikator zur Beurteilung dieser Form des Technologiepotenzials. Je breiter das mögliche Einsatzspektrum einer Technologie ist, desto größer ist die Anzahl möglicher Kombinationen mit anderen Technologien und damit schließlich das Synergiepotenzial. Ist eine breite Einsatzmöglichkeit gegeben, können die jeweiligen Technologien mehrfach verwendet werden. Auf diese Weise können sowohl produkt- als auch prozessseitig Skaleneffekte und damit Synergien erzielt werden [SCHU12a, S. 158]. Voraussetzung für diese Mehrfachnutzung ist die *Kompatibilität* der Technologie mit den verschiedenen Technologie- und Systemarchitekturen. Ist diese Kompatibilität nicht gegeben, können mögliche Synergien nicht wirtschaftlich gehoben werden und der erwartete Vorteil ist letztlich nicht existent. Entsprechend diesen Ausführungen sind die Existenz und Höhe des Synergiepotenzials von der Kompatibilität abhängig. Folglich sind das Synergiepotenzial und die Kompatibilität positiv korrelativ. Eine ähnliche Bedeutung besteht bezogen auf den Indikator *Interdependenz*, also den Umfang und die Stärke bestehender Abhängigkeiten und Beziehungen zu anderen Technologien. Je höher die Interdependenz ist, desto wahrscheinlicher, dass eine Verbundwirkung mit anderen Technologien realisiert werden kann, unter der bereits erwähnten Bedingung, dass diese miteinander kompatibel sind. Somit werden durch eine starke Interdependenz mögliche Synergien induziert [UNTI09, S. 63]. In diesem Kontext sind insbesondere komplementäre Beziehungen hervorzuheben. Diese bestehen, wenn Technologien eine wechselseitig ergänzende Beziehung aufweisen. In diesem Fall können bspw. neue Anwendungsmöglichkeiten und herausragende Produktfunktionalitäten erschlossen werden [HAAG09, S. 31]. Aus diesem Grund ist die Anzahl im Unternehmen existierender *Komplementärtechnologien* ein wichtiger Indikator für die Beurteilung des Synergiepotenzials. Je mehr Komplementärtechnologien vorhanden sind, desto umfangreicher sind die Möglichkeiten zur Generierung von Synergien. Die Menge der möglichen Komplementärtechnologien steigt mit der *Nähe zum Kerngeschäft* des Unternehmens. Ist das Anwendungsspektrum einer Technologie dem bestehenden Tätigkeitsfeld des Unternehmens zuzuordnen, bestehen tendenziell mehr Anknüpfungspunkte zu den bestehenden Technologien des Unternehmens. Folglich wird durch eine große Nähe zum unternehmerischen Kerngeschäft ein hohes Synergiepotenzial induziert. Aus einer ähnlichen Kausalität wird durch einen geringen *Neuheitsgrad* der jeweiligen Technologie das Synergiepotenzial erhöht. So sind nach CORSTEN ET AL. die Synergiepotenziale einer Technologie umso höher, je geringer der Neuheitsgrad ist [CORS16, S. 18]. CORSTEN ET AL. führen dies auf mangelnde Anknüpfungspunkte sowie fehlendes Wissen und Know-how im Fall hoher Neuheit zurück, welches wiederum in geringeren

Erfolgsaussichten für die Entwicklung und Umsetzung von Technologien resultiert [CORS16, S. 18].

4.3.2.2 Indikation des Entwicklungspotenzials

Das Entwicklungspotenzial ist, entsprechend den Ausführungen des vorangegangenen Abschnitts, zuvorderst von der *Leistungsreserve* der Technologie selbst abhängig. Die Leistungsreserve ist dabei Ausdruck des Abstandes des aktuellen Leistungsniveaus zur physikalischen Leistungsgrenze der Technologie. Neben den rein technischen Entwicklungsmöglichkeiten gilt es hierbei ebenfalls wirtschaftliche Entwicklungsgrenzen zu berücksichtigen. So ist die erreichbare Leistungsfähigkeit einer Technologie nach dem auf FOSTER zurückgehenden S-Kurven Konzept der Beratungsgesellschaft McKinsey eine Funktion des aufgewandten kumulierten F&E Aufwands [FOST86, S. 245]. Ist die Leistungsfähigkeit nahe der physikalischen Leistungsgrenze, sind bereits für marginale Verbesserungen der Leistungsfähigkeit umfassende F&E Aufwendungen erforderlich. Folglich ist die Leistungsreserve mit dem Entwicklungspotenzial positiv korrelativ. Während die physikalische Leistungsgrenze einer Technologie unabhängig vom betrachteten Anwendungsfall ist, muss die wirtschaftliche Leistungsgrenze in Abhängigkeit des Anwendungsfalls beurteilt werden. So ist es möglich, dass die Weiterentwicklung einer Technologie für einen Anwendungsfall wirtschaftlich nicht tragbar ist, während die Wirtschaftlichkeit für eine andere Anwendung gegeben ist. Folglich besteht eine Wirkbeziehung zwischen der *Anwendungsbreite* und dem Entwicklungspotenzial einer Technologie. Sind Technologien breit anwendbar, ist die Wahrscheinlichkeit, dass in einigen dieser Anwendungsfälle eine Weiterentwicklung möglich ist, erhöht [BROC10, S. 222]. Technologien mit einer geringen Anwendungsbreite sind hingegen auf eine einzelne oder wenige Anwendungen beschränkt. Daher sind die Entwicklungsmöglichkeiten für ein Unternehmen umso umfangreicher, je höher die Anwendungsbreite einer Technologie ist. Neben der Anwendungsbreite ist der *Neuheitsgrad* einer Technologie ein Indikator für das Entwicklungspotenzial. Ist eine Technologie allgemein als neu zu bezeichnen, sind mögliche Einsatzgebiete und entsprechend auch Entwicklungspotenziale vielfach noch nicht erschlossen [JOLL12, S. 313]. Folglich besteht eine positive Beziehung zwischen dem Neuheitsgrad und dem Entwicklungspotenzial. Ähnlich wie der Neuheitsgrad ist der *Reifegrad* der Technologie in Bezug auf das Entwicklungspotenzial zu beurteilen. Ein geringer Reifegrad entspricht per Definition einem frühen Entwicklungsstadium. Je geringer der Reifegrad ist, desto mehr Entwicklungsleistung ist bis zur praktischen Anwendung erforderlich. Daher besteht eine negative Korrelation zwischen dem Reifegrad und dem Entwicklungspotenzial. Wie bereits erläutert, ist das Entwicklungspotenzial ebenfalls von der Wirtschaftlichkeit der Weiterentwicklung abhängig, welche von dem zu tätigenden Aufwand determiniert wird. Dieser Aufwand ist wiederum abhängig von der *Komplexität* der jeweiligen Technologie. Entsprechend ist die Wirtschaftlichkeit des Entwicklungsvorhabens und damit letztlich auch das Entwicklungspotenzial eher gegeben, falls die Komplexität gering ist. Ebenso sind die Aufwände für die Weiterentwicklung geringer, wenn bereits umfassende Erfahrungen und technologiespezifische Ressourcen im Unternehmen vorhanden sind [DANN01, S. 361]. Folglich sind der Umfang bestehender *F&E Ressourcen* und das Entwicklungspotenzial positiv korrelativ.

4.3.2.3 Indikation des Kostensenkungspotenzials

Die Einführung neuer Technologien in bestehende Produkte und Prozesse ist stets mit einer signifikanten Änderung der Kostenstruktur verbunden [HART08, S. 291]. Nach HARTMANN sind die Kosten von Technologien stets im Verhältnis zu der erbrachten Leistung zu betrachten [HART08, S. 292]. So kann auch der Einsatz einer kostenintensiven Technologie aus monetärer Sicht sinnvoll sein, wenn durch diese mehrere andere Technologien subsumiert werden können, welche nicht einzeln, aber in Summe höhere Kosten repräsentieren.

Aus Kostensicht sind entsprechend den Ausführungen aus Unterkapitel 4.3.1 Indikatoren zu betrachten, durch welche eine kostensenkende oder -steigernde Wirkung während der Technologieentwicklung und/oder -nutzung aufgezeigt wird. Als signifikanter Kostentreiber ist daher die *Komplexität* ein relevanter Indikator für die Beurteilung des Kostensenkungspotenzials. So entstehen infolge hoher Komplexität sowohl in der Entwicklung als auch der produktseitigen Umsetzung und Pflege von Technologien zusätzliche Kosten, welche gemeinhin als Komplexitätskosten bezeichnet werden [EHRL20, S. 157]. Folglich ist das Kostensenkungspotenzial umso höher, je niedriger die Komplexität ist [GOMM16, S. 144]. Eine ebenfalls negative Wirkbeziehung besteht hinsichtlich des Indikators *Interdependenzen*. Im Falle hoher Interdependenzen sind zusätzliche Abhängigkeiten bei der Entwicklung und Umsetzung der Technologie zu berücksichtigen [RECK19, S. 635]. Folglich besteht eine negative Korrelation zwischen den Interdependenzen und dem Kostensenkungspotenzial einer Technologie. Im Gegensatz dazu sinken die mit einer Technologie verbundenen Kosten mit zunehmender *Nähe zum Kerngeschäft* des Unternehmens. Je höher die Nähe zum Kerngeschäft, desto wahrscheinlicher ist, dass bereits Vorerfahrungen bestehen und genutzt werden können [CORS16, S. 18]. Dies betrifft nicht nur die Entwicklungsphase von Technologien, sondern auch spätere Phasen des Technologielebenszyklus. So besteht im Falle einer großen Nähe zum Kerngeschäft bspw. die Möglichkeit, bereits bestehende Vertriebskanäle zu nutzen. Neben der Nähe zum Kerngeschäft gilt es für die Beurteilung des Kostensenkungspotenzials die vorhandenen *F&E Ressourcen* zu betrachten. Kann für die Entwicklung auf bereits bestehende Ressourcen zurückgegriffen werden, sind im Vergleich zum Wettbewerb reduzierte Entwicklungskosten zu erwarten. Aufgrund des beschriebenen Zusammenhangs besteht zwischen den vorhandenen F&E Ressourcen und dem Kostensenkungspotenzial eine positive Korrelation. Weiterhin ist bezogen auf die vorhandenen *Komplementärtechnologien* eine kostensenkende Wirkung festzustellen. Sind bereits Komplementärtechnologien im Unternehmen vorhanden, kann dies ein Vorteil gegenüber möglichen Wettbewerbern sein, welche diese erst entwickeln oder anderweitig beschaffen müssen. Somit besteht, analog zu den F&E Ressourcen, ein positiver Zusammenhang zwischen den Komplementärtechnologien und dem Kostensenkungspotenzial [SCHU11a, S. 79]. Kosten entstehen wie bereits erläutert nicht nur in der Entwicklung, sondern auch in der Nutzungsphase von Technologien. Aus diesem Grund besteht zwischen dem Kostensenkungspotenzial sowie der *Robustheit* von Technologien ebenfalls eine positive Korrelation. So sind im Falle robuster Produkttechnologien weniger Reklamationen oder Serviceaufwände zu erwarten, während in Bezug auf Prozesstechnologien bspw. ein geringerer Ausschuss zu erwarten ist. Als letzter Indikator mit Relevanz für das Kostensenkungspotenzial ist die *Anwendungsbreite* einer Technologie zu berücksichtigen. Eine Technologie mit einer hohen Anwendungsbreite kann innerhalb eines Unternehmens in verschiedenen Leistungserstellungsprozessen genutzt werden [HART08, S. 300]. Auf diese Weise können bspw. Entwicklungskosten über diverse Anwendungen amortisiert werden, wodurch der Kostenanteil je Anwendung sinkt. So können durch eine mehrfache Verwendung und Standardisierung von Technologien für unterschiedliche Anwendungsfälle Fixkostendegressionen und Skaleneffekte erreicht werden [HART08, S. 300; SCHU11a, S. 80; SCHU12a, S. 158]. Folglich besteht eine positive Korrelation zwischen der Anwendungsbreite einer Technologie und dem Kostensenkungspotenzial.

4.3.2.4 Indikation des Qualitätspotenzials

Wie bereits im vorangegangenen Kapitel erläutert, ist die Leistungsfähigkeit einer Technologie ein qualitätsbildendes Merkmal [KLAP06, S. 58]. Folglich ist die *Leistungsdifferenz* als Indikator für die Beurteilung des Qualitätspotenzials zu berücksichtigen. Besteht ein Leistungsvorsprung, wirkt sich dieser positiv auf die Qualität aus, während ein Rückstand zum aktuellen Leistungsniveau zu einer Verringerung der Qualität führt. In Summe sind die Leistungsdifferenz einer Technologie und das Qualitätspotenzial damit positiv korrelativ.

Die Qualität ist neben dem Leistungsangebot insbesondere von der *Robustheit* einer Technologie abhängig, welche ein zentrales Element im Qualitätsverständnis ist [SCHM15, S. 21]. Hinsichtlich Produkttechnologien bedeutet dies, bspw. durch eine Verbesserung der Funktionalität die Robustheit zu steigern, während im Falle von Prozesstechnologien die Verbesserung der Robustheit des Prozesses zu einer Qualitätssteigerung führen kann [SCHU11a, S. 80]. Je höher die Robustheit einer Technologie ist, desto höher ist die Qualität und damit das Qualitätspotenzial der jeweiligen Technologie. Von ähnlich hohem Stellenwert ist die *Sicherheit* einer Technologie. Mangelnde Sicherheit ist negativ konnotiert und damit nicht qualitätsfördernd. Folglich besteht zwischen der Sicherheit und dem Qualitätspotenzial eine positive Korrelation. Abschließend ist der *Reifegrad* der Technologie als relevanter Indikator für das Qualitätspotenzial zu nennen. Da Technologien mit einem hohen Reifegrad im Allgemeinen stärker erprobt und ausgereift sind, werden diese als qualitativ hochwertiger wahrgenommen als Technologien von geringer Reife. Damit besteht auch zwischen dem Reifegrad einer Technologie und dem Qualitätspotenzial eine positive Korrelation.

4.3.2.5 Indikation des Imagepotenzials

Die Wettbewerbsfähigkeit eines Unternehmens wird neben anderen Faktoren auch durch das Image und die Reputation des Unternehmens beeinflusst. Das Image eines Unternehmens im Sinne der Art der öffentlichen Wahrnehmung wird dabei neben den bereits durch das Qualitätspotenzial adressierten Aspekten der Produktqualität von ökologischen und sozialen Aspekten beeinflusst [MATU13, S. 2; TERN16, S. 1]. Daher ist der Indikator der *Umweltverträglichkeit* von besonderer Relevanz für die Beurteilung des Imagepotenzials. Diese Bedeutung wird insbesondere durch die weitreichende Berücksichtigung im Kontext des Technologiemarketings belegt, mit dem Ziel, die Marktakzeptanz von Produkten zu gewährleisten [SCHU11d, S. 275]. So sind ökologische Aspekte wie eine hohe Ressourceneffizienz und geringe Emissionen positiv konnotiert [TERN16, S. 1]. Folglich besteht zwischen dem Indikator Umweltverträglichkeit und dem Imagepotenzial eine positive Korrelation. Da sichere Arbeitsbedingungen von hoher Relevanz sind, ist die *Sicherheit* bei der Entwicklung und Nutzung der Technologien ebenfalls ein Indikator für das Imagepotenzial. Wie bereits erwähnt ist die Sicherheit bei der Umsetzung und Nutzung der Technologie ein wichtiges Element für ein positives Image. Daher besteht zwischen dem Imagepotenzial und der Sicherheit ebenfalls ein positiver Wirkzusammenhang. Neben den genannten Aspekten ist das öffentliche Meinungsbild von einer Technologie relevant für das Image, welches durch das Angebot und die Anwendung der jeweiligen Technologie erzeugt wird. Entsprechend gilt es bei der Bewertung des Imagepotenzials den Indikator *öffentliche Unterstützung* zu berücksichtigen. Ist eine Technologie in der öffentlichen Wahrnehmung positiv besetzt und erfährt eine breite Unterstützung, ist dies für den Technologieanbieter förderlich. Daher besteht eine positive Korrelation zwischen der öffentlichen Unterstützung für eine Technologie und dem Imagepotenzial. Für die Imagewirkung einer Technologie ist, unabhängig von deren Wirkung, weiterhin deren *Sichtbarkeit* ein relevanter Indikator, da Technologien wahrnehmbar sein müssen, damit die imagebildende Assoziation möglich ist. Folglich besteht ein positiver Zusammenhang zwischen der Sichtbarkeit einer Technologie und dem Imagepotenzial.

4.3.2.6 Indikation des Innovationspotenzials

Eine Innovation ist entsprechend der Wortherkunft eine Neuerung respektive Abgrenzung von dem bestehenden Referenzzustand [KLUG11, S. 446]. Daher ist der *Neuheitsgrad* per Definition ein relevanter Indikator zur Beurteilung des Innovationspotenzials. Dieser wird teilweise als Synonym für den Innovationsgrad verwendet und ist kennzeichnend für ein technologisches Alleinstellungsmerkmal [CORS16, S. 14 – 16]. Entsprechend besteht eine positive Korrelation zwischen dem Neuheitsgrad einer Technologie und dem Innovationspotenzial. Neben dem Neuheitsgrad ist die Einzigartigkeit einer Technologie die Grundlage für Alleinstellungsmerkmale im Innovationskontext [HOMB20, S. 643]. Somit ist die *Schützbarkeit* der Technologie ein zu berücksichtigender Indikator, da Alleinstellungsmerkmale ausgebaut bzw. aufrechterhalten werden können, wenn diese gegenüber Konkurrenten geschützt werden können [BIND96, S. 81 f.]. Daher besteht ein positiver Wirkzusammenhang zwischen dem Innovationspotenzial und der Schützbarkeit einer Technologie. Weiterhin ist die *Leistungsdifferenz* für die Beurteilung des Innnovationspotenzials von Bedeutung. Durch einen signifikanten Leistungsvorsprung wird eine herausragende technologische Position ermöglicht. Dabei ist ein gewisser Leistungsvorsprung sogar eine notwendige Bedingung, um bestehende Barrieren wie z. B. Gewohnheiten und bestehende Systeme zu überwinden und damit die Umsetzung der technologischen Veränderung zu ermöglichen [JOLL12, S. 313]. Somit ist das technologieinduzierte Innovationspotenzial umso höher, je größer die Leistungsdifferenz der betrachteten Technologie ist [JOLL12, S. 313]. Neben der Einzigartigkeit und technologischen Alleinstellungsmerkmalen ist die Fähigkeit zur kontinuierlichen Erneuerung und Entwicklung eine Voraussetzung für die Innovations- und Technologieführerschaft

[SCHU11a, S. 69]. Die Möglichkeiten zur Entwicklung werden durch die Leistungsreserve einer Technologie determiniert. Je höher die Leistungsreserve einer Technologie ist, desto länger kann mit möglichen Neuerungen durch Wettbewerber mitgehalten bzw. ein bestehender Vorsprung erhalten werden. Daher sind das Innovationspotenzial und die Leistungsreserve einer Technologie positiv korrelativ. Neue technologische Funktionalitäten und damit die Basis für Innovationen entstehen wie bereits erläutert häufig erst durch das Wirken mehrerer Technologien im Verbund [HAAG09, S. 31]. Daher sind *Komplementärtechnologien* zur Beurteilung des Innovationspotenzials zu betrachten. Je mehr Komplementärtechnologien für die betrachtete Technologie zur Verfügung stehen, desto mehr Kombinations- und damit Innovationsmöglichkeiten werden eröffnet. Daher besteht eine positive Korrelation zwischen der Menge der vorhandenen Komplementärtechnologien und dem Innovationspotenzial. Diese Beziehung gilt in ähnlicher Form für die *Anwendungsbreite*. So sind mit zunehmender Nutzbarkeit einer Technologie Innovationen in diversen Anwendungsfeldern möglich, sodass das Innovationspotenzial in Summe steigt. Abschließend ist die *Sichtbarkeit* als relevanter Indikator für das Innovationspotenzial zu nennen. Nach HAUSCHILDT ist „Innovation […] das, was für innovativ gehalten wird" [HAUS05, S. 32]. Für den Rezipienten muss daher eine technologische Änderung als solche wahrnehmbar sein [HAUS05, S. 32]. Folglich besteht eine positive Korrelation zwischen der Sichtbarkeit und dem Innovationspotenzial.

4.3.2.7 Zwischenfazit zur Indikation des Technologiepotenzials

Die in den vorherigen Abschnitten deduzierten Wirkbeziehungen zwischen den Technologieindikatoren und den Potenzialdimensionen sind in Abbildung 4-6 zusammenfassend dargestellt.

Im Teilkapitel 4.1 wurden ein thematischer Bezug zum Potenzial bzw. Risiko im Kontext der vorliegenden Arbeit sowie eine klar definierbare Wirkrichtung als Anforderung an die Indikatoren definiert. Entsprechend den vorangegangenen Erläuterungen ist für nahezu alle Merkmale ein Bezug mit eindeutiger Wirkrichtung zu einer oder mehreren Potenzialdimensionen vorhanden. Einzig für den *Gegenstand* einer Technologie, die *Anwendungsbedeutung*, die Anzahl der *Konkurrenztechnologien* und die *Marktdurchdringung* wurde keine Wirkbeziehung zu einer der Potenzialdimensionen identifiziert. Damit sind die genannten Merkmale zunächst nicht als Indikatoren für die Bewertungsmethodik der vorliegenden Arbeit zu berücksichtigen. Diese Einschätzung gilt es im Anschluss an die Untersuchung der Risiken zu verifizieren, da hier ebenfalls Wirkbeziehungen bestehen können.

Legende: + Positive Korrelation; − Negative Korrelation

	Technologiemerkmal	Synergie-potenzial	Entwicklungs-potenzial	Kostensenkungs-potenzial	Qualitäts-potenzial	Image-potenzial	Innovations-potenzial
Generische Bewertung	Anwendungsbreite	+	+	+			+
	Leistungsreserve	+	+				+
	Gegenstand						
	Komplexität		−	−			
	Nähe zum Kerngeschäft	+		+			
	Öffentliche Unterstützung					+	
	Reifegrad		+		+		
	Schützbarkeit						+
	Umweltverträglichkeit					+	
Anwendungsspezifische Bewertung	Anwendungsbedeutung						
	F&E Ressourcen		+	+			
	Interdependenzen	+		−			
	Kompatibilität	+					
	Komplementärtechnologien	+		+			+
	Konkurrenztechnologien						
	Leistungsdifferenz				+		+
	Marktdurchdringung						
	Neuheitsgrad	−	+				+
	Robustheit			+	+		
	Sicherheit				+	+	
	Sichtbarkeit				+	+	+

Abbildung 4-6: Wirkbeziehungen zwischen den Technologieindikatoren und Potenzialdimensionen

Zusammenfassend wurden in diesem Unterkapitel 17 Technologiecharakteristika als Indikatoren zur Beurteilung des Technologiepotenzials identifiziert. Die indikativen Wirkbeziehungen zwischen den Technologiecharakteristika und den sechs Technologiepotenzialdimensionen wurden auf Basis sachlogischer Ableitungen deduziert. Diese Wirkbeziehungen wurden weiterhin durch in der wissenschaftlichen Literatur dokumentierte Zusammenhänge untermauert, um die Validität der Analyse zu erhöhen. Da bisher lediglich die qualitative Wirkbeziehung zwischen den Technologieindikatoren und den Potenzialdimensionen ermittelt wurde, ist nachfolgend eine ergänzende quantitative Beurteilung der ermittelten Beziehungen erforderlich.

4.3.3 Konkretisierung der Wirkbeziehungen zwischen den Indikatoren und dem Technologiepotenzial

Entsprechend den inhaltlichen Anforderungen an die Methodik dieser Arbeit wird eine Quantifizierung der Technologiepotenziale für die relative Vergleichbarkeit unterschiedlicher Technologien angestrebt (vgl. Teilkapitel 3.1). Diese ist auf Basis der qualitativen Einschätzung der Wirkbeziehungen aus dem vorherigen Unterkapitel noch nicht möglich. Daher gilt es, auf Basis der bisherigen Erkenntnisse nachfolgend die identifizierten Wirkbeziehungen zu quantifizieren.

Für die Quantifizierung von Wirkbeziehungen existieren diverse Methoden. So können qualitative Wirkbeziehungen u. a. mithilfe von Simulationsmethoden quantifiziert werden. Alternativ können statistische Analysemethoden wie die einfache oder multiple Regressionsanalyse genutzt werden [BACK18, S. 59]. Beide Alternativen erfordern jedoch die Verfügbarkeit unabhängiger Variablen in metrischer Form, welche für den vorliegenden Anwendungsfall nicht gegeben sind [BACK18, S. 61]. Weiterhin bedarf es bei beiden Methoden einer ausreichenden Datenbasis, welche ebenfalls nicht gegeben ist. Alternativ wird daher im Rahmen der vorliegenden Dissertation der analytische Hierarchie-Prozess (AHP) verwendet. Hierbei handelt es sich um eine Methode zur analytischen Entscheidungsfindung und Bewertung komplexer Wirkungszusammenhänge, welche auf SAATY zurückgeht und auf den drei Prinzipien des analytischen Denkens (Hierarchiebildung, Priorisierung und logischer Konsistenz) basiert [SAAT12a, S. 17]. Der Vorteil des AHP im Vergleich zu einfachen Paarvergleichen besteht in der im Anschluss an die Priorisierung durchgeführten Konsistenzprüfung, durch welche Diskrepanzen in der Bewertung identifiziert werden können. Diese ist erforderlich, da aufgrund der mangelnden Präzision des menschlichen Verstandes getroffene Urteile möglicherweise nicht konsistent sind [SAAT12a, S. 79].

Im Rahmen des AHP wird initial der Untersuchungsgegenstand hierarchisch strukturiert. Hierzu werden eine oder mehrere Hierarchieebenen gebildet. Anschließend werden die Elemente je Hierarchie paarweise verglichen und die Gewichtung der Elemente über die Eigenvektoren der Gewichtungsmatrix ermittelt. Abschließend erfolgt die Konsistenzprüfung der Ergebnisse. Für den Fall, dass die Konsistenz nicht in hinreichendem Maße gegeben ist, sind die erläuterten Schritte zu wiederholen, bis ein akzeptables Konsistenzniveau erreicht ist. [SAAT12a, S. 94]

Die Hierarchiebildung als erster Schritt des AHP ist für die vorliegende Untersuchung bereits durch die Analyse der Potenzialdimensionen und Potenzialindikation der vorherigen Unterkapitel adressiert worden. Daher wird nachfolgend der Betrachtungsfokus auf die Gewichtung sowie die Konsistenzprüfung gelegt.

Grundlage der Priorisierung ist eine Matrix mit paarweisen Vergleichen der zu priorisierenden Elemente. Durch die Fragmentierung des Gesamtproblems in einfacher zu beurteilende Einzelentscheidungen wird eine signifikante Komplexitätsreduktion ermöglicht, welche zudem im Einklang mit der Systemtechnik steht [KÜHN19, S. 13; SAAT12a, S. 71]. Auf diese Weise besteht die Möglichkeit, bestehendes Erfahrungswissen und subjektive Urteile mathematisch zu quantifizieren [SAAT12a, S. 71]. Nach SAATY ist für die Beurteilung der relativen Relevanz der einzelnen Elemente die in Tabelle 4-4 aufgeführte Bewertungsskala mit Werten von 1 bis 9 geeignet.

Tabelle 4-4: Bewertungsskala für den paarweisen Vergleich i. A. a. SAATY [SAAT12a, S. 73]

Relevanz	Definition	Interpretation
1	Gleiche Bedeutung	Beide Indikatoren führen in gleicher Weise zu einer Erhöhung des Potenzials
3	Etwas größere Bedeutung	Basierend auf Erfahrungen und Einschätzungen besteht eine etwas größere Bedeutung für das Potenzial
5	Erheblich größere Bedeutung	Basierend auf Erfahrungen und Einschätzungen besteht eine erheblich größere Bedeutung für das Potenzial
7	Sehr viel größere Bedeutung	Es besteht eine klare, in der Praxis validierte Dominanz des Indikators gegenüber dem anderen in Bezug auf das Potenzial
9	Absolut dominierend	Der Bedeutungsunterschied zwischen den Indikatoren ist maximal und zweifelsfrei belegt

Die in Tabelle 4-4 aufgeführten Skalenwerte sind Verhältniszahlen, deren Nullpunkt der Wert 1 ist. Für den Fall, dass eine weitere Differenzierung erforderlich ist, können zusätzlich die Zwischenwerte 2, 4, 6 und 8 als Kompromissurteil verwendet werden. Zu Beginn der Priorisierung werden die einzelnen Elemente den Zeilen und Spalten der Matrix zugeordnet. Auf der Diagonalen der Matrix ist der Vergleich der einzelnen

Elemente zu sich selbst dargestellt, welche mit dem Wert 1 belegt werden. Anschließend wird mithilfe der Skalierung aus Tabelle 4-4 die Bedeutung der Elemente in der Spalte der Matrix mit denen der Zeile relativ zueinander verglichen. Für die umgekehrten Vergleichswerte werden die Bewertungen nicht erneut durchgeführt, sondern reziproke Werte verwendet. [SAAT12a, S. 73 f.]

Für die Ermittlung der Gewichtung wird die Matrix normalisiert, indem zunächst die Spaltensummen gebildet werden und anschließend jeder Eintrag der Spalte durch die jeweilige Spaltensumme dividiert wird. Danach werden die Werte der Matrix zeilenweise addiert und durch die Anzahl der Spalten dividiert, um den Mittelwert je Zeile zu errechnen. Dieser entspricht der Gewichtung für jedes Element der Zeile. [SAAT12a, S. 76]

Anschließend wird die Konsistenz der ausgefüllten Matrix geprüft. Diese ist gegeben, wenn die einzelnen Paarvergleiche in Summe widerspruchsfrei sind. Ist bspw. ein Element A viermal so wichtig wie ein Element D und das Element D halb so relevant wie ein Element B, dann sollte das Element A doppelt so relevant sein wie das Element B. Falls diese Beziehung für alle Zwischendominanzen der Elemente der Matrix gegeben ist, wird die Matrix als konsistent bezeichnet [SAAT12a, S. 78]. Mathematisch kann die Konsistenz überprüft werden, indem die Matrix mit sich selbst multipliziert wird. Die Bewertung ist konsistent, wenn jede Potenz der Matrix gleich einer Konstanten multipliziert mit der Ausgangsmatrix ist. [SAAT12a, S. 79] Ist die Konsistenz nicht gegeben, weichen die den Elementen zugewiesenen Bedeutungen in der potenzierten Matrix von denen der Ausgangsmatrix ab. In diesem Fall ist die Ausgangsmatrix für eine exakte Berechnung der Gewichtung durch mehrfaches Quadrieren auf ein ausreichend hohes Potenzniveau zu heben. Nach jeder Quadrierung werden jeweils die Gewichte durch Mittelung der normalisierten Zeilenwerte berechnet, welche aus mathematischer Sicht als Vektor zu bezeichnen sind. Dieser Prozess ist theoretisch unendlich häufig zu wiederholen und die Durchschnittswerte der Gewichtungen über alle Vektoren zu berechnen. Dieser Vektor entspricht dem Haupteigenvektor der Ausgangsmatrix. [SAAT12a, S. 79] In der Praxis wird der Prozess lediglich so lange fortgeführt, bis der Gewichtungsvektor der Stufe n+1 nahezu identisch mit dem Vektor der Stufe n ist, sodass eine hinreichende Näherung erreicht ist. Der Gewichtungsvektor der letzten Stufe wird dann als *Haupteigenvektor* und finale Gewichtung betrachtet. Ein Nebenprodukt dieses Vorgehens ist der *Haupteigenwert* λ_{max}, der zur Berechnung der Konsistenz (*Consistency Ratio CR*) verwendet werden kann. [SAAT12a, S. 80] Hierzu wird zunächst mithilfe der Formel (4-5) der Konsistenzindex (*Consistency Index CI*) berechnet. Dabei entspricht der Wert *m* der Anzahl der Spalten der Matrix. [SAAT12a, S. 83]

$$CI = \frac{\lambda_{max} - m}{m - 1} \quad (4\text{-}5)$$

Anschließend erfolgt die Berechnung der Gesamtkonsistenz *CR*, indem der *CI*-Wert durch eine definierte Zufallskonsistenz (*Random Consistency Index RI*) dividiert wird (vgl. Formel (4-6)). Die Zufallskonsistenzen nach SAATY sind in Tabelle A-4 im Anhang für verschiedene Matrixgrößen aufgeführt. [SAAT12a, S. 83]

$$CR = \frac{CI}{RI} \quad (4\text{-}6)$$

Eine absolute Konsistenz ist in der Praxis in der Regel nicht erreichbar. Nach SAATY ist die Konsistenz der Gewichtung gegeben, wenn der *CR*-Wert kleiner gleich 10 Prozent[8] ist [SAAT12a, S. 81].

Nachfolgend werden mithilfe des AHP die Einflussstärken der Technologieindikatoren auf die Dimensionen des Technologiepotenzials berechnet. Hierzu werden die Bewertungsmatrix, die ermittelten Gewichte und die Konsistenz der jeweiligen Bewertung nachfolgend dargestellt und erläutert. Da die Einschätzung der Bedeutung fallspezifisch variieren kann und keine allgemeingültige praktische Überprüfung der Gewichtung möglich ist, wird entsprechend der Definition aus Tabelle 4-4 auf die Anwendung der beiden größtmöglichen Bedeutungsunterschiede 7 und 9 verzichtet.

4.3.3.1 Gewichtung der Indikatoren des Synergiepotenzials

Als relevante Indikatoren für das Synergiepotenzial wurden in Abschnitt 4.3.2.1 die Anwendungsbreite, die Leistungsreserve, die Nähe zum Kerngeschäft, der Umfang der Interdependenzen, die Kompatibilität, die Anzahl der Komplementärtechnologien und der Neuheitsgrad identifiziert. Diese werden nachfolgend auf Basis einer sachlogischen Reflexion relativ zueinander priorisiert und somit die Grundlage für die Ermittlung der Wirkstärke mithilfe der Methode des AHP gelegt.

---

[8] Für kleine Matrizen wird ein reduzierter Grenzwert empfohlen. Dieser liegt für 3x3 Matrizen bei 5 Prozent und für 4x4 Matrizen bei 9 Prozent [SAAT12a, S. 81].

Synergien entstehen entsprechend den Erläuterungen aus Abschnitt 4.3.2.1 primär durch die Mehrfachnutzung von Technologien für unterschiedliche Anwendungsfelder sowie durch neue Kombinationen im Verbund mit Komplementärtechnologien. Daher werden die beiden Indikatoren *Anwendungsbreite* und Anzahl der *Komplementärtechnologien* zueinander gleichgewichtet. Diese beiden Indikatoren sind ferner, aufgrund der grundlegenden Bedeutung für das Synergiepotenzial, im Vergleich zu den übrigen Indikatoren am bedeutendsten einzuschätzen.

Neben den bereits genannten Indikatoren ist die *Kompatibilität* der Technologie zu den bestehenden Technologien und Produkten des Unternehmens ebenfalls erforderlich, um die Synergien zu realisieren. So sind im Falle mangelnder Kompatibilität Synergien schwieriger zu heben, gleichzeitig kann die geforderte Kompatibilität jedoch in der Regel durch zusätzliche Entwicklungsaufwände hergestellt werden. Anders als die Anwendungsbreite und die Verfügbarkeit von notwendigen Komplementärtechnologien ist die Kompatibilität daher lediglich als hinreichende Voraussetzung für das Synergiepotenzial zu verstehen. Folglich wird die Bedeutung dieses Indikators im Vergleich zur Anwendungsbreite und Anzahl der Komplementärtechnologien etwas geringer eingeschätzt.

Von etwas geringerer Bedeutung als die Kompatibilität und deutlich geringerer Bedeutung als die Anwendungsbreite und Anzahl der Komplementärtechnologien werden die übrigen Technologieindikatoren *Leistungsreserve*, *Nähe zum Kerngeschäft*, *Interdependenzen* und der *Neuheitsgrad* eingeschätzt. Diese Beurteilung wird auf den weniger direkten Einfluss auf das Synergiepotenzial zurückgeführt. So werden durch eine hohe Leistungsreserve bestehende Synergien lediglich aufrechterhalten, jedoch keine neuen Synergien geschaffen. Weiterhin wird durch eine hohe Nähe zum Kerngeschäft die Wahrscheinlichkeit erhöht, dass mehr Anwendungen und damit ein höheres Synergiepotenzial existiert. Ähnliches gilt für die Interdependenzen, durch welche eine höhere Kombinationsmöglichkeit induziert wird. Ferner sind nach CORSTEN ET AL. infolge eines geringen Neuheitsgrads potenziell mehr Anknüpfungspunkte zu bestehenden Anwendungen verfügbar und damit ein Synergiepotenzial gegeben [CORS16, S. 18]. Diese Indikatoren werden zueinander gleichgewichtet, da keine logische Differenzierung festgestellt werden kann.

Auf Basis der Erläuterungen wurde mithilfe des AHP (vgl. Abbildung A-2) für die Indikatoren Anwendungsbreite und Komplementärtechnologien jeweils eine Bedeutung von 31,3% für das Synergiepotenzial ermittelt. Für die Kompatibilität wurde eine Bedeutung von 14,7% und für die übrigen Indikatoren eine Bedeutung von jeweils 5,7% ermittelt.

4.3.3.2 Gewichtung der Indikatoren des Entwicklungspotenzials

Entsprechend den Erläuterungen aus Abschnitt 4.3.2.2 wird das Entwicklungspotenzial durch die Indikatoren Anwendungsbreite, Leistungsreserve, Komplexität, Reifegrad, F&E Ressourcen und den Neuheitsgrad beeinflusst.

Von diesen Indikatoren ist die *Leistungsreserve* der Technologie, als notwendige Voraussetzung für jede Form der Entwicklung, der wichtigste Indikator für das Entwicklungspotenzial. Diese ist etwas bedeutender als die Anwendungsbreite und die Komplexität sowie erheblich bedeutender als die übrigen Indikatoren, da durch die Leistungsreserve die technische Leistungsgrenze der Technologie fest determiniert wird.

Sofern eine Weiterentwicklung technisch machbar ist, muss diese ebenfalls wirtschaftlich umsetzbar sein, damit ein Entwicklungspotenzial gegeben ist. Die wirtschaftliche Leistungsgrenze wird durch die *Anwendungsbreite* und die *Komplexität* determiniert, da sie sowohl von dem Aufwand-Nutzen-Verhältnis je Anwendungsfall als auch durch Komplexitätskosten beeinflusst wird (vgl. Abschnitt 4.3.2.2). So wird durch eine breite Anwendbarkeit die Möglichkeit gegeben, die Entwicklungskosten über diverse Produkte und Prozesse zu amortisieren. Demgegenüber ist eine hohe Komplexität als Kostentreiber für Entwicklungsvorhaben zu betrachten [EHRL20, S. 157]. Da keine Differenz zwischen den beiden Faktoren bezogen auf die wirtschaftliche Leistungsgrenze feststellbar ist, werden die beiden Indikatoren als gleichbedeutend betrachtet.

Die übrigen Indikatoren *Reifegrad*, *F&E Ressourcen* sowie der *Neuheitsgrad* werden in ihrer Bedeutung für das Entwicklungspotenzial etwas geringer priorisiert als die Indikatoren Anwendungsbreite und Komplexität. Zwar wird durch die drei genannten Indikatoren ebenfalls die wirtschaftliche Leistungsgrenze beeinflusst, dieser Einfluss ist jedoch geringer als der Einfluss der Anwendungsbreite und Komplexität, da lediglich geringfügige Auswirkungen auf die wirtschaftliche Machbarkeit der Entwicklung zu erwarten sind. So sind im Fall eines hohen Neuheitsgrads oder eines geringen Reifegrads die Möglichkeiten der Weiterentwicklung tendenziell erhöht. Ebenso kann aufgrund eines geringeren erforderlichen Investments im Fall vorhandener F&E Ressourcen ein Entwicklungsvorhaben eher wirtschaftlich machbar sein. Diese Beziehungen sind jedoch nicht zwangsläufig relevant und damit weniger eindeutig. Die Bedeutung der Indikatoren Reifegrad, F&E Ressourcen und Neuheitsgrad ist im direkten

Vergleich zueinander nicht zu differenzieren, sodass zwischen diesen eine Gleichgewichtung vorgenommen wird.

Entsprechend diesen Erläuterungen wurde mithilfe des AHP (vgl. Abbildung A-3) eine Einflussstärke von 42,3% für die Leistungsreserve und jeweils 18,6% für die Anwendungsbreite und Komplexität errechnet. Der Einfluss der Indikatoren Reifegrad, F&E Ressourcen und Neuheitsgrad beträgt weiterhin 6,8%.

4.3.3.3 Gewichtung der Indikatoren des Kostensenkungspotenzials

Als relevante Indikatoren für das Kostensenkungspotenzial wurden in Abschnitt 4.3.2.3 die Anwendungsbreite, die Komplexität, die öffentliche Unterstützung, die vorhandenen F&E Ressourcen, die bestehenden Interdependenzen, die vorhandenen Komplementärtechnologien sowie die Robustheit identifiziert.

Die *Anwendungsbreite* einer Technologie ist von herausragender Bedeutung für das Kostensenkungspotenzial, da auf diese Weise eine Mehrfachnutzung und damit Amortisation über diverse Anwendungsfälle ermöglicht wird. Nur geringfügig weniger relevant für das Kostensenkungspotenzial ist die *Komplexität*, aufgrund der starken kostentreibenden Wirkung bei der Entwicklung und Verwertung von Technologien [EHRL20, S. 157]. Die marginal geringere Bedeutung im Vergleich zur Anwendungsbreite wird auf die skalierende Wirkung der Kostenstreuung im Vergleich zu den Einmalkosten der Entwicklung zurückgeführt.

Von etwas geringerer Bedeutung für die Kostensenkung als die Anwendungsbreite und die Komplexität werden die Indikatoren *Komplementärtechnologien* und *Robustheit* beurteilt, da ein weniger umfassender Einfluss auf die Kosten besteht. So basiert der Einfluss vorhandener Komplementärtechnologien auf einer kostensenkenden Wirkung in der Entwicklungsphase für einzelne Anwendungsfälle, falls geeignete Komplementärtechnologien verfügbar sind. Der Einfluss der Robustheit auf Kostenersparnisse ist hingegen auf geringere Wartungs- und Reparaturaufwände in der Nutzungsphase zurückzuführen. Da zwischen den beiden Indikatoren keine Differenzierung festzustellen ist, werden diese in ihrer Bedeutung für das Kostensenkungspotenzial als gleichwertig betrachtet.

Wiederum von geringerer Bedeutung bezogen auf die Potenzialdimension sind die *Nähe zum Kerngeschäft*, die vorhandenen *F&E Ressourcen* sowie die bestehenden *Interdependenzen*. Diese Einschätzung wird darauf zurückgeführt, dass im Falle dieser Indikatoren ein Einfluss auf das Kostensenkungspotenzial bestehen kann, jedoch nicht zwingend vorhanden ist. So können die Entwicklungskosten im Fall vorhandener

F&E Ressourcen sowie einer hohen Nähe zum Kerngeschäft geringer sein, da ggf. Vorarbeiten existieren. Weiterhin können durch viele Interdependenzen zusätzlich Schwierigkeiten in der Entwicklung entstehen, wodurch die Kosten erhöht werden. Zwischen den vier letztgenannten Indikatoren ist keine Differenzierung hinsichtlich der Bedeutung für das Kostensenkungspotenzial festzustellen, sodass eine Gleichgewichtung erfolgt.

Die mithilfe des AHP ermittelten Bedeutungen der Indikatoren sind in Abbildung A-4 im Anhang dargestellt. Es wurden Bedeutungen von 34,1% für die Anwendungsbreite, 22,4% für die Komplexität, 13,8% für Komplementärtechnologien sowie Robustheit und 5,3% für die übrigen Indikatoren ermittelt.

4.3.3.4 Gewichtung der Indikatoren des Qualitätspotenzials

Für die Indikatoren Reifegrad, Leistungsdifferenz, Robustheit, Sicherheit und die Sichtbarkeit wurden in Abschnitt 4.3.2.4 Wirkbeziehungen zum Qualitätspotenzial identifiziert.

Die Indikatoren mit der größten Relevanz bezogen auf das Qualitätspotenzial sind die *Robustheit*, die *Leistungsdifferenz* sowie die *Sicherheit*, da alle drei Indikatoren Kernelemente der Qualität sind [SCHM15, S. 21].

Eine deutlich geringere Bedeutung kommt hingegen den Indikatoren *Sichtbarkeit* und *Reifegrad* zu, da durch die Sichtbarkeit lediglich die kundenseitige Wahrnehmbarkeit der Technologie als qualitätsstiftendes Element erhöht wird. Ferner ist für Technologien hoher Reife die Qualitätssicherung und damit das Qualitätspotenzial höher. Zwischen diesen beiden Faktoren ist kein Bedeutungsunterschied festzustellen, sodass eine Gleichgewichtung erfolgt.

Mithilfe des AHP wurden Gewichte von 29,4% für die Sicherheit, die Leistungsdifferenz sowie die Robustheit und 5,9% für die Sichtbarkeit und den Reifegrad ermittelt (vgl. Abbildung A-5).

4.3.3.5 Gewichtung der Indikatoren des Imagepotenzials

Als relevante Indikatoren für das Imagepotenzial wurden in Abschnitt 4.3.2.5 die öffentliche Unterstützung, die Umweltverträglichkeit, die Sicherheit und die Sichtbarkeit identifiziert.

Die vier identifizierten Indikatoren sind in ihrer Bedeutung für das Imagepotenzial recht ähnlich. Die Indikatoren *Umweltverträglichkeit* und *Sicherheit* werden gegenüber den anderen beiden Indikatoren geringfügig höher gewichtet, da im Falle mangelnder Umweltverträglichkeit und Sicherheit das Image ebenfalls negativ beeinträchtigt wird.

Durch eine hohe *öffentliche Unterstützung* und *Sichtbarkeit* wird die positive Wirkung der beiden erstgenannten Faktoren hingegen lediglich verstärkt. Sowohl die Umweltverträglichkeit und Sicherheit als auch die öffentliche Unterstützung und Sichtbarkeit werden untereinander jeweils gleich gewichtet, da keine weitere Differenzierung feststellbar ist.

Mithilfe des AHP wurden Bedeutungen von jeweils 33,3% für die Umweltverträglichkeit und Sicherheit sowie 16,7% für öffentliche Unterstützung und Sichtbarkeit ermittelt (vgl. Abbildung A-6).

4.3.3.6 Gewichtung der Indikatoren des Innovationspotenzials

Zuletzt werden die Indikatoren des Innovationspotenzials hinsichtlich ihrer Wirkstärke untersucht. Als relevante Indikatoren für das Innovationspotenzial wurden in Abschnitt 4.3.2.6 die Leistungsreserve, die Schützbarkeit, Komplementärtechnologien, die Leistungsdifferenz, der Neuheitsgrad und die Sichtbarkeit identifiziert. Das Ergebnis der Gewichtung ist in Abbildung A-7 dargestellt und wird subsequent erläutert.

Von höchster Bedeutung für das Innovationspotenzial sind die Indikatoren *Neuheitsgrad* und *Leistungsdifferenz*. Beide sind entsprechend den Erläuterungen aus Abschnitt 4.3.2.6 als zentrale Aspekte des Innovationspotenzials zu bezeichnen und müssen für die Schaffung von Innovationen gegeben sein.

Im Vergleich dazu sind die *Sichtbarkeit*, die *Anwendungsbreite* und die Anzahl vorhandener *Komplementärtechnologien* von etwas geringerer Bedeutung, da durch diese der Innovationsgrad lediglich erhöht werden kann. So werden durch eine große Anzahl an Komplementärtechnologien und eine breite Anwendbarkeit die Möglichkeiten zur Schaffung von Innovationen gesteigert, diese müssen jedoch stets ein signifikantes Maß an Neuheitsgrad und Leistungsvorsprung aufweisen. Die Sichtbarkeit ist von gleicher Bedeutung wie die Anwendungsbreite und die Komplementärtechnologien, da technologische Innovationen durch den Nutzer wahrnehmbar sein müssen, um als solche angesehen zu werden.

Von geringster Bedeutung im Vergleich zu den übrigen Indikatoren sind die *Leistungsreserve* und die *Schützbarkeit*, da durch beide Indikatoren die Aufrechterhaltung von

Innovations- und Technologievorsprüngen, nicht jedoch deren Generierung ermöglicht wird.

Mithilfe des AHP wurde auf Basis der vorangegangenen Erläuterungen eine Bedeutung von 28,7% für den Indikator Neuheitsgrad und Leistungsdifferenz bestimmt. Weiterhin wurden Bedeutungen von jeweils 11,2% für die Sichtbarkeit, die Anwendungsbreite und die Komplementärtechnologien sowie jeweils 4,5% für die Indikatoren Leistungsreserve und Schützbarkeit ermittelt (vgl. Abbildung A-7).

4.3.4 Zwischenfazit zur Bewertung des Technologiepotenzials

In diesem Unterkapitel wurde ein Modell zur Potenzialbewertung von Technologien entwickelt. Basierend auf bestehenden Standardwerken wurden in Unterkapitel 4.3.1 das Synergie-, Entwicklungs-, Kostensenkungs-, Qualitäts-, Image- und Innovationspotenzial als Dimensionen zur Darstellung des Technologiepotenzials abgeleitet sowie Anforderungen an Technologien bezogen auf die Erfüllung dieser Dimensionen definiert. Hierbei bestand die Schwierigkeit in der ganzheitlichen Abbildung der Bandbreite der möglichen Potenziale bei gleichzeitiger Begrenzung der Diversität der Dimensionen auf ein handhabbares Maß. Bspw. wird neben den deduzierten Dimensionen derzeit die Nachhaltigkeit stark diskutiert, sodass diese ggf. als eine eigenständige Potenzialdimension betrachtet werden könnte. Um eine konsistente und möglichst redundanzfreie Strukturierung des Technologiepotenzials zu ermöglichen, wurde daher entsprechend dem Prinzip „vom Groben zum Detail" der Systemtechnik ein Top-down Ansatz für die stufenweise Strukturierung des Technologiepotenzials gewählt. Als Grenze der Strukturierung wurde die Millersche Zahl aus dem Forschungsfeld der Kognitionspsychologie zur Gewährleistung der Handhabbarkeit herangezogen. So ist dem bereits genannten Beispiel der Nachhaltigkeit ein Einfluss auf diverse Teilaspekte der deduzierten Potenzialdimensionen zuzuschreiben, infolge dessen eine weitere Aufgliederung der Potenzialdimensionen erforderlich wäre, welche wiederum zu einem Anstieg der Modellkomplexität führen würde. Die Beschränkung des Teilmodells auf die sechs definierten Potenzialdimensionen ist im Kontext der vorliegenden Arbeit als unkritisch zu betrachten, da durch diese die verschiedenen Aspekte des Technologiepotenzials umfassend betrachtet werden. Bspw. wird die Bedeutung der Nachhaltigkeit zum einen durch das Imagepotenzial adressiert sowie darüber hinaus, als ein Aspekt der Leistungsfähigkeit, durch die wahrgenommene Qualität sowie die Innovativität berücksichtigt.

Im anschließenden Unterkapitel 4.3.2 wurden basierend auf den Technologieindikatoren aus Teilkapitel 4.1 und den Anforderungen des vorherigen Unterkapitels Indikatoren für die Beurteilung des Technologiepotenzials identifiziert und hinsichtlich Bezug und Wirkrichtung zu den Potenzialdimensionen erläutert. Für diese Wirkbeziehungen wurden im darauffolgenden Unterkapitel 4.3.3 mithilfe der Methode des AHP die prozentualen Einflussstärken bestimmt, um im nächsten Schritt eine Quantifizierung des Technologiepotenzials zu ermöglichen. Die Wirkbeziehungen wurden auf Basis sachlogischer Ableitungen identifiziert und durch in der bestehenden wissenschaftlichen Literatur dokumentierte Zusammenhänge ergänzt, um die Validität der Untersuchung zu erhöhen. Daher sind die ermittelten Wirkbeziehungen und Einflussstärken für den Fall einer signifikanten Änderung des Erkenntnisstandes kritisch zu prüfen und, falls erforderlich, entsprechend der dargestellten Vorgehensweise zu adaptieren. Die Ausgestaltung einer durchgehenden Bewertung des Potenzials wird in Teilkapitel 4.5 in Kombination mit der Risikobewertung beschrieben.

4.4 Ermittlung des Risikos von Technologien

Die Entwicklung des Risikomodells ist, wie in Teilkapitel 3.3 erläutert, an das Vorgehen zur Risikobeurteilung der DIN ISO 31000 angelehnt, welche die Bewertung, Aggregation und Priorisierung von Risiken zum Ziel hat. Analog zum Aufbau der Risikobeurteilung, welche in die Schritte Risikoidentifikation, -analyse und -bewertung unterteilt ist (vgl. Unterkapitel 2.3.2), wird das Risikomodell in drei Schritte untergliedert. Zunächst werden in Unterkapitel 4.4.1 mögliche Risiken und deren Ursachen als Basis für die Risikobeurteilung identifiziert und strukturiert. Darauf aufbauend erfolgt in Unterkapitel 4.4.2 eine Analyse der dem Risiko zugrundeliegenden Wirkbeziehungen bezogen auf die identifizierten Indikatoren. Hierbei erfolgt zudem eine Gewichtung der Indikatoren bezogen auf die Bedeutung für das jeweilige Risiko, um eine Quantifizierung der Risiken entsprechend den Anforderungen aus Unterkapitel 3.1.1 zu ermöglichen. Zum Abschluss des Teilkapitels werden die gewonnenen Erkenntnisse kritisch reflektiert.[9]

4.4.1 Identifikation und Strukturierung des Risikos

Nach der DIN ISO 31000 handelt es sich bei einer Risikoursache um ein „Element, das allein oder zusammen mit anderen Faktoren potenziell zu Risiken […] führt“

[9] Die Strukturierung dieses Teilkapitels sowie einige der dargestellten Risikofaktoren und Teilrisiken sind bereits auszugsweise unter Mitwirkung des Autors in [SCHU20] und [SCHU21] veröffentlicht worden.

[DIN18, S. 8]. Diese Elemente werden im weiteren Verlauf als Risikofaktoren bezeichnet [COTT13, S. 3]. In diesem Abschnitt werden aufbauend auf den Ausführungen aus Teilkapitel 2.3 und Teilkapitel 3.3 mögliche Risiken und deren Ursachen identifiziert und strukturiert. Hierzu werden initial potenzielle Risikoursachen systematisch identifiziert, analysiert und synthetisiert. Darauf aufbauend erfolgt die Strukturierung des Risikos in Teilrisiken, welche mit der Entwicklung und dem Einsatz neuer Technologien in Verbindung stehen. Dieses Vorgehen ist erforderlich, um eine zielgerichtete und handhabbare Risikobewertung zu ermöglichen [COTT13, S. 85].

Aufgrund der Vielzahl bestehender Untersuchungen zum Erfolg bzw. Misserfolg von Technologien und Innovationen [LINK15, S. 442] ist die Durchführung einer Grundlagenstudie zur Identifikation möglicher Risikofaktoren nicht erforderlich. Vielmehr gilt es, bestehende Erkenntnisse mithilfe einer Literaturrecherche zu identifizieren und im Hinblick auf den Betrachtungsbereich und die Zielsetzung dieser Arbeit zu synthetisieren. Ergebnis und Güte einer Literaturrecherche sind in signifikantem Maße von der Selektion der verwendeten Quellen abhängig. Dieser Prozess ist so transparent wie möglich zu gestalten, um überprüfbare und glaubwürdige Ergebnisse sicherzustellen [BROC09, S. 2] sowie die zuvor definierten formalen Kriterien (vgl. Unterkapitel 3.1.2) zu adressieren. Dieses hohe Maß an Transparenz und Objektivität ist insbesondere durch die Methodik der systematischen Literaturrecherche gegeben.

Zur Durchführung einer systematischen Literaturrecherche existieren diverse Vorgehensweisen mit unterschiedlichen Schwerpunkten. WEBSTER UND WATSON stellen ein Konzept zur Strukturierung einer Literaturanalyse mit Fokus auf dem Aufbau und Inhalt der Veröffentlichung vor [WEBS02, S. 15 f.]. Dabei wird insbesondere auf einzelne Kapitel sowie deren Inhalt und die Ergebnisdarstellung eingegangen. Die Beschaffung und Auswahl der Literatur während der Literaturrecherche werden hingegen nur wenig betrachtet. ROWLEY UND SLACK legen bei ihrer Vorgehensweise den Schwerpunkt auf die Qualität der Quellen und den Aufbau der Analyse der Literaturquellen. Dabei stehen Methoden zur Konzeptualisierung des Untersuchungsbereichs und der Suchstrategien im Fokus [ROWL04, S. 35 f.]. Das Hauptaugenmerk liegt, neben der Identifikation qualitativ hochwertiger Quellen, ebenfalls primär auf der Verschriftlichung der Rechercheergebnisse [ROWL04, S. 37 f.]. LEVY UND ELLIS adressieren in ihrem Vorgehen primär die Auswahl der richtigen Datenbanken bzw. Journals sowie die zu verwendenden Suchalgorithmen [LEVY06, S. 189 – 191]. Eine durchgängige Vorgehensweise zur systematischen Literaturrecherche wird von BROCKE ET AL. gegeben [BROC09, S. 7]. Neben einer übergeordneten Vorgehensweise in Form eines konsekutiven Prozesses werden je Prozessphase zudem unterstützende Methoden vorgestellt. Der Ansatz nach BROCKE ET AL. wird aufgrund der durchgängigen, systematischen Vorgehensweise für diese Dissertation zugrunde gelegt.

Die Vorgehensweise zur systematischen Literaturrecherche nach BROCKE ET AL. ist in fünf Schritte untergliedert [BROC09, S. 9]. Diese sind in Abbildung 4-7 dargestellt.

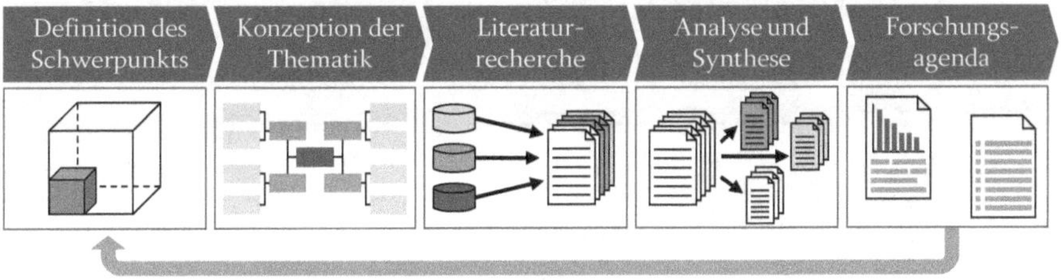

Abbildung 4-7: Prozess der systematischen Literaturrecherche i. A. a. BROCKE ET AL. [BROC09, S. 9]

Zu Beginn des Prozesses nach BROCKE ET AL. wird der Untersuchungsschwerpunkt der Literaturrecherche definiert. Anschließend erfolgt die Konzeption des Forschungsthemas als Ausgangsbasis für die Literaturrecherche. Diese wird im dritten Schritt des Prozesses durchgeführt, indem relevante Datenbanken für die Recherche ausgewählt und Veröffentlichungen recherchiert werden. Die Rohdaten der Recherche werden anschließend analysiert und zu handhabbaren Ergebnissen synthetisiert. Abschließend kann auf Basis der Ergebnisse eine Agenda für weitere Forschungsvorhaben erarbeitet werden, welche als Ausgangsbasis für eine erneute Literaturrecherche dienen kann. Die einzelnen Schritte der Literaturrecherche werden nachfolgend im Kontext der Identifikation möglicher Risikofaktoren erläutert.

4.4.1.1 Definition des Untersuchungsschwerpunktes

Im ersten Schritt der Literaturrecherche gilt es, den Schwerpunkt der Literaturrecherche festzulegen. Hierzu schlagen BROCKE ET AL. aufgrund der gegebenen umfassenden Beschreibungsmöglichkeit die Verwendung der Taxonomie nach COOPER vor [BROC09, S. 9]. So kann mithilfe der Kategorisierung entsprechend der Taxonomie die Ausrichtung der Literaturrecherche durch den Leser nachvollzogen und deren Qualität beurteilt werden [COOP88, S. 122].

Die Kategorien sind den sechs Charakteristika *Fokus*, *Ziel*, *Perspektive*, *Abdeckungsgrad*, *Organisation* und *Zielgruppe* zugeordnet [COOP88, S. 108 – 112]. Die Taxonomie ist in Abbildung 4-8 dargestellt. In der Abbildung 4-8 sind die Merkmalsausprägungen hervorgehoben, welche im Rahmen der vorliegenden Untersuchung relevant sind.

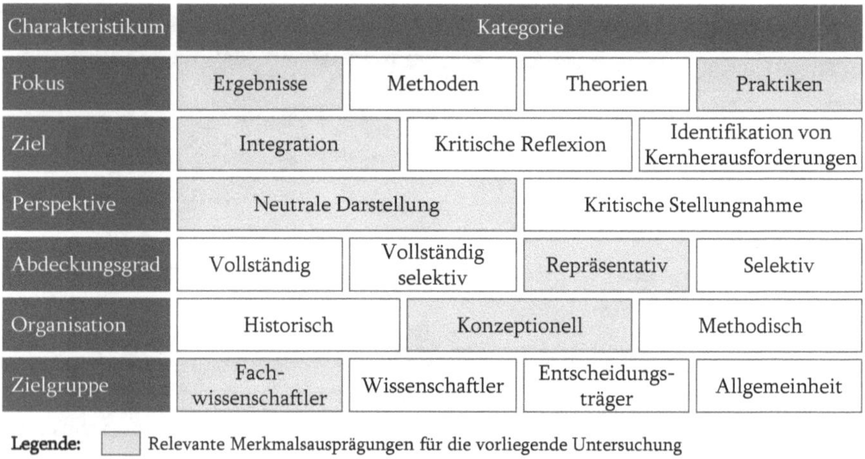

Abbildung 4-8: Taxonomie der Literaturrecherche i. A. a. COOPER [COOP88, S. 109]

Mit der Literaturrecherche wird die Identifikation der Risikofaktoren verfolgt. Der *Fokus* der durchgeführten Literaturrecherche liegt daher auf der Analyse von Ergebnissen sowie Praktiken zur Risikoanalyse neuer Technologien. Den Publikationen zugrundeliegende Theorien und Methoden sind in diesem Kontext lediglich von nachrangiger Bedeutung, da durch diese keine Risikofaktoren benannt werden. Mit der Recherche wird das *Ziel* der Integration bisheriger Forschungsergebnisse im Sinne einer Synthese zur Identifikation von Risikofaktoren für eine möglichst umfassende Systematisierung verfolgt. Eine kritische Reflexion oder die Ableitung neuer Kernherausforderungen ist mit der Zielsetzung dieser Arbeit nicht kongruent. Entsprechend ist der Autor bei der Identifikation der Risikofaktoren um die Einnahme einer möglichst neutralen *Perspektive* bemüht. Diese neutrale Darstellung betrifft insbesondere die initiale Auswahl und Prüfung der Literatur, während im Rahmen der Analyse- und Synthesephase der systematischen Literaturrecherche eine Zusammenfassung und Selektion relevanter Risikofaktoren erfolgt. Diese Zusammenfassung und Selektion steht jedoch nicht im Widerspruch zur neutralen Darstellung nach COOPER [COOP88, S. 110]. Als weiteres Charakteristikum der Literaturrecherche ist der *Abdeckungsgrad* zu nennen. Nach COOPER werden die Kategorien vollständige, vollständig-selektive, repräsentative und selektive Abdeckung unterschieden. Eine vollständige oder vollständig-selektive Abdeckung setzt die Prüfung sämtlicher Quellen zum untersuchten Thema voraus, welche aufgrund der enormen Anzahl wissenschaftlicher Veröffentlichungen nicht erreichbar ist. Die selektive Prüfung einiger Standardwerke ist hingegen eher für eine Erstrecherche geeignet [COOP88, S. 110 f.]. Daher wird zur Identifikation relevanter Risikofaktoren die Prüfung einer repräsentativen Menge relevanter Veröffentlichungen angestrebt, welche aus unterschiedlichen Quellen wissenschaftlicher Fachliteratur mithilfe definierter Suchbegriffe recherchiert wird. Für die *Organisation* der Ergebnisse der Literaturrecherche im Sinne einer thematisch-inhaltlichen Gruppierung wird eine konzeptionelle Darstellung gewählt. Alternativen sind eine Organisation in chronologischer Reihenfolge entsprechend der Veröffentlichungshistorie oder im Hinblick auf die in den Publikationen verwendeten Methoden [COOP88, S. 111 f.]. Beide Alternativansätze wären für die Identifikation der Risikofaktoren nicht zielführend, da die Identifikation und Aggregation inhaltlich ähnlicher Risikoursachen verfolgt wird. Zuletzt gilt es die *Zielgruppe* der Rechercheergebnisse zu definieren. Da die Ergebnisse der Literaturrecherche durch den Autor zur Analyse von Teilrisiken für die zu entwickelnde Methodik verwendet werden, ist dieser zum einen der Adressat der Ergebnisse. Weiterhin besteht ggf. durch andere Experten auf dem Gebiet der Technologiebewertung Interesse an den Ergebnissen. Folglich handelt es sich bei der Zielgruppe um Fachexperten [COOP88, S. 112].

4.4.1.2 Konzeption der Thematik der Literaturrecherche

Im zweiten Schritt der systematischen Literaturrecherche gilt es, die zu untersuchende Thematik als Ausgangsbasis für die Literaturrecherche zu konzeptionieren [BROC09, S. 10]. Dieses Vorgehen ist kongruent zur erforderlichen Definition des Untersuchungsbereichs für die systematische und zielgerichtete Identifikation der Risiken entsprechend der DIN ISO 31000 [DIN18, S. 17]. Dabei sind für eine ganzheitliche Risikobewertung sowohl interne als auch externe Kontextfaktoren einzubeziehen [DIN18, S. 17]. Für die externe Analyse von Chancen und Risiken ist die PEST-Analyse (auch STEP-Analyse) etabliert. Die von FAHEY UND NARAYANAN 1986 entwickelte PEST-Analyse beinhaltet die vier Perspektiven ‚*political*' (politisch), ‚*economic*' (wirtschaftlich), ‚*sociological*' (soziokulturell) und ‚*technological*' (technologisch) [STEU17, S. 61]. Teilweise wird das Konzept zusätzlich um die Perspektiven ‚*ecological*' (ökologisch) und ‚*legal*' (rechtlich) erweitert und als PESTEL-Analyse bezeichnet

[LYNC06, S. 84]. Während die Erweiterung kontrovers diskutiert wird, da die rechtliche Perspektive der politischen und die ökologische der soziokulturellen Perspektive zugeordnet werden kann, herrscht in der Wissenschaftsliteratur Einigkeit hinsichtlich des Erfordernisses einer bedarfsorientierten Anpassung des Konzepts [STEU17, S. 61]. Dieser Empfehlung wird gefolgt und eine bedarfsorientierte Adaption für die Konzeption des Untersuchungsbereichs der Literaturrecherche zur Identifikation der Risiken vorgenommen. Der zentrale Aspekt des Risikos im Kontext dieser Arbeit ist die Unsicherheit über die Realisierbarkeit der erwarteten Technologiepotenziale. Während das Potenzial einer Technologie durch die umfeldseitigen Möglichkeiten zur Nutzenstiftung bestimmt wird (vgl. Teilkapitel 2.2), sind die Voraussetzungen für die Realisierung der Technologie zuvorderst interner Natur. Daher gilt es die Perspektiven der PEST-Analyse nicht allein auf das externe Unternehmensumfeld zu beschränken, sondern bedarfsorientiert um weitere unternehmensinterne Aspekte zu ergänzen.

Durch die *politische Perspektive* werden der Umfang sowie die Art und Weise des wirtschaftlichen Eingriffs durch Regierungen betrachtet. Diese Eingriffe erfolgen durch gesetzliche Regelungen bspw. im Handelsrecht, der Steuerpolitik oder dem Arbeits- und Umweltrecht. Weiterhin werden die Politik und Stabilität der Regierung allgemein betrachtet. [NURM18, S. 325] Da die Eingriffe der Politik primär über Gesetze und Regularien erfolgen, besteht eine große Schnittmenge zur rechtlichen Perspektive. In Bezug auf Technologien ist die Politik jedoch nicht die einzige regulatorische Kraft. So werden Richtlinien und Normen ebenfalls von Institutionen wie der Internationalen Organisation für Normung (ISO) definiert. Diese Normen sind nicht mit gesetzlichen Regelungen gleichzusetzen, jedoch für die erfolgreiche Einführung neuer Technologien ebenfalls von großer Bedeutung und im Rahmen der Risikoidentifikation zu untersuchen [MANG19, S. 8 f.]. Hierbei sind ebenfalls ökologische Aspekte inkludiert, sofern diese Eingang in Gesetze und Richtlinien, bspw. in Form von Umweltauflagen, gefunden haben. Weitere Aspekte der politischen Perspektive sind makroskopische Rahmenbedingungen wie die politische Stabilität. Diese Rahmenbedingungen betreffen Unternehmen als Ganzes, nicht jedoch Technologien im Speziellen, sodass keine Berücksichtigung im Rahmen der Risikoidentifikation erfolgt.

Aus *soziokultureller Perspektive* werden Aspekte untersucht, welche im Zusammenhang mit der gesellschaftlichen Akzeptanz von Technologien stehen und auf den Überzeugungen und der Einstellung der Bevölkerung basieren. Die Akzeptanz einer Technologie ist dabei eine zentrale Voraussetzung für den Markterfolg. Aspekte, die der Akzeptanz entgegenstehen, sind bspw. die Verletzung von Grundrechten oder die Gefährdung der öffentlichen Sicherheit [NURM18, S. 326]. Zudem wird die Akzeptanz durch ethische Ansprüche und Wertvorstellungen beeinflusst [NURM18, S. 326]. Eine herausragende Rolle kommt dabei verstärkt ökologischen Faktoren zu. So sind die gesellschaftliche Akzeptanz und damit der wirtschaftliche Erfolg von Technologien zunehmend von deren sozialer und ökologischer Nachhaltigkeit abhängig. [NURM18, S. 326] Diese Aspekte werden als Teil des allgemeinen Wertewandels in der Bevölkerung in Kombination mit der soziokulturellen Perspektive untersucht.

Neben den genannten Aspekten, welche primär die gesellschaftliche bzw. kundenseitige Akzeptanz von Technologien betreffen, sind für den wirtschaftlichen Erfolg weitere mikro- und makroökonomische Faktoren relevant. Diese werden durch die *ökonomische Perspektive* repräsentiert. Zu den makroökonomischen Faktoren zählen das Wirtschaftswachstum, die Inflation oder das verfügbare Einkommen der Kunden. [NURM18, S. 326] Diese Faktoren sind von Bedeutung für den allgemeinen Unternehmenserfolg, jedoch nicht differenzierend für einzelne Technologien. Mikroökonomische Faktoren wie die Wettbewerbssituation, Entwicklung einzelner Märkte sowie die Lieferanten- oder Kundenbeziehungen sind hingegen für den Erfolg oder Misserfolg einzelner Produkte bzw. Technologien relevant und werden daher fokussiert betrachtet. Weitere unternehmensinterne Aspekte sind die Finanzierung bzw. das erforderliche Kapital, welches für die Entwicklung und Markteinführung benötigt wird. Diese unternehmensinternen Aspekte werden daher ebenfalls bei der Untersuchung wirtschaftlicher Risiken berücksichtigt.

Weiterhin sind technologische Risiken zu berücksichtigen. Im Rahmen der *technologischen Perspektive* der PEST-Analyse werden technische Faktoren betrachtet, durch welche die Herstellung oder Distribution von Produkten sowie die Kommunikation mit den Zielmärkten beeinflusst wird [NURM18, S. 326]. Ergänzend zur externen Perspektive sind weiterhin interne technologische Aspekte bezüglich der Entwicklung und Umsetzung der Technologie zu berücksichtigen. Hierzu werden u. a. Planungs- und Produktionsrisiken sowie die technische Machbarkeit gezählt.

Die Erläuterungen der PEST-Analyse werden in einer Concept-Map zusammengefasst. Diese dient der grafischen Veranschaulichung des Untersuchungsbereichs, indem das Forschungsthema mit den relevanten Kernaspekten, Schlüsselbegriffen und Synonymen strukturiert aufbereitet wird [ROWL04, S. 36]. Die Concept-Map für die Identifikation der Risikofaktoren ist in Abbildung 4-9 dargestellt.

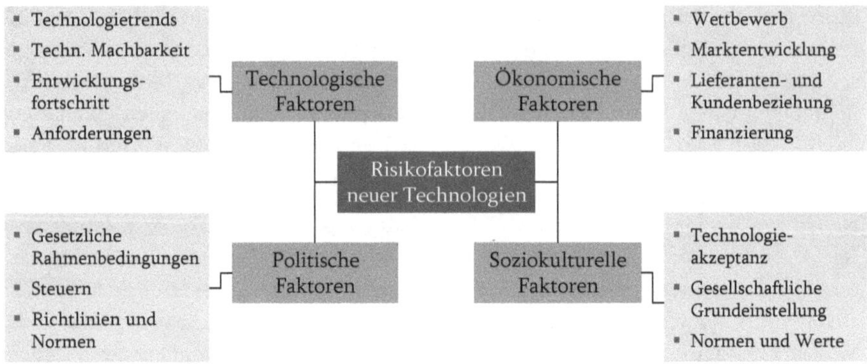

Abbildung 4-9: Concept-Map mit Kernaspekten für die systematische Literaturrecherche

Die dargestellten Kernaspekte und Schlüsselbegriffe sind die Ausgangsbasis für die nachfolgende Literaturrecherche. Die initial erarbeiteten Schlüsselwörter bilden jedoch lediglich den Ausgangspunkt der Recherche und sind nicht deren alleinige Basis. Vielmehr gilt es diese im Zuge des Erkenntnisgewinns im Rahmen der Literaturrecherche bedarfsorientiert zu adaptieren sowie durch eine Vorwärts- und Rückwärtssuche zu ergänzen. [LEVY06, S. 190 – 192]

4.4.1.3 Durchführung der Literaturrecherche

Die Literaturrecherche wird mithilfe definierter Suchalgorithmen in ausgewählten Datenbanken durchgeführt. Bei der Auswahl der Datenbanken sind jedoch verschiedene Aspekte wie der Umfang aufgeführter Zeitschriften, die wissenschaftliche Qualität und die Reputation sowie die inhaltliche Übereinstimmung mit dem Forschungsthema zu berücksichtigen. Vor diesem Hintergrund werden für die Literaturrecherche im Rahmen der vorliegenden Dissertation folgende Literaturdatenbanken ausgewählt:

- IEEE Explore (https://ieeexplore.ieee.org)
- EBSCO BSP (https://www.ebsco.com)
- Scopus (https://www.scopus.com)
- Wiley Online Library (https://onlinelibrary.wiley.com)
- SpringerLink (https://link.springer.com)

Durch die genannten Datenbanken werden diverse Journals und Zeitschriften aus dem ingenieur- und betriebswissenschaftlichen Bereich mit hohem Renommee repräsentiert. Weiterhin werden neben deutschsprachiger Fachliteratur auch internationale Publikationen in englischer Sprache aufgeführt, sodass eine umfassende Recherche ermöglicht wird.

Für die Durchführung der Recherche in den aufgeführten Datenbanken werden verschiedene Suchalgorithmen verwendet. Diese werden durch die Verkettung von Schlüsselbegriffen mit booleschen Operatoren generiert. Für den Erfolg der Literaturrecherche ist die Verwendung von verschiedenen Schlüsselbegriffen sowie von geeigneten Synonymen relevant [LEVY06, S. 190]. Daher werden neben den in Abbildung 4-9 aufgeführten Schlüsselbegriffen weitere synonyme Begriffe in deutscher und englischer Sprache verwendet. Die Suche wird zunächst auf den Zeitraum von 2015 bis 2020 eingegrenzt, um die Aktualität der Ergebnisse sicherzustellen. Entsprechend der Empfehlung verschiedener Autoren (vgl. [BROC09, S. 10; LEVY06, S. 190; WEBS02, S. 16]) wird eine ergänzende Vorwärts- und Rückwärtssuche durchgeführt, um die Ganzheitlichkeit der Ergebnisse zu steigern. Unter einer Rückwärtssuche wird dabei die Prüfung von Referenzen identifizierter, relevanter Publikationen verstanden, um nach wie vor relevante ältere Werke zu ergänzen [WEBS02, S. 16]. Bei der Vorwärtssuche werden hingegen Publikationen untersucht, in denen auf bereits identifizierte Werke referenziert wird [WEBS02, S. 16]. Für die ergänzende Suche werden entsprechend der Empfehlung von GUSENBAUER UND HADDAWAY neben den aufgeführten Datenbanken weitere Suchsysteme (vgl. [GUSE20, S. 205 – 207]), wie bspw. Google Scholar verwendet [GUSE20, S. 208]. Die Literaturreche kann als abgeschlossen betrachtet werden, sofern durch weitere Veröffentlichungen keine neuen Sichtweisen eröffnet werden und vor allem bereits bekanntes Wissen wiederholt wird [LEED19, S. 98]. Die Prüfung der detektierten Publikationen auf Relevanz bezogen auf die Identifikation von Risikofaktoren erfolgt in zwei Schritten [BROC09, S. 9]. Zunächst werden die gefundenen Werke anhand des Titels vorselektiert. Im Falle einer grundlegenden thematischen Übereinstimmung wird anschließend die Kurzzusammenfassung der Publikation geprüft. Ist diese Prüfung ebenfalls positiv, wird die Publikation im Rahmen der weiteren Analyse betrachtet. Auf diese Weise wurden insgesamt 119 Publikationen als relevante Quellen für die weitere Analyse und Synthese der Risikofaktoren identifiziert.

4.4.1.4 Analyse und Synthese der Rechercheergebnisse

Abschließend gilt es, die relevanten Publikationen systematisch zu analysieren, um Risikofaktoren als Basis für die Risikostrukturierung abzuleiten. Der Prozess der Analyse und Erkenntnissynthese ist in der Literatur nicht standardisiert. Vielmehr muss diese Stufe in Abhängigkeit des angestrebten Erkenntnisgewinns individuell gestaltet werden [WEBS02, S. 16]. Nach LEEDY ET AL. sollte die identifizierte Literatur in dieser Phase in jedem Fall kritisch evaluiert, anhand definierter Kriterien organisiert und schließlich zielgerichtet synthetisiert werden [LEED19, S. 98]. Dieser Empfehlung folgend ist die Analyse und Synthese der Publikationen zur Identifikation der Risikofaktoren in drei Stufen untergliedert (vgl. Abbildung 4-10).

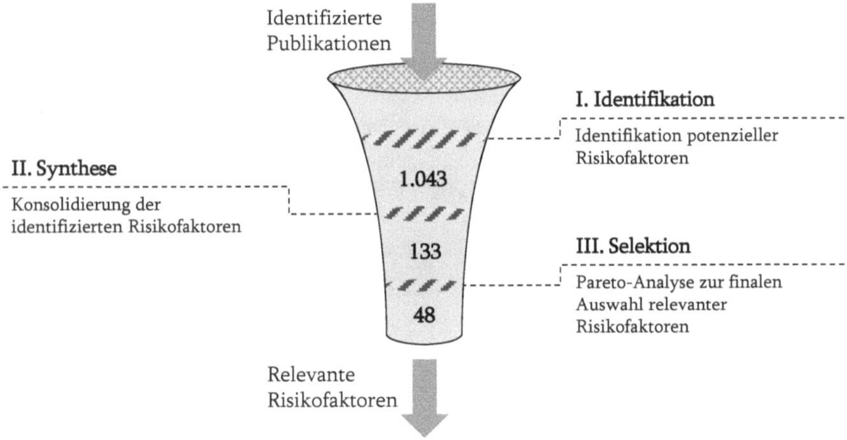

Abbildung 4-10: Mehrstufiges Vorgehen zur Synthese relevanter Risikofaktoren

In der ersten Stufe erfolgt die Identifikation potenzieller Risikofaktoren durch eine ganzheitliche Prüfung der recherchierten Publikationen. Im Rahmen der Prüfung werden in den Publikationen genannte Risikotreiber und -hemmnisse identifiziert und deren Kernaussagen als Risikofaktoren formuliert. Weiterhin erfolgt eine kritische Prüfung des Bezugs der genannten Faktoren hinsichtlich der erfolgreichen Entwicklung und Einführung von Technologien. So werden bspw. Faktoren, welche allgemeine organisationale oder prozessuale Fähigkeiten der Unternehmen betreffen, nicht als Faktoren aufgenommen, da diese nicht technologiespezifisch und damit nicht differenzierend sind. Nach kritischer Prüfung der 119 Publikationen wurden in der ersten Analysestufe insgesamt 1.043 mögliche Risikofaktoren identifiziert.

In der zweiten Stufe des Vorgehens zur Analyse und Synthese werden die identifizierten Faktoren konsolidiert. Die Konsolidierung der identifizierten Faktoren ist notwendig, um die Verfälschung der späteren Bewertungsergebnisse durch eine Mehrfachberücksichtigung redundanter Faktoren zu vermeiden. Zur Eliminierung der Redundanzen werden synonyme und inhaltlich kongruente Faktoren unter vereinheitlichten Oberbegriffen zusammengefasst. Dieses Vorgehen zur Konsolidierung wird agglomerativ in mehreren Iterationen durchgeführt. Mit fortschreitender Konsolidierung wird die Anzahl der berücksichtigten Faktoren erhöht. Gleichzeitig ist jeder Schritt der Konsolidierung mit einem zunehmenden Informationsverlust verbunden. Somit ist bei der Konsolidierung stets ein Abwägen zwischen dem Gewinn an Handhabbarkeit und dem einhergehenden Informationsverlust erforderlich. Im Rahmen der vorliegenden Dissertation wurde nach sorgfältigem Abwägen eine Konsolidierung der initial identifizierten 1.043 Risikofaktoren auf 133 Faktoren erreicht. Eine Liste der 133 Faktoren ist in Tabelle A-5 im Anhang beigefügt.

Zur weiteren Steigerung der Handhabbarkeit werden diese 133 Risikofaktoren in der dritten Stufe durch eine Häufigkeitsanalyse weiter selektiert. Auf diese Weise wird zum einen der Aufwand für die nachfolgende Modellentwicklung reduziert sowie eine Komplexitätsreduktion und damit eine Verringerung des Nutzungsaufwands erreicht. Darüber hinaus wird durch den Ausschluss weniger relevanter Risikofaktoren einer Verfälschung der Bewertungsergebnisse vorgebeugt und damit letztlich die empirische Richtigkeit des Modells erhöht. Die Selektion der konsolidierten Faktoren wird i. A. a. die Pareto-Analyse durchgeführt. Das auch als 80/20 Regel bekannte Prinzip wurde ursprünglich von Vilfredo Pareto formuliert und besagt in verallgemeinerter Form, dass 80 Prozent des Einflusses auf ein Phänomen auf ca. 20 Prozent aller Attribute zurückzuführen sind [GROS07, S. 2317]. I. A. a. dieses Prinzip werden die 133 konsolidierten Faktoren in Abhängigkeit der Häufigkeit ihrer Nennungen in den untersuchten Publikationen absteigend sortiert sowie die relative Häufigkeit der Nennungen kumulativ aufgetragen. Entsprechend dem Pareto Prinzip werden diejenigen Risikofaktoren final ausgewählt, welche einen Anteil von ca. 80% der Nennungen in den untersuchten Publikationen repräsentieren (s. Tabelle A-5 im Anhang). Auf diese Weise wurden schließlich 48 Risikofaktoren final synthetisiert (vgl. Tabelle 4-5). Eine Übersicht dieser Faktoren mit Quellenbezug ist in Tabelle A-6 im Anhang beigefügt.

Tabelle 4-5: Synthetisierte Risikofaktoren

Risikofaktor	Häuf.[10]	Risikofaktor	Häuf.[13]
Wissen & Erfahrung	4,3%	Nachhaltigkeit	53,7%
Technische Machbarkeit	7,3%	Technologiekomplexität	55,2%
Anforderungsdynamik	9,9%	Wettbewerbsstärke	56,6%
Wertvermittlung	12,4%	Datensicherheit	58,0%
Marktkenntnis	14,8%	Entwicklungsdynamik	59,4%
Gesundheit & Sicherheit	17,1%	Entwicklungsaufwand	60,7%
Regulatorischer Umfang	19,5%	Produktionsressourcen	62,0%
Entwicklungsvorsprung	21,7%	Kundenerfahrungen	63,2%
Verfügbares Budget	24,0%	Interoperabilität	64,5%
Rechtliche Rahmenbedingungen	26,2%	Adaptionsgeschwindigkeit	65,6%
Anforderungsklarheit	28,3%	Markteintrittszeitpunkt	66,7%
F&E Ressourcen	30,4%	Marktposition	67,8%
Anforderungsniveau	32,4%	Soziale Verwerfungen	68,9%
Image & Vertrauen	34,4%	Technologieabhängigkeiten	70,1%
Unklare Haftungsregelung	36,4%	Schutzrechtstatus	71,2%
Wahrgenommener Nutzen	38,4%	Finanzierungsquellen	72,2%
Marktgröße	40,2%	Politische Unterstützung	73,2%
Rohmaterialverfügbarkeit	42,1%	Entwicklungspartner	74,0%
Datenschutzanforderungen	44,0%	Fehlende Branchenstandards	74,9%
Prozessbeherrschung	45,7%	Marktdynamik	75,8%
Know-how Schutz	47,5%	Wahrgenommenes Risiko	76,6%
Substitute	49,2%	Einschränkung & Abhängigkeit	77,5%
Entwicklungskosten	50,7%	Entwicklungsmöglichkeiten	78,4%
Imitierbarkeit	52,2%	Gesellschaftliche Grundeinstellung	79,3%

4.4.1.5 Strukturierung der Risikofaktoren in Teilrisiken

Durch die im vorherigen Abschnitt erarbeiteten Risikofaktoren werden mögliche Risikoursachen repräsentiert. Die Risikofaktoren werden entsprechend ihren Auswirkungen zu Teilrisiken zugeordnet. Diese Zuordnung ist notwendig, um die nachfol-

[10] Kumulierte relative Häufigkeit der Nennungen in den identifizierten Publikationen

gende Risikoanalyse durchführen zu können. Weiterhin wird durch die Strukturierung in Teilrisiken die Handhabbarkeit für die spätere Risikobewertung erhöht. Die Vorgehensweise zur Strukturierung der Risikofaktoren in Teilrisiken ist an die Methode der Clusteranalyse angelehnt.

Die Clusteranalyse ist ein Verfahren zur Gruppierung von Elementen anhand der Ähnlichkeit. Diese Gruppen werden als Cluster bezeichnet und sind durch eine hohe interne Homogenität sowie eine hohe externe Heterogenität zu Objekten anderer Cluster gekennzeichnet. [BACK18, S. 437] Die besondere Eignung des Verfahrens für die vorliegende Dissertation im Vergleich zu alternativen Verfahren, wie der Faktoranalyse, basiert auf der übergeordneten Zielsetzung des Verfahrens. Diese besteht im Fall der Faktoranalyse in der Strukturierung und aggregativen Reduktion von miteinander korrelierenden Elementen zu übergeordneten Faktoren [BACK18, S. 366], während mit der Clusteranalyse die reine Gruppierung von Untersuchungsobjekten angestrebt wird [BACK18, S. 437].

Die identifizierten Risikofaktoren werden in mehreren Iterationen zu Clustern zusammengefasst. Hierzu wird zunächst das Kriterium der Ähnlichkeit für die Gruppierung der Elemente definiert [BACK18, S. 438]. Zur Beurteilung der Ähnlichkeit der Risikofaktoren werden im Hinblick auf die Zielsetzung der Risikobewertung die möglichen Risikofolgen im Kontext negativer Implikation auf die Realisierbarkeit der Technologiepotenziale verwendet. Weiterhin ist die angestrebte Clusterzahl als Zielgröße der Analyse zu definieren, wobei zwischen einer geringen Clusterzahl im Sinne der Handhabbarkeit und einer großen Clusterzahl für eine größtmögliche Homogenität abzuwägen ist [BACK18, S. 439]. Wie bereits bei der Definition der Potenzialdimensionen wird zur Auflösung des Zielkonflikts die Millersche Zahl als Orientierungsgröße für die angestrebte Anzahl an Teilrisiken verwendet. Entsprechend dem Prinzip der Clusteranalyse sind die Faktoren jeweils eindeutig einem Cluster zuzuordnen Für die Zuordnung der Risikofaktoren wird daher zwischen unterschiedlichen Alternativen abgewogen und zugunsten der stärksten Risikowirkung entschieden. Die Zuordnung der Risikofaktoren zu den Teilrisiken sowie eine Kurzbeschreibung der Risikofaktoren ist tabellarisch im Abschnitt A.6 im Anhang dargestellt.

Risikofaktoren, durch welche die Entwickelbarkeit einer Technologie beeinflusst wird, werden unter dem Cluster *Entwicklungsrisiko* zusammengefasst. Faktoren, durch welche die Überführung entwickelter Technologien in serienreife Produkte und Prozesse beeinflusst wird, werden als *Umsetzungsrisiko* bezeichnet. Unter der Bezeichnung *Substitutionsrisiko* werden Faktoren zusammengefasst, durch welche die

Wahrscheinlichkeit einer Verdrängung durch Konkurrenztechnologien beeinflusst wird. Risikofaktoren, die im Zusammenhang mit der Nachahmung der Technologie durch Konkurrenten stehen, werden als *Imitationsrisiko* bezeichnet. Faktoren mit Bezug zur Finanzierung der Entwicklung und Markteinführung werden unter der Bezeichnung *Finanzierungsrisiko* subsumiert. Faktoren, die in Bezug zum Markterfolg der jeweiligen Technologie stehen, werden als *Marktrisiko* bezeichnet. Unter dem Begriff *Zulassungsrisiko* werden Faktoren zusammengefasst, welche determinierend für erhöhten Aufwand, Verzögerungen oder das Scheitern der Zulassung von Technologien sind. Unter dem *Rechtsrisiko* werden Faktoren zusammengefasst, durch welche rechtliche Hürden für die Technologie induziert werden. Risikofaktoren, durch welche die kunden- und marktseitige Akzeptanz der Technologie beeinflusst wird, werden dem Cluster *Akzeptanzrisiko* zugeordnet.

Die Teilrisiken werden nachfolgend unter Berücksichtigung der ihnen zugeordneten, konstituierenden Risikofaktoren erläutert. Dabei wird insbesondere die Wirkung der Risikofaktoren bezogen auf die erfolgreiche Realisierung und Verwertung von Technologien herausgestellt.

Entwicklungsrisiko

Das Entwicklungsrisiko wird durch die Risikofaktoren *Wissen & Erfahrung*, *technische Machbarkeit*, *Entwicklungsressourcen*, *Anforderungsniveau*, *Anforderungsklarheit & -konsistenz*, *Entwicklungsumfang*, *Entwicklungspartner*, *Technologiekomplexität* und *Technologieabhängigkeiten* beeinflusst. Diese sind in Tabelle A-7 mit einer kurzen inhaltlichen Beschreibung aufgelistet.

Als Entwicklungsrisiko wird das Risiko bezeichnet, dass eine Technologie mit den verfügbaren Fähigkeiten und Kompetenzen des Unternehmens nicht bis zur erforderlichen Reife und Leistungsfähigkeit entwickelt werden kann [CHIE07, S. 65]. Die notwendige Bedingung für jede Technologieentwicklung ist die grundsätzliche *technische Machbarkeit*, bspw. aufgrund physikalischer Leistungsgrenzen. Im Gegensatz zu der allgemeinen Machbarkeit, welche für jedes Unternehmen in gleichem Maße relevant ist, sind die individuellen Möglichkeiten der Realisierung von dem individuellen *Wissen* und den *Erfahrungen* abhängig. Je weniger Wissen und Erfahrungen in Bezug auf eine Technologie bestehen, desto höher ist die Unsicherheit hinsichtlich der Umsetzbarkeit der angestrebten Entwicklung und der Erreichbarkeit des gewünschten Leistungsniveaus. Sofern die unternehmensinternen Fähigkeiten nicht zur Entwicklung der Technologie ausreichen, können diese durch geeignete *Entwicklungspartner* kompensiert werden. Neben dem internen und externen Wissen kann es aufgrund von unzureichenden oder fehlenden *Entwicklungsressourcen* zu Verzögerungen oder dem Abbruch von Technologieentwicklungen kommen. Dies ist der Fall, wenn die dem Unternehmen zur Verfügung stehenden personellen und technischen Ressourcen nicht für die Entwicklung ausreichen [ARAB19, S. 1037]. Eine Technologieentwicklung kann als erfolgreich betrachtet werden, sofern die initial gestellten Anforderungen an die Leistungsfähigkeit der Technologie erfüllt sind. Je höher das *Anforderungsniveau* im Vergleich zum Status quo, desto schwieriger ist jedoch die Erreichbarkeit des angestrebten Leistungsniveaus. Neben dem Niveau ist ebenfalls die *Anforderungsklarheit* für den Erfolg des Entwicklungsvorhabens ausschlaggebend, da aufgrund von Unklarheiten eine zielgerichtete und erfolgreiche Entwicklung behindert werden kann. Eng verbunden mit den Anforderungen ist der erforderliche *Entwicklungsaufwand* für das Unternehmen, welcher in Relation zu anderen Entwicklungsvorhaben zu betrachten ist und ebenfalls positiv mit der Unsicherheit korreliert. So sind aufwendige Entwicklungen tendenziell schwieriger umzusetzen. Weiterhin sind abhängig von der *Komplexität* der zu entwickelnden Technologie Verzögerungen oder gar das Scheitern des Entwicklungsvorhabens möglich [KIM14, S. 456]. Eine Verzögerung des Entwicklungsprozesses kann ferner die Folge fehlender Komplementärtechnologien im Fall bestehender *Technologieabhängigkeiten* sein [ARAB19, S. 1037; RECK19, S. 635].

Umsetzungsrisiko

Im Anschluss an die Entwicklung erfolgt die Umsetzung einer Technologie in Form von Produkten oder Prozessen. Das Umsetzungsrisiko wird durch die Faktoren *Prozessbeherrschung*, *Rohmaterialverfügbarkeit*, *Produktionsressourcen* und *Interoperabilität* beeinflusst (vgl. Tabelle A-8).

Für den erfolgreichen Einsatz neuer Technologien in der Produktion oder der Herstellung neuer Produkte ist der Grad der *Prozessbeherrschung* ausschlaggebend. Werden die zugrundeliegenden Prozesse nicht in ausreichendem Maße beherrscht, kann bspw. die erforderliche Qualität nicht sichergestellt werden, wodurch der Einsatz der Technologie gefährdet ist [LI20, S. 563]. Weiterhin müssen für die Herstellung von Produkten die benötigten *Rohmaterialien* respektive Ausgangskomponenten *verfügbar* sein. So ist die Erreichbarkeit einer geplanten Ausbringungsmenge von der Versorgungssicherheit mit den nötigen Rohstoffen abhängig. Neben den Rohmaterialien müssen ebenfalls die physischen *Produktionsressourcen* selbst im Unternehmen vorhanden sein. Hierbei handelt es sich bspw. um Maschinen oder spezielle Werkzeuge und Vorrichtungen, welche für die Bearbeitung oder Handhabung benötigt werden. Im Falle neuer Technologien werden häufig neue oder veränderte Maschinenkonzepte benötigt, um die Anwendung der jeweiligen Technologie in der Produktion zu ermöglichen oder die Technologie herstellen zu können. Als letzter zentraler Faktor mit Einfluss auf die Umsetzung ist die *Interoperabilität* mit den vorhandenen Prozessen und Produkten im Unternehmen zu nennen. Ist diese nicht gegeben, wird die Integration der neuen Technologie signifikant erschwert. Im Extremfall können neue und bestehende Technologien sich gegenseitig ausschließen, sodass für die Implementierung der neuen Technologie die Architektur der Produkte oder Prozesse in signifikantem Maße geändert werden muss. Dies ist in der Regel mit deutlichem Aufwand verbunden, sodass eine Umsetzung der neuen Technologie bspw. trotz eines erhöhten Leistungsvermögens ggf. nicht wirtschaftlich ist.

Substitutionsrisiko

Das Substitutionsrisiko wird durch die Risikofaktoren *Entwicklungsvorsprung*, *Substitute*, *Entwicklungsmöglichkeit* und *Entwicklungsdynamik* beeinflusst. Diese sind in Tabelle A-9 mit einer kurzen Beschreibung aufgeführt.

Als Substitutionsrisiko wird das Risiko bezeichnet, dass eine Technologie in einem bestimmten Anwendungsfeld durch eine neue respektive konkurrierende Technologie mit mindestens gleichwertiger Funktionalität ersetzt wird [MÜLL16, S. 190]. Die notwendige Bedingung für die Substitution einer Technologie ist das Vorhandensein von *Substituten*. Mit zunehmender Anzahl an Substituten wird daher das Substitutionsrisiko erhöht. Weiterhin ist die gleichwertige oder verbesserte Funktionalität eine Voraussetzung für die Substitution. Daher ist *Entwicklungsvorsprung* im Vergleich zu den Substituten ein weiterer relevanter Faktor bezogen auf das Substitutionsrisiko. Je kleiner der technologische Vorsprung der Technologie gegenüber Konkurrenztechnologien ist, desto höher ist die Wahrscheinlichkeit, dass die Voraussetzungen für eine Substitution geschaffen werden. Die Nachhaltigkeit des Entwicklungsvorsprungs ist wiederum von der *Entwicklungsdynamik* im jeweiligen Anwendungsfeld abhängig. Je dynamischer der technologische Fortschritt ist, umso größer ist die Gefahr von Entwicklungssprüngen, welche zu einer Relativierung oder Umkehr des bestehenden Leistungsvorsprungs führen. Zusätzlich ist in einem dynamischen Entwicklungsumfeld das Auftreten neuer Konkurrenztechnologien wahrscheinlicher. Damit Konkurrenten durch Weiterentwicklungen nicht einen Wettbewerbsvorsprung erzielen, muss die Entwicklungsmöglichkeit der jeweiligen Technologie ebenfalls gegeben sein.

Je geringer die Entwicklungsmöglichkeit einer Technologie ist, desto unwahrscheinlicher ist es, dass ein bestehender Leistungsvorsprung aufrechterhalten und damit einer möglichen Substitution vorgebeugt werden kann.

Imitationsrisiko

Neben der Substitution besteht in der *Technologieimitation* ein weiteres Risiko für das Unternehmen [HORO17, S. 12]. Das Imitationsrisiko wird durch die Risikofaktoren *Schutzrechtstatus*, *Know-how Schutz*, *Imitierbarkeit* und *Adaptionsgeschwindigkeit* beeinflusst. Diese sind in Tabelle A-10 mit einer kurzen Beschreibung aufgeführt.

Eine Imitation ist als die Übernahme von Verfahren und Produkten sowie den zugrundeliegenden Technologien zur Anwendung oder Herstellung definiert [SPEC02a, S. 79]. Der Gefahr der Imitation einer Technologie durch Wettbewerber kann durch verschiedene Maßnahmen vorgebeugt werden. Bspw. können rechtliche Hürden gegen die Imitation aufgebaut werden. [NEEM11, S. 288 – 290] Diese Möglichkeit ist von dem *Schutzrechtstatus* abhängig. Mit dem Schutzrechtstatus werden die Möglichkeit und der Status des rechtlichen Technologieschutzes durch Patente oder Gebrauchsmuster beschrieben. Diese Möglichkeiten sind nicht für jede Technologie im gleichen Maße gegeben. So ist ein rechtlicher Schutz schwieriger, sofern bereits Schutzrechte von Konkurrenten existieren. Neben rechtlichen Maßnahmen kann eine Imitation durch den *Schutz* des eigenen *Know-hows* verhindert werden, da für eine erfolgreiche Imitation dem Konkurrenten die zugrundeliegenden Prinzipien und Verfahren der Technologie bekannt sein müssen. Die Möglichkeiten für den Know-how Schutz sind von der Möglichkeit, die Kernaspekte der Technologie geheim zu halten oder dem Konkurrenten den Zugang zu erschweren, abhängig. Weiterhin besteht die Möglichkeit, die *Imitierbarkeit* der Technologie an sich zu reduzieren. Dies kann bspw. durch technische Hürden wie eine künstliche Steigerung der Komplexität oder die Verwendung individueller Schlüsselkomponenten geschehen. Als letzter bedeutender Faktor für die Imitation ist die *Adaptionsgeschwindigkeit* der Wettbewerber zu nennen. So ist die Wahrscheinlichkeit einer Imitation von der Fähigkeit und Geschwindigkeit der Konkurrenten abhängig.

Finanzierungsrisiko

Zur Beschaffung, Entwicklung, Umsetzung oder Verwertung von Technologien muss die erforderliche Finanzierung sichergestellt sein. Diese wird durch das *verfügbare Budget*, die *Entwicklungskosten* und mögliche *Finanzierungsquellen* beeinflusst (vgl. Tabelle A-11).

Die Finanzierbarkeit eines Entwicklungsvorhabens ist von den erwarteten *Entwicklungskosten* für selbiges abhängig. Sind die erwarteten Kosten im Verhältnis zum *verfügbaren Budget* des Unternehmens von signifikanter Höhe, können diese durch das Unternehmen ggf. nicht getragen werden, was ein Scheitern des Vorhabens zur Folge hätte. Neben den internen Ressourcen besteht ggf. die Möglichkeit, auf externe *Finanzierungsquellen*, wie bspw. staatliche Förderungen, zuzugreifen. Stehen derartige Finanzierungsquellen ebenfalls nicht zur Verfügung, führt dies zu einer Zunahme des Finanzierungsrisikos.

Marktrisiko

Das Marktrisiko wird durch die Risikofaktoren *Wertvermittlung*, *Marktgröße*, *Marktkenntnis*, *Wettbewerbsstärke*, *Marktmacht*, *Markteintrittszeitpunkt* und *Marktvolatilität* determiniert. Diese sind in Tabelle A-12 mit einer kurzen Beschreibung aufgeführt.

Durch das Marktrisiko wird die anwendungsseitige Unsicherheit beschrieben, welche der erfolgreichen Verwertung einer Technologie entgegensteht [FELD07, S. 162]. Voraussetzung für die erfolgreiche Verwertung einer Technologie ist ein ausreichendes Absatzvolumen, welches in positiver Korrelation zur *Marktgröße* steht. Neben der Marktgröße ist das mögliche Absatzvolumen ebenfalls von der *Wettbewerbsstärke* abhängig. So sind die Marktanteile bei hoher Wettbewerbsstärke stärker umkämpft und damit das mögliche Absatzvolumen unsicherer respektive weniger gut prognostizierbar. Diese Unsicherheit wird im Fall einer hohen *Marktvolatilität* verstärkt. Die Marktvolatilität umfasst dabei die Veränderlichkeit der Kundenwünsche und Wettbewerbssituation, welche in Form eines dynamischen Marktumfelds negative Auswirkungen auf den Markterfolg impliziert [AFZA17, S. 53 f.; GRAN13, S. 103]. Demgegenüber führt die *Marktkenntnis* zur Reduktion der anwendungsseitigen Unsicherheit. Je umfassender dem Unternehmen die spezifischen Eigenschaften des Marktes bekannt sind, desto besser kann die zukünftige Entwicklung antizipiert und damit die Unsicherheit reduziert werden. Weiterhin ist für die erfolgreiche marktseitige Etablierung neuer Technologien die *Marktmacht* eines Unternehmens relevant, da im Fall einer hohen Marktmacht bspw. die Wettbewerbsreaktion geringer und damit die erfolgreiche Einführung wahrscheinlicher ist [KUHN07, S. 95]. Als Marktmacht wird dabei die Stärke des Unternehmens bspw. aufgrund des Marktanteils im Zielmarkt zum Zeitpunkt der Markteinführung verstanden [KUHN07, S. 95]. Zudem kann der *Zeitpunkt* des *Markteintritts* selbst ein kritischer Faktor für den marktseitigen Erfolg sein. So ist ein früher Markteintritt sowohl mit Chancen, bspw. in Form hoher Erträge und eines guten Rufs als Technologieführer, aber auch mit Nachteilen aufgrund hoher Kosten für die initiale Markteinführung sowie Unsicherheiten infolge fehlender Marktstrukturen verbunden [PORT13, S. 295 f.]. Da bezüglich der Vorteilhaftigkeit des Eintrittszeitpunktes jedoch keine allgemeingültige Tendenz abgeleitet werden kann [SUAR07, S. 377], wird dieser Faktor im Rahmen der vorliegenden Dissertation nicht berücksichtigt. Neben den bereits genannten marktbezogenen Aspekten ist die erfolgreiche Verwertung einer Technologie von den unternehmensseitigen Möglichkeiten der *Wertvermittlung* abhängig. Ist bspw. der Kundenzugang aufgrund unzureichender Vertriebsressourcen und -fähigkeiten für die neue Technologie eingeschränkt, können mögliche Vorteile der Technologie dem Kunden nicht vermittelt werden [KUHN07, S. 87 f.]. Die erfolgreiche marktseitige Kommunikation des Mehrwertes einer neuen Technologie ist jedoch ein entscheidender Erfolgsfaktor für die Markteinführung und -durchdringung [KOER16, S. 264].

Zulassungsrisiko

Im Zuge der Markteinführung neuer Technologien ist deren Zulassung durch den Gesetzgeber erforderlich. Faktoren in Bezug auf die erfolgreiche Zulassung einer Technologie sind der bestehende *regulatorische Umfang*, *Datenschutzanforderungen* und die *politische Unterstützung* (vgl. Tabelle A-13).

Unter dem Begriff Zulassungsrisiko werden Faktoren zusammengefasst, welche determinierend für erhöhten Aufwand, Verzögerungen oder das Scheitern der Zulassung von Technologien sind. Die Wahrscheinlichkeit, dass einer der drei genannten Fälle eintritt, steigt mit zunehmendem *regulatorischem Umfang*. Je mehr Normen, Gesetze und Richtlinien durch ein Unternehmen bei der Zulassung einer neuen Technologie berücksichtigt werden müssen, desto aufwendiger ist die Sicherstellung der Konformität der Technologie mit den Anforderungen sowie der Aufwand des Zulassungsprozesses. Neben den Anforderungen bei der Zulassung sind weitere Bestimmungen bezogen auf die Nutzungsphase der Technologie zu berücksichtigen. Dies betrifft insbesondere *Datenschutzanforderungen*, da die Bedeutung von Daten und deren Verarbeitung als Bestandteil neuer Technologien im Zuge der fortschreitenden Digitalisierung stark zugenommen hat und weiter zunimmt. Die Nutzung und Verwendung von Daten unterliegen einer zunehmenden Regulierung. Dies hat negative Folgen auf die Gestaltung und Nutzung von Technologien, weil es für Unternehmen zunehmend schwieriger wird, Technologien so zu gestalten, dass diese konform zu unterschiedlichen nationalen Datenschutzregelungen sind. Die skizzierten Hürden infolge bereits genannter

Faktoren können durch *politische Unterstützung* gemildert werden. Ist für eine Technologie eine breite politische Unterstützung gegeben, besteht die Möglichkeit, dass Zulassungs- und Nutzungsanforderungen reduziert, angepasst oder Ausnahmeregelungen geschaffen werden. Dies reduziert das Zulassungsrisiko.

Rechtsrisiko

Unter dem Begriff Rechtsrisiko werden die Risikofaktoren *gesetzliche Rahmenbedingungen*, *unklare Haftungsregeln* und *fehlende Branchenstandards* zusammengefasst. Diese sind in Tabelle A-14 mit einer kurzen Beschreibung aufgeführt.

Als Rechtsrisiko wird die Summe der rechtlichen Risiken bezeichnet, denen ein Marktteilnehmer als Träger von Rechten und Pflichten ausgesetzt ist. Von diesen respektive deren Erfüllung ist die erfolgreiche, rechtskonforme Markteinführung eines Produkts abhängig. Für ein rechtskonformes Handeln müssen *rechtliche Rahmenbedingungen* vorhanden und bekannt sein. Der technologische Fortschritt ist jedoch zumeist rapider als die Reaktionsfähigkeit der gesetzgebenden Institutionen. Gleichzeitig sind bestehende Regeln häufig nicht vollumfänglich auf neue Technologien anwendbar. Darüber hinaus sind aufgrund der signifikanten Unsicherheit insbesondere fehlende oder *unklare Haftungsregeln* hervorzuheben. So haftet der Hersteller für sämtliche auf das Produkt zurückzuführende Personen- und Sachschäden. Diese können zu enormen finanziellen Schäden für das Unternehmen führen und sind nicht selten die Ursache für Insolvenzen. Den Gefahren kann durch vertragliche Regelungen oder entsprechende Versicherungen nur begegnet werden, wenn die Haftung im Schadensfall geklärt ist. Neben den rechtlichen Regelungen können *fehlende Branchenstandards* eine Gefahr für Unternehmen darstellen, da diese im Streitfall häufig ersatzweise für nicht vorliegende Normen oder gesetzliche Regelungen herangezogen werden. Ist kein etablierter Branchenstandard vorhanden, kann dieser nicht als Referenz für die Gestaltung der neuen Technologie herangezogen werden, wodurch die rechtliche Unsicherheit gesteigert wird.

Akzeptanzrisiko

Als letztes Teilrisiko wird nachfolgend das Akzeptanzrisiko erläutert. Das Akzeptanzrisiko wird durch die *Anforderungsdynamik*, den *wahrgenommenen Nutzen*, die *Nachhaltigkeit*, *soziale Verwerfungen*, die *Datensicherheit*, das vorhandene *Image & Vertrauen*, bestehende *Kundenerfahrungen*, das *wahrgenommene Risiko*, *Einschrän-*

kung & Abhängigkeit, die *Gesundheit & Sicherheit* und die *gesellschaftliche Grundeinstellung* determiniert. Diese sind in Tabelle A-15 mit einer kurzen Beschreibung aufgeführt.

Unter dem Begriff Akzeptanzrisiko wird die Unsicherheit bezüglich der kunden- und marktseitigen Akzeptanz der Technologie subsumiert. Die Akzeptanz einer Technologie ist neben diversen anderen Faktoren davon abhängig, ob die Anforderungen, welche aus der Perspektive des Nutzers an die Technologie bestehen, erfüllt werden [KIRC20, S. 190]. Die Unsicherheit darüber, ob die Leistungsmerkmale der Technologie den Kundenanforderungen entsprechen, ist neben dem Leistungsvermögen der Technologie, welches bereits im Rahmen des Entwicklungsrisikos berücksichtigt wird, von der *Anforderungsdynamik* abhängig. So sinkt mit zunehmender Volatilität des Umfangs und der Höhe der Anforderungen die Wahrscheinlichkeit, dass diese durch die Technologie erfüllt werden können. Eng verbunden mit der Anforderungserfüllung ist der *wahrgenommene Nutzen* der Technologie. Hierbei handelt es sich um die subjektive Einschätzung der Rezipienten. Dabei ist für die Akzeptanz einer Technologie primär ein hoher individueller Nutzen förderlich [WOIS15, S. 712]. Dem steht das *wahrgenommene Risiko* entgegen. Auch hier ist eine mögliche persönliche Betroffenheit von großer Bedeutung, welche zu einer negativen Auswirkung auf die Akzeptanz führt. Neben der persönlichen Wahrnehmung ist die Akzeptanz einer Technologie ebenfalls von der allgemeinen *gesellschaftlichen Grundeinstellung* abhängig [LENZ15, S. 641]. Ist eine Technologie allgemein nicht akzeptiert, ist die Akzeptanz durch potenzielle Kunden ebenfalls unwahrscheinlicher. Ebenso wird die Akzeptanz durch bereits bestehende *Kundenerfahrung* mit der Technologie beeinflusst. Je weniger vertraut ein möglicher Kunde bereits mit der Technologie selbst oder einer ähnlichen Technologie ist, desto geringer ist die Offenheit und Akzeptanz gegenüber der Technologie. Daher ist weiterhin das *Vertrauen* in den Anbieter und dessen *Image* eine Voraussetzung für die erfolgreiche Einführung neuer Technologien [WOIS15, S. 713]. Dies gilt insbesondere für die Phase der Markteinführung, da zu diesem Zeitpunkt das Vertrauen in den Anbieter der Technologie wichtiger ist als das Vertrauen in die Technologie selbst [WÜND13, S. 16]. Die Akzeptanz ist weiterhin davon abhängig, ob der Einsatz einer Technologie mit *sozialen Verwerfungen* verbunden ist bzw. zu diesen führen kann. Dies ist u. a. der Fall, wenn das soziale Gefüge beeinträchtigt wird, indem Arbeitsplätze verloren gehen, Grundrechte beschnitten werden oder bestimmte Personengruppen vernachlässigt oder strukturell benachteiligt werden. Im Falle von solchen oder ähnlichen Beeinträchtigungen ist eine geringere Akzeptanz oder sogar eine Ablehnung der jeweiligen Technologie die Folge [WOIS15, S. 712]. Weiterhin wird die Akzeptanz negativ beeinflusst, wenn die *Datensicherheit* der Technologie nicht gegeben oder nur eingeschränkt vorhanden ist [LENZ15, S. 652]. So können im Rahmen von Cyber-Angriffen bspw. Passwörter, personenbezogene Daten oder andere sensible Daten ausgespäht und diese für kriminelle Handlungen wie Erpressung und Sabotage genutzt werden [MORA19, S. 50]. Ebenfalls negativ konnotiert bezogen auf die Akzeptanz ist eine Einschränkung der Autonomie des Nutzers [WÜND13, S. 11]. Eine *Einschränkung* bzw. *Abhängigkeit* von Technologien ist bspw. im Falle automatisierter Entscheidungsprozesse auf Basis von Entscheidungsalgorithmen mit einer Verlagerung der Kontrolle vom Menschen hin zur Technologie gegeben [WOIS15, S. 712]. Für die Akzeptanz einer Technologie sind darüber hinaus weitere, vornehmlich die Eigenschaften der Technologie betreffende Faktoren relevant. In diesem Kontext hat in den vergangenen Jahren die *Nachhaltigkeit* stark an Bedeutung gewonnen. So werden Technologien, deren Herstellung oder Nutzung mit Umweltschäden einhergeht, unabhängig von der Einhaltung gesetzlicher Mindeststandards zunehmend weniger akzeptiert. Neben der Nachhaltigkeit müssen für eine breite Akzeptanz ebenfalls die *Gesundheit* und *Sicherheit* der Nutzer gewährleistet sein. Dies umfasst zum einen die Arbeitssicherheit bei der Herstellung und Nutzung der Technologie und zum anderen weitere Auswirkungen auf die körperliche und geistige Verfassung der Gesellschaft, wie mangelnde Bewegung, Verletzungsgefahr oder mentale Belastung.

4.4.2 Analyse der Ursache-Wirkungsbeziehungen zwischen den Indikatoren und den Teilrisiken

In diesem Unterkapitel erfolgt mit der detaillierten Analyse der Auswirkungen und Zusammenhänge zwischen den Indikatoren und den Teilrisiken der zweite Schritt der Risikobeurteilung nach der DIN ISO 31000 – die Risikoanalyse [DIN18, S. 20]. Wie in Teilkapitel 3.3 erläutert, sind die Charakteristika der zu bewertenden Technologien und die Eigenschaften der Anwendungen des Unternehmens die Eingangsgrößen für die Risikobewertung. Somit bildet die Analyse der Wirkbeziehungen zwischen diesen Indikatoren und den ermittelten Risikofaktoren die Basis für die Risikobewertung. Die Analyse der Ursache-Wirkungsbeziehungen wird nachfolgend je Teilrisiko durchgeführt. Diese Analyse erfolgt sachlogisch auf Basis der im vorangegangenen Teilkapitel erläuterten Relationen zwischen den Risikofaktoren und den Teilrisiken. Dabei werden sowohl die Wirkbeziehung und -richtung der Indikatoren auf die Teilrisiken als auch deren Stärke erläutert. Für die Quantifizierung der Wirkstärke wird analog zum Potenzialmodell der AHP verwendet (vgl. Unterkapitel 4.3.3 für die Erläuterung des AHP und die Begründung der Methodenwahl). Als Grundlage für die Bewertung der

Einflussstärke wird der Umfang der Relationen zu den einzelnen Risikofaktoren zugrunde gelegt, da diese die Treiber und Hemmnisse der Teilrisiken repräsentieren. Mithilfe der Risikofaktoren wird die Einflussstärke der Indikatoren auf das jeweilige Teilrisiko in Abhängigkeit der Anzahl an Relationen zwischen dem betrachteten Indikator und der Summe der Risikofaktoren ermittelt. Weiterhin wird zur Beurteilung der Einflussstärke die Stärke der Beziehung zwischen den Indikatoren und den Risikofaktoren berücksichtigt. Auf diese Weise wird eine strukturierte und möglichst objektive Ermittlung der Einflussstärken sichergestellt.

4.4.2.1 Analyse der Auswirkungen und Zusammenhänge des Entwicklungsrisikos

Nachfolgend werden die Beziehungen zwischen den identifizierten Technologie- und Anwendungsindikatoren und dem Entwicklungsrisiko unter Zuhilfenahme der identifizierten Risikofaktoren des vorherigen Unterkapitels untersucht. Die Beziehungen sind in Abbildung 4-11 zusammenfassend dargestellt.

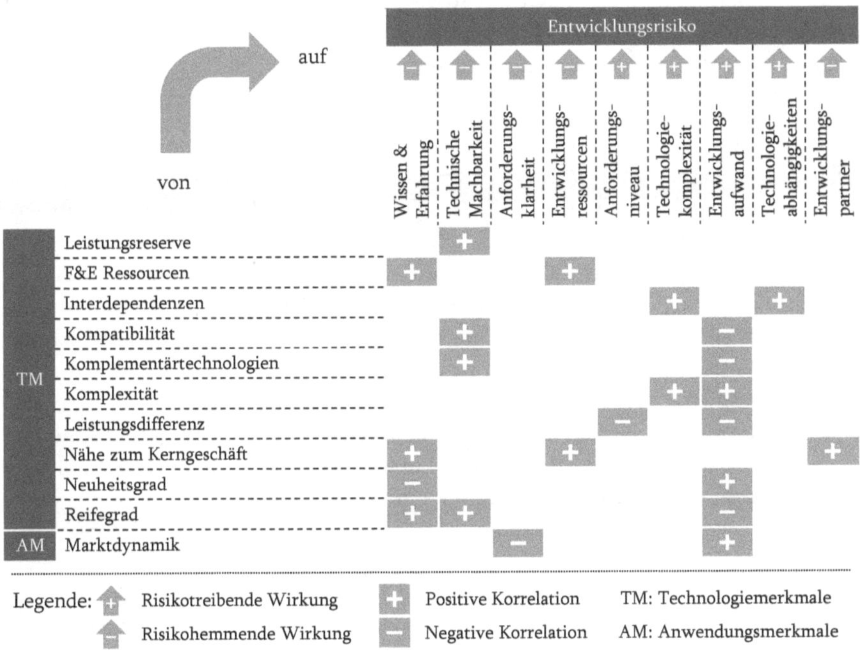

Abbildung 4-11: Indikation des Entwicklungspotenzials

Der Indikator mit dem größten Einfluss auf das Entwicklungsrisiko ist der *Reifegrad*, da im Falle eines geringen Reifegrads zum einen die technische Machbarkeit unwahrscheinlicher ist und zum anderen nur wenig Wissen und Erfahrung verfügbar sind. Weiterhin ist der Entwicklungsaufwand tendenziell höher, sodass mit einem geringen Reifegrad in Summe ein erhöhtes Entwicklungsrisiko einhergeht.

Von etwas geringerer Bedeutung als der Reifegrad, jedoch untereinander gleichbedeutend, sind die Indikatoren *F&E Ressourcen*, *Kompatibilität* und *Neuheitsgrad*. Sind wenige F&E Ressourcen vorhanden, wird der Risikofaktor Entwicklungsressourcen selbst sowie der Umfang des vorhandenen Wissens und der Erfahrungen stark negativ beeinflusst und letztlich das Entwicklungsrisiko erhöht. Eine ebenfalls negative Wirkung ist einer mangelnden Kompatibilität zuzuschreiben, welche zu einer deutlichen Reduktion der technischen Machbarkeit und zu einer Steigerung des Entwicklungsaufwandes führt, da die Kompatibilität aufwendig hergestellt werden muss. Weiterhin ist ein hoher Neuheitsgrad als risikotreibend zu beurteilen, da im Falle radikal neuer Technologien Wissen und Erfahrungen nicht oder kaum vorhanden sind und ebenso der Entwicklungsaufwand deutlich höher ist, als dies bei einfachen Weiterentwicklungen der Fall ist.

Von wiederum geringerem Einfluss auf das Entwicklungsrisiko sind die Indikatoren *Interdependenzen*, *Komplementärtechnologien*, *Komplexität*, *Leistungsdifferenz* und die *Marktdynamik*, da diese jeweils in geringerem Umfang auf die Summe der Risikofaktoren wirken. Sind viele Interdependenzen vorhanden, ist tendenziell von einer erhöhten Technologiekomplexität auszugehen und es liegen mehr Abhängigkeiten zu anderen Technologien vor, sodass letztlich das Entwicklungsrisiko steigt. Ebenfalls wird das Entwicklungsrisiko im Falle hoher Komplexität deutlich erhöht, da die Komplexität selbst ein Treiber für den Entwicklungsaufwand ist. Darüber hinaus ist das Entwicklungsrisiko im Falle fehlender Komplementärtechnologien erhöht, da diese zusätzlich entwickelt werden müssen und damit der Entwicklungsaufwand zunimmt. Weiterhin ist die technische Machbarkeit reduziert, da Komplementärtechnologien wichtige Schlüsselelemente für die angestrebten Funktionalitäten sind. Eine risikotreibende Wirkung ist ebenfalls einem hohen Leistungsrückstand zum angestrebten Entwicklungsziel zuzusprechen, da in diesem Fall der Entwicklungsaufwand signifikant erhöht wird und das Anforderungsniveau steigt. Der Marktdynamik ist, aufgrund wechselnder Anforderungen in volatilen Märkten, ein negativer Einfluss auf die Anforderungsklarheit zuzuweisen, wodurch tendenziell Anpassungen und Änderungen im Entwicklungsprozess in größerem Umfang erforderlich werden. Daher ist eine hohe Marktdynamik in Summe als risikotreibend zu bewerten.

Die Indikatoren mit dem geringsten Einfluss auf das Entwicklungsrisiko sind die *Nähe zum Kerngeschäft* und die *Leistungsreserve*, da diese nur einen geringen mittelbaren Einfluss auf einzelne Risikofaktoren haben. Mit zunehmender Entfernung der Technologie zum Kerngeschäft wird das Entwicklungsrisiko erhöht. Dies ist auf eine leicht negative Wirkung auf die Risikofaktoren Wissen und Erfahrung, Entwicklungsressourcen sowie die Verfügbarkeit von Entwicklungspartnern zurückzuführen, welche infolge einer zunehmenden Entfernung zum Kerngeschäft tendenziell erhöht sind. Einer geringen Leistungsreserve ist ebenfalls eine risikotreibende Wirkung zuzusprechen, da in diesem Fall die Leistungsgrenze der Technologie nahezu erreicht ist und damit die technische Machbarkeit unwahrscheinlicher wird.

Basierend auf diesen Erläuterungen wurde mithilfe der in Unterkapitel 4.3.3 beschriebenen Methode des AHP für den Reifegrad eine Bedeutung von 20,6% bezogen auf das Entwicklungsrisiko ermittelt. Für die Indikatoren F&E Ressourcen, Kompatibilität und Neuheitsgrad wurden jeweils Einflussstärken von 12,6% ermittelt, während die Bedeutung für die Indikatoren Interdependenzen, Komplementärtechnologien, Komplexität, Leistungsdifferenz und Marktdynamik zu 6,8% berechnet wurde. Für die beiden letztgenannten Indikatoren der Nähe zum Kerngeschäft und der Leistungsreserve beträgt die Einflussstärke 3,8%. Die Paarvergleichsmatrix als Grundlage für die Berechnung der Gewichte ist in Abbildung A-8 im Anhang dargestellt.

4.4.2.2 Analyse der Auswirkungen und Zusammenhänge des Umsetzungsrisikos

Nachfolgend werden die Beziehungen zwischen den identifizierten Technologieindikatoren und den Risikofaktoren des Umsetzungsrisikos untersucht. Die Beziehungen sind in Abbildung 4-12 dargestellt.

Die Teilrisiken des Umsetzungsrisikos werden durch die Anwendungsindikatoren nicht beeinflusst, da kein Bezug zu den Risikofaktoren des Umsetzungsrisikos besteht.

Die Indikatoren mit dem größten Einfluss auf das Umsetzungsrisiko sind *Nähe zum Kerngeschäft* und *Neuheitsgrad*, da durch beide Indikatoren sowohl die Rohmaterialverfügbarkeit als auch die Prozessbeherrschung und die Eignung der Produktionsressourcen beeinflusst werden. Durch einen hohen Neuheitsgrad sinkt die Wahrscheinlichkeit, dass die erforderlichen Rohmaterialien in ausreichender Qualität und Güte beschafft werden können, da die Ähnlichkeit zu bestehenden Technologien gering ist und bestehende Beschaffungsstrukturen dadurch tendenziell weniger geeignet sind. Weiterhin besteht aufgrund fehlender Erfahrungen und mangelnder Ähnlichkeit mit bestehenden Technologien ein negativer Einfluss auf die Prozessbeherrschung und die

Eignung der Produktionsressourcen. Daher wird durch einen hohen Neuheitsgrad das Umsetzungsrisiko in Summe erhöht. Weiterhin sind bei einer geringen Nähe zum Kerngeschäft nur wenig Ähnlichkeiten zu bestehenden Prozessen und Ressourcen vorhanden, sodass der Einfluss in diesem Fall ähnlich zu bewerten ist wie ein hoher Neuheitsgrad. Bspw. kann für die Rohmaterialversorgung in diesem Fall höchstwahrscheinlich nicht auf bestehende Beschaffungsnetzwerke zurückgegriffen werden.

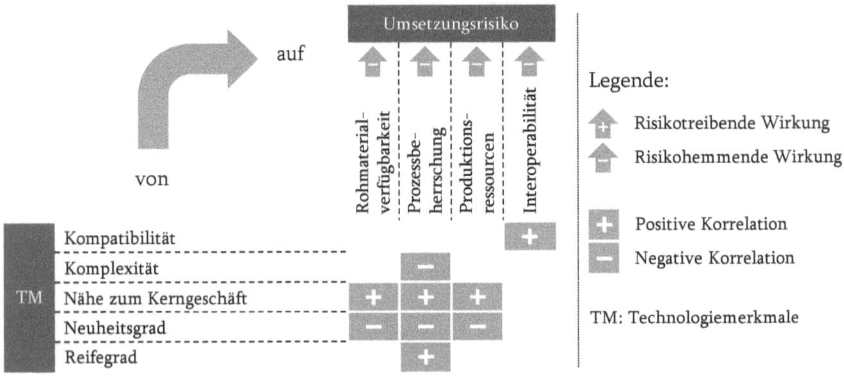

Abbildung 4-12: Indikation des Umsetzungsrisikos

Von etwas geringerer Bedeutung sind die Indikatoren *Kompatibilität* und *Komplexität*, da beide nur in Beziehung zu jeweils einem Risikofaktor stehen. Die Kompatibilität ist dabei nahezu deckungsgleich mit dem Risikofaktor Interoperabilität, sodass, entsprechend den Erläuterungen aus Abschnitt 4.4.1.5, im Falle geringer Kompatibilität das Umsetzungsrisiko steigt. Durch eine hohe Komplexität wird die Handhabbarkeit der Technologie und damit die Prozessbeherrschung erschwert, sodass das Umsetzungsrisiko ebenfalls erhöht wird.

Als letzter Indikator ist der *Reifegrad* der Technologie zu nennen, dessen Einfluss allein in Bezug auf die Prozessbeherrschung besteht, wobei diese Beziehung zudem nur schwach ausgeprägt ist. So ist die Prozessbeherrschung im Falle eines geringen Reifegrads tendenziell weniger stark ausgeprägt.

Auf Basis dieser Erläuterungen wurden mithilfe des AHP (vgl. Abbildung A-9) für die Nähe zum Kerngeschäft und den Neuheitsgrad jeweils ein anteiliger Einfluss von 34,3% errechnet. Weiterhin wurde für die Kompatibilität und Komplexität eine Gewichtung von 12,9% und für den Reifegrad von 5,6% ermittelt.

4.4.2.3 Analyse der Auswirkungen und Zusammenhänge des Substitutionsrisikos

In diesem Abschnitt werden die verschiedenen Indikatoren mit Einfluss auf das Substitutionsrisiko unter Zuhilfenahme der identifizierten Risikofaktoren des vorherigen Unterkapitels untersucht. Die Indikatoren und deren Beziehung zum Substitutionsrisiko sind in Abbildung 4-13 dargestellt.

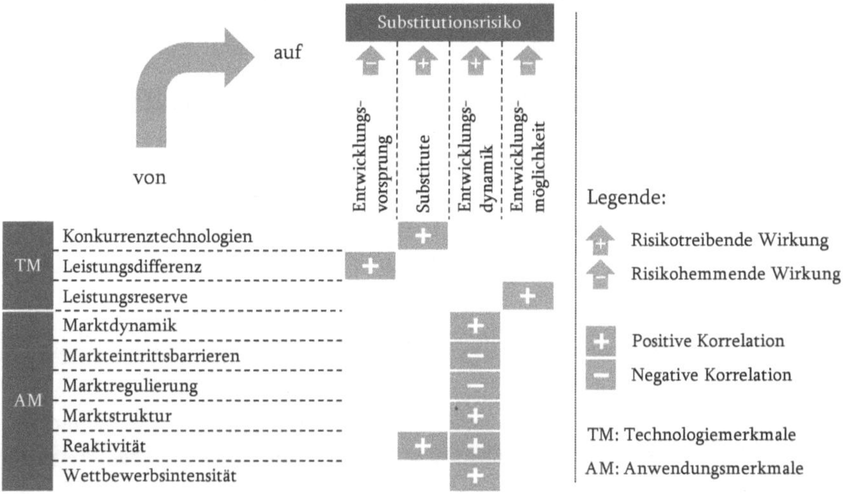

Abbildung 4-13: Indikation des Substitutionspotenzials

Der Indikator mit dem größten Einfluss auf das Substitutionsrisiko ist die *Reaktivität* der Wettbewerber, welche einen Einfluss auf die Anzahl der möglichen Substitute und die Entwicklungsdynamik hat. So ist im Fall einer hohen Reaktivität der Wettbewerber die Anzahl möglicher Substitute tendenziell höher, ebenso wie die Entwicklungsdynamik, welche vom Aktivitätsgrad der Wettbewerber abhängig ist.

Von etwas geringerer Bedeutung sind die Indikatoren *Konkurrenztechnologien*, *Leistungsdifferenz*, *Leistungsreserve*, *Marktdynamik*, *Marktregulierung* und *Wettbewerbsintensität*, welche jeweils nur in Bezug zu einem Risikofaktor des Substitutionsrisikos stehen. Durch eine große Anzahl an Konkurrenztechnologien liegen potenziell mehr Substitute vor, wodurch das Substitutionsrisiko erhöht ist, während durch einen hohen Leistungsvorsprung eine natürliche Substitutionsbarriere besteht, die wiederum durch eine hohe Leistungsreserve länger aufrechterhalten werden kann. Ergo ist im

Fall eines geringen Leistungsvorsprungs und einer geringen Leistungsreserve das Substitutionsrisiko erhöht. Durch eine hohe Marktdynamik ist die allgemeine Entwicklungsdynamik und damit das Substitutionsrisiko erhöht. Dies gilt in ähnlicher Weise für die Wettbewerbsintensität, durch welche die Aktivität der Wettbewerber und damit die Entwicklungsdynamik beeinflusst wird. Die Entwicklungsdynamik wird weiterhin durch eine geringe Marktregulierung gefördert, da in diesem Fall die Geschwindigkeit und Freiheit der Entwicklung nicht eingeschränkt und damit die Wahrscheinlichkeit von Substituten erhöht wird.

Die verbliebenen Indikatoren *Markteintrittsbarrieren* und *Marktstruktur* haben aufgrund der vornehmlich indirekten Beziehung zu den Risikofaktoren den geringsten Einfluss auf das Substitutionsrisiko. Die Wirkrichtung der beiden Indikatoren ist dabei gegensätzlich. Während durch hohe Markteintrittsbarrieren der Eintritt neuer Wettbewerber als Anbieter möglicher Substitute erschwert wird, existieren in einem polypolistischen Markt mehr Wettbewerber, wodurch die Entwicklungsdynamik und damit das Substitutionsrisiko erhöht wird.

Auf Basis der vorangegangenen Erläuterungen wurden mithilfe des AHP (vgl.

Abbildung A-10) folgende Einflussstärken ermittelt: Reaktivität (21,6%), Konkurrenztechnologien (12,0%), Leistungsdifferenz (12,0%), Leistungsreserve (12,0%), Marktdynamik (12,0%), Marktregulierung (12,0%), Wettbewerbsintensität (12,0%), Markteintrittsbarrieren (3,2%) und Marktstruktur (3,2%).

4.4.2.4 Analyse der Auswirkungen und Zusammenhänge des Imitationsrisikos

Nachfolgend werden die Beziehungen zwischen den identifizierten Technologie- und Anwendungsindikatoren und den Risikofaktoren des Imitationsrisikos untersucht. Die Beziehungen sind in Abbildung 4-14 dargestellt.

Die *Schützbarkeit* einer Technologie ist der Indikator mit dem größten Einfluss auf das Imitationsrisiko, da sowohl der Risikofaktor Schutzrechtstatus als auch die Möglichkeiten zum Know-how Schutz durch diesen Indikator beeinflusst werden. So wird durch eine geringe Schützbarkeit ein nachteiliger Schutzrechtstatus als Ausdruck einer geringen rechtlichen Schützbarkeit impliziert. Weiterhin werden durch die Schützbarkeit ebenfalls technische Möglichkeiten zum Schutz des Know-hows und Senkung der Imitierbarkeit inkludiert. Folglich ist einer geringen Schützbarkeit eine risikotreibende Wirkung bezogen auf das Imitationsrisiko zuzuschreiben.

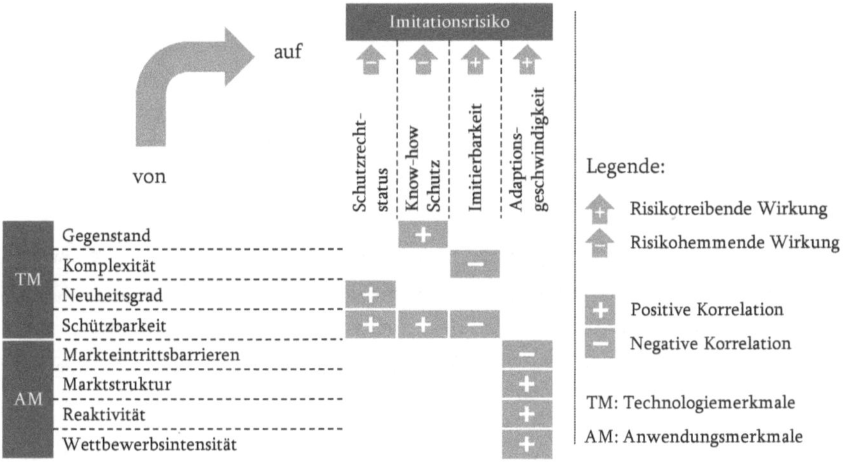

Abbildung 4-14: Indikation des Imitationsrisikos

Von geringerer Bedeutung sind die Indikatoren *Gegenstand*, *Komplexität*, *Reaktivität* und *Wettbewerbsintensität*, welche in Bezug zu jeweils einem Risikofaktor stehen. Da Prozesstechnologien dem Kunden nicht zugänglich gemacht werden, sind diese leichter zu schützen als Produkttechnologien, sodass in Abhängigkeit des Gegenstands eine risikohemmende Wirkung über den Risikofaktor Know-how Schutz besteht. Durch eine geringe Komplexität wird die Imitation erleichtert und damit das Imitationsrisiko erhöht. Einer hohen Reaktivität und Wettbewerbsintensität ist ebenfalls eine risikotreibende Wirkung zuzuschreiben, da durch beide Indikatoren eine hohe Adaptionsgeschwindigkeit aufgrund erhöhter Wettbewerbsaktivitäten begünstigt wird.

Der geringste Einfluss auf das Imitationsrisiko besteht hinsichtlich der Indikatoren *Neuheitsgrad*, *Markteintrittsbarrieren* und *Marktstruktur*. So ist im Fall geringer Neuheit von einem schlechteren Schutzrechtstatus auszugehen, da für weniger neue Technologien häufig bereits konkurrenzseitige Schutzrechte bestehen. Durch geringe Markteintrittsbarrieren wird die Adaptionsgeschwindigkeit etwas erhöht, da der Marktzugang für neue Wettbewerber und damit potenzielle zusätzliche Imitatoren erleichtert ist. Weiterhin ist die Adaptionsgeschwindigkeit für einen polypolistischen Markt etwas erhöht, da mehr Wettbewerber im Markt vorhanden sind, welche eine vorteilhafte Marktposition anstreben.

Die auf Basis dieser Erläuterungen mithilfe des AHP durchgeführte Gewichtung ist in Abbildung A-11 im Anhang dargestellt. Für die Schützbarkeit wurde eine Bedeutung von 37,0% für das Imitationsrisiko ermittelt. Die Gewichte der weniger bedeutenden Indikatoren Gegenstand, Komplexität, Reaktivität und Wettbewerbsintensität betragen jeweils 12,4%. Schließlich wurden für die Indikatoren Neuheitsgrad, Markteintrittsbarrieren und Marktstruktur mit der geringsten Bedeutung Einflussstärken von jeweils 4,6% ermittelt.

4.4.2.5 Analyse der Auswirkungen und Zusammenhänge des Finanzierungsrisikos

In diesem Abschnitt werden die Beziehungen zwischen den identifizierten Technologie- und Anwendungsindikatoren und dem Finanzierungsrisiko unter Zuhilfenahme der identifizierten Risikofaktoren aus Unterkapitel 4.4.1 untersucht. Die Beziehungen sind in Abbildung 4-15 zusammenfassend dargestellt.

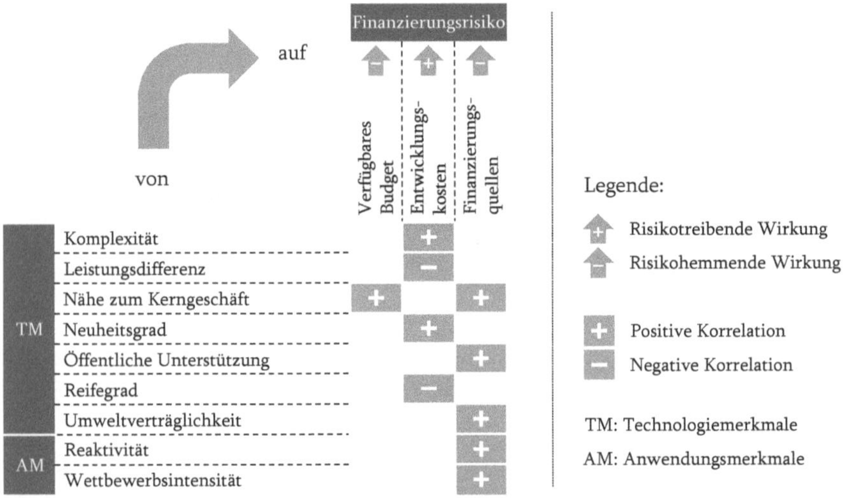

Abbildung 4-15: Indikation des Finanzierungsrisikos

Hinsichtlich der Einflussstärke auf das Finanzierungsrisiko ist lediglich zwischen dem Einfluss der *Nähe zum Kerngeschäft* und den übrigen Indikatoren zu differenzieren, da hier eine Beziehung zu den Risikofaktoren verfügbares Budget und Finanzierungsquellen besteht. Falls die Technologie eine hohe Ähnlichkeit zum Kerngeschäft aufweist, kann in der Regel auf etablierte Finanzierungsquellen zurückgegriffen werden, sodass tendenziell mehr Mittel zur Verfügung stehen und dadurch das Finanzierungsrisiko gesenkt wird. Weiterhin steht für Investitionen im Kerngeschäft oder nahe dem Kerngeschäft üblicherweise ein größeres Budget zur Verfügung [GOOG21, S. 5], wodurch das Finanzierungsrisiko ebenfalls gesenkt wird. Umgekehrt ist damit das Finanzierungsrisiko bei einer geringen Nähe zum Kerngeschäft erhöht.

Für die übrigen Indikatoren wurde jeweils ein einfacher Bezug zu einem der Risikofaktoren identifiziert, sodass aufgrund der Gleichrangigkeit der Faktoren (vgl. Abschnitt 4.4.1.5) keine weitere Differierung der Einflussstärke vorgenommen wird. Die Wirkung der Indikatoren wird nachfolgend in Bezug auf die Risikofaktoren erläutert. Die *Komplexität* ist allgemein als Kostentreiber anerkannt [EHRL20, S. 157] und führt zu einer Steigerung der Entwicklungskosten. Dies gilt ebenfalls für einen hohen *Neuheitsgrad*, sodass in beiden Fällen das Finanzierungsrisiko erhöht wird. Weiterhin ist im Fall einer negativen *Leistungsdifferenz* im Sinne eines Leistungsrückstands sowie eines geringen *Reifegrads* aufgrund höherer erforderlicher Entwicklungsleistung das Finanzierungsrisiko erhöht. Die verbliebenen Indikatoren *öffentliche Unterstützung*, *Umweltverträglichkeit*, *Marktvolumen* und das *Marktwachstum* haben einen Einfluss auf die verfügbaren Finanzierungsquellen. Im Fall einer geringen öffentlichen Unterstützung ist die Förderung von Entwicklungsvorhaben durch die öffentliche Hand unwahrscheinlich, sodass keine zusätzlichen Finanzierungsquellen verfügbar sind. Eine geringe Umweltverträglichkeit sowie ein geringes Marktvolumen und Marktwachstum führen zu einer geringeren Attraktivität des Entwicklungsvorhabens, sodass tendenziell weniger Kapitalgeber zur Verfügung stehen.

Auf Basis der Erläuterungen wurde mithilfe des AHP eine Gewichtung der Indikatoren vorgenommen (vgl. Abbildung A-12). Dabei wurde eine Einflussstärke von 32,8% für den Indikator Nähe zum Kerngeschäft und jeweils 8,4% für die übrigen Indikatoren ermittelt.

4.4.2.6 Analyse der Auswirkungen und Zusammenhänge des Marktrisikos

In diesem Abschnitt werden verschiedene Indikatoren hinsichtlich des Einflusses auf das Marktrisiko unter Zuhilfenahme der identifizierten Risikofaktoren aus Abschnitt 4.4.1.5 untersucht. Die Indikatoren und deren Beziehung zum Marktrisiko sind in Abbildung 4-16 dargestellt.

Der größte Einfluss auf das Marktrisiko ist aufgrund der Stärke und des Umfangs der Beziehungen der *Marktdynamik* und den *Markteintrittsbarrieren* zuzuschreiben. So ist die Marktdynamik mit dem Risikofaktor Marktvolatilität gleichzusetzen. Folglich führt eine hohe Marktdynamik zu einer hohen Marktvolatilität und damit zu einer Erhöhung des Marktrisikos. Weiterhin wird durch eine hohe Marktdynamik die Halbwertszeit der bestehenden Marktkenntnis infolge vielfältiger und umfassender Veränderungen erschwert und damit das Marktrisiko erhöht. Hohe Markteintrittsbarrieren führen hingegen zu einer Reduktion des Marktrisikos, da durch diese der Eintritt neuer Wettbewerber erschwert und damit die Wettbewerbsstärke sowie die Marktdynamik gesenkt werden.

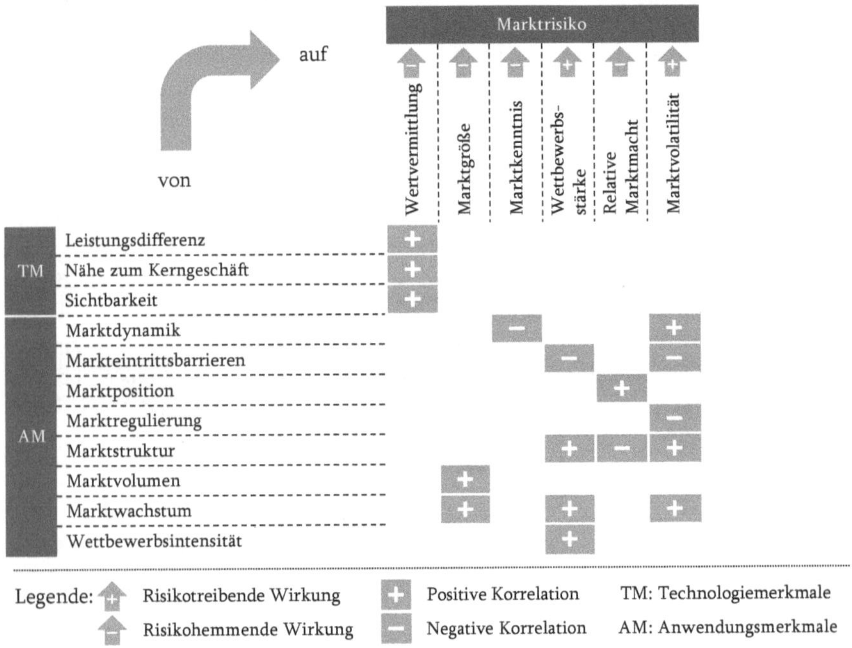

Abbildung 4-16: Indikation des Marktrisikos

Von etwas geringerer Bedeutung sind die Indikatoren *Leistungsdifferenz*, *Marktposition*, *Marktregulierung*, *Marktstruktur*, *Marktvolumen* und *Wettbewerbsintensität*, da für diese weniger oder weniger starke Beziehungen zu den Risikofaktoren vorliegen. Der Einfluss der Leistungsdifferenz auf das Marktrisiko beruht auf der erschwerten Wertvermittlung im Falle eines Leistungsrückstands. Die Marktposition ist als Synonym des Risikofaktors Marktmacht zu betrachten. Entsprechend resultiert aus einer schwachen Marktposition ein erhöhtes Marktrisiko. Gleiches gilt für das Marktvolumen und die Wettbewerbsintensität. So ist das Marktvolumen nahezu deckungsgleich mit der Marktgröße, sodass ein geringes Marktvolumen zu einem erhöhten Marktrisiko führt. Ebenso führt eine hohe Wettbewerbsstärke zu einem erhöhten Marktrisiko. Der Einfluss der Marktregulierung beruht auf einer reduzierten Marktdynamik im Fall einer hohen Regulierung [BEA17, S. 111]. Umgekehrt ist das Marktrisiko im Fall einer geringen Marktregulierung tendenziell erhöht. Als letzter Indikator wird die Marktstruktur erläutert, welche einen indirekten Einfluss auf die Risikofaktoren Wettbewerbsstärke, die Marktmacht und die Marktvolatilität hat. So ist im Fall eines polypolistischen Marktes die Wettbewerbsstärke aufgrund einer größeren Anzahl an Wettbewerbern tendenziell erhöht, während die Marktmacht jedes einzelnen Unternehmens etwas schwächer ist und die Marktvolatilität erhöht wird. Daher führt eine polypolistische Marktstruktur zu einer Zunahme des Marktrisikos.

Der geringste Einfluss auf das Marktrisiko ist den Indikatoren *Nähe zum Kerngeschäft*, *Sichtbarkeit* sowie das *Marktwachstum* zuzusprechen, da der Einfluss auf die Risikofaktoren gering bzw. im Falle des Marktwachstums teilweise gegensätzlich ist. Dieser Gegensatz beruht auf der positiven Wirkung eines hohen Marktwachstums auf die Marktgröße, während gleichzeitig die Wettbewerbsstärke und die Marktvolatilität infolge einer erhöhten Marktattraktivität zunehmen. Da zwischen den Risikofaktoren eine Gleichrangigkeit besteht, wird dem Marktwachstum in Summe eine, wenn auch geringe, risikotreibende Wirkung zugeschrieben. Ebenso wird im Fall einer geringen Nähe zum Kerngeschäft das Marktrisiko erhöht, da die Wertvermittlung aufgrund der geringen Eignung bestehender Vertriebsmöglichkeiten tendenziell erschwert ist. Weiterhin wird die Wertvermittlung durch eine geringe Sichtbarkeit erschwert, sodass in diesem Fall das Marktrisiko erhöht ist.

Mithilfe des AHP wurde auf Basis der vorangegangenen Erläuterungen eine Gewichtung der Einflussstärke vorgenommen. Als Ergebnis wurden folgende Einflussstärken ermittelt (Abbildung A-13): Leistungsdifferenz (9,6%), Nähe zum Kerngeschäft (2,6%), Sichtbarkeit (2,6%), Marktdynamik (17,3%), Markteintrittsbarrieren (17,3%), Marktposition (9,6%), Marktregulierung (9,6%), Marktstruktur (9,6%), Marktvolumen (2,6%), Marktwachstum und Wettbewerbsintensität (9,6%).

4.4.2.7 Analyse der Auswirkungen und Zusammenhänge des Zulassungsrisikos

Nachfolgend werden die Beziehungen zwischen den identifizierten Technologie- und Anwendungsindikatoren und dem Zulassungsrisiko unter Zuhilfenahme der identifizierten Risikofaktoren aus Unterkapitel 4.4.1 untersucht. Die Beziehungen sind in Abbildung 4-17 zusammenfassend dargestellt.

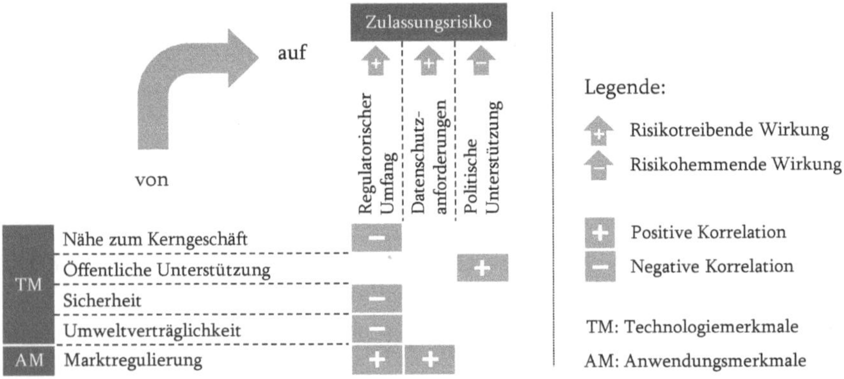

Abbildung 4-17: Indikation des Zulassungsrisikos

Von höchster Bedeutung für die Beurteilung des Zulassungsrisikos ist der Indikator *Marktregulierung*, da durch diesen Indikator sowohl der Risikofaktor regulatorischer Umfang als auch die Datenschutzanforderungen adressiert werden. Die Marktregulierung (Unterkapitel 4.2.1) und der regulatorische Umfang (Unterkapitel 4.4.1) können entsprechend den vorangegangenen Definitionen synonym verstanden werden, sodass ein eindeutiger Bezug besteht. Weiterhin betrifft die Marktregulierung zu einem signifikanten Anteil diverse Aspekte der Datenschutzanforderungen, sodass hier ebenfalls eine Wirkbeziehung besteht. Sowohl die Datenschutzanforderungen als auch der regulatorische Umfang und damit letztlich das Zulassungsrisiko werden durch eine starke Marktregulierung erhöht.

Im Gegensatz zur Marktregulierung wird durch die übrigen Indikatoren jeweils nur ein Risikofaktor adressiert, sodass eine geringere Einflussstärke besteht. Zwischen den verbliebenen Indikatoren *Nähe zum Kerngeschäft*, *öffentliche Unterstützung*, *Sicherheit* und *Umweltverträglichkeit* ist kein Bedeutungsunterschied festzustellen. Daher wird hinsichtlich der Wirkstärke keine Differenzierung vorgenommen. Durch eine geringe Nähe zum Kerngeschäft sowie eine geringe Sicherheit der Technologie wird der regulatorische Umfang und damit das Zulassungsrisiko erhöht. Zum einen sind im Fall einer geringen Nähe zum Kerngeschäft die regulatorischen Hürden tendenziell unbekannt und damit weniger leicht zu adressieren. Zum anderen sind sicherheitsrelevante Aspekte ein zentraler Bestandteil von Regularien, welche schwerer erfüllt werden können, sofern eine geringe Technologiesicherheit gegeben ist. Gleiches gilt für die Umweltverträglichkeit, welche ebenfalls regulatorisch adressiert wird, sodass durch eine geringe Umweltverträglichkeit die Erfüllung der Regularien erschwert und das Zulassungsrisiko erhöht wird. Durch den letzten Indikator, die öffentliche Unterstützung, wird neben der Unterstützung durch die breite Öffentlichkeit ebenfalls die politische Unterstützung adressiert. Wenn diese in ausreichendem Maß vorhanden ist, besteht die Möglichkeit, dass Vorschriften und Regularien gelockert werden, um eine schnellere und einfachere Zulassung zu ermöglichen. Ist das öffentliche Interesse jedoch nicht gegeben, ist ebenfalls die politische Unterstützung gering und damit das Zulassungsrisiko erhöht.

Auf Basis dieser Erläuterungen wurde mithilfe des AHP eine Gewichtung der Indikatoren bezogen auf das Zulassungsrisiko vorgenommen. Die Vergleichsmatrix als Ausgangsbasis der Gewichtung ist in Abbildung A-14 im Anhang dargestellt. Mithilfe des AHP wurde für die Marktregulierung eine Gewichtung von 55,6% sowie jeweils 11,1% für die übrigen Indikatoren ermittelt.

4.4.2.8 Analyse der Auswirkungen und Zusammenhänge des Rechtsrisikos

In diesem Abschnitt wird der Einfluss der identifizierten Anwendungs- und Technologieindikatoren auf das Rechtsrisiko erläutert. Die in diesem Kontext relevanten Indikatoren sind in Abbildung 4-18 mit den jeweiligen Wirkbeziehungen dargestellt.

Der größte Einfluss auf das Rechtsrisiko ist dem *Neuheitsgrad* und der *Marktregulierung* zuzuschreiben, da ein deutlicher Einfluss auf jeden Risikofaktor des Rechtsrisikos besteht. So sind bei Technologien von hoher Neuheit die rechtlichen Rahmenbedingungen im Allgemeinen und Haftungsregeln im Speziellen für deren Einsatz oft noch unklar. Weiterhin besteht noch kein Branchenstandard, an dem sich Unternehmen orientieren können und der im Falle eines Rechtsstreits als Referenz herangezogen werden kann. Somit folgt aus einem hohen Neuheitsgrad insgesamt ein erhöhtes Rechtsrisiko.

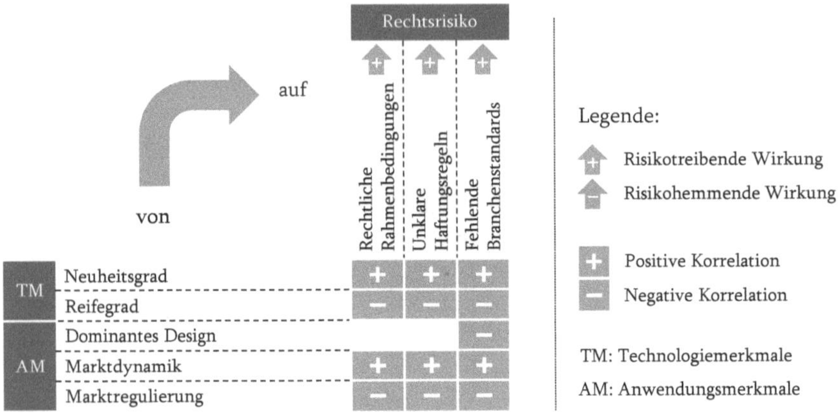

Abbildung 4-18: Indikation des Rechtsrisikos

Dem entgegen wird die rechtliche Unsicherheit und damit das Rechtsrisiko durch eine starke *Marktregulierung* gemindert. Diese geht mit umfassenden rechtlichen Rahmenbedungen einher. Weiterhin besteht durch eine hohe Marktregulierung ein positiver Einfluss auf die Haftungsregeln, welche ebenfalls durch Regulierungen abgedeckt werden. Zudem werden im Rahmen einer starken Regulierung Branchenstandards festgeschrieben oder sind aus der Regulierung ableitbar.

Von geringerer Bedeutung sind die Indikatoren *Reifegrad*, *dominantes Design* und *Marktdynamik*, da diese nur in Bezug zu einem Risikofaktor stehen, bzw. im Fall des Reifegrads und der Marktdynamik der Einfluss weniger stark ausgeprägt ist als bei dem Neuheitsgrad und der Marktregulierung. Ein dominantes Design kann als Synonym für den Branchenstandard verstanden werden. Somit ist das Rechtsrisiko erhöht, falls kein dominantes Design vorliegt. Ein hoher technologischer Reifegrad ist mit einer zumindest teilweisen praktischen Etablierung gleichzusetzen, sodass Branchenstandards tendenziell existieren und allgemeine Rechts- und Haftungsfragen geklärt sind. Der geringere Einfluss des Indikators im Vergleich zum Neuheitsgrad ist der Tatsache geschuldet, dass der Reifegrad generisch bewertet wird, während der Neuheitsgrad als anwendungsbezogene Größe eine höhere Aussagekraft hat. Der Wirkung des Reifegrads entgegengesetzt folgt aus einer hohen Marktdynamik eine kontinuierliche und unvorhersehbare Änderung des Umfelds, sodass die Halbwertszeit von rechtlichen Rahmenbedingungen und Haftungsregeln reduziert ist und Branchenstandards nicht oder nur für kurze Zeit etabliert werden können.

Auf Basis der aufgeführten Erläuterungen wurde mithilfe des AHP eine Gewichtung für die einzelnen Indikatoren bezogen auf das Rechtsrisiko entwickelt. Die Vergleichsmatrix als Basis für die Gewichtung ist in Abbildung A-15 im Anhang dargestellt. Für die Indikatoren Neuheitsgrad und Marktregulierung wurde eine Einflussstärke von jeweils 36,2% errechnet, während für die übrigen Indikatoren eine Bedeutung von 9,2% ermittelt wurde.

4.4.2.9 Analyse der Auswirkungen und Zusammenhänge des Akzeptanzrisikos

Nachfolgend werden die Beziehungen zwischen den identifizierten Technologie- und Anwendungsindikatoren und den Risikofaktoren des Akzeptanzrisikos bezogen auf die marktseitige Technologieakzeptanz untersucht. Die Beziehungen sind in Abbildung 4-19 dargestellt.

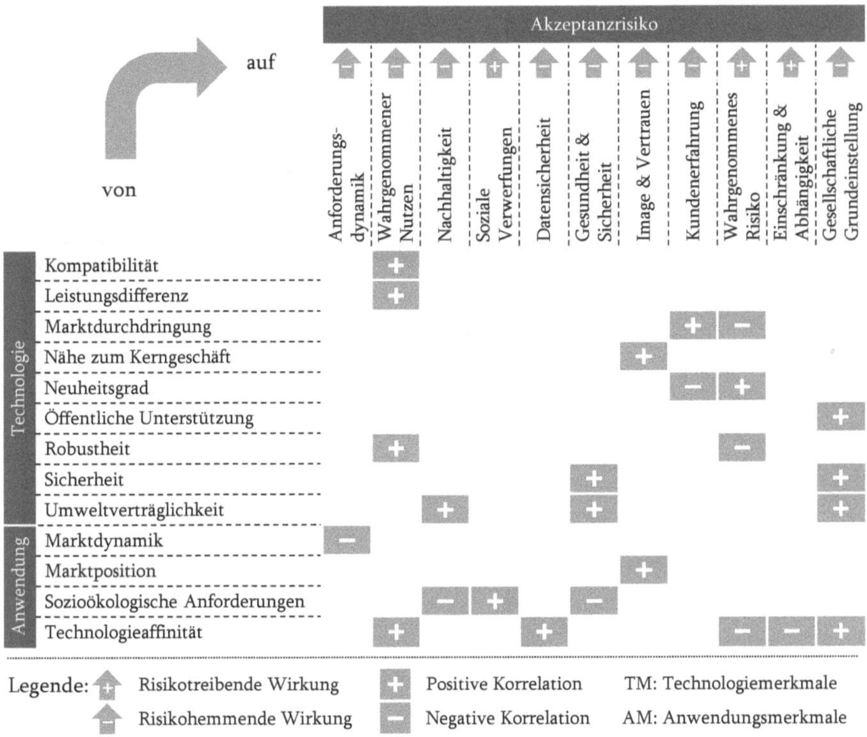

Abbildung 4-19: Indikation des Akzeptanzrisikos

Der Indikator mit der größten Bedeutung für das Akzeptanzrisiko ist die vorherrschende *Technologieaffinität* der Kunden im jeweiligen Anwendungsbereich, da durch diese das Akzeptanzrisiko in vielfältiger Weise beeinflusst wird. So wird durch eine hohe Technologieaffinität die gesellschaftliche Grundeinstellung gegenüber neuen Technologien sowie deren wahrgenommener Nutzen positiv beeinflusst. Weiterhin werden Technologien weniger kritisch beurteilt, sondern genießen stattdessen gewissermaßen einen Vertrauensvorschuss, sodass das wahrgenommene Risiko geringer ist, während Einschränkungen durch die Technologie und die Datensicherheit weniger kritisch beurteilt werden.

Von etwas geringerer Bedeutung ist der Indikator *Umweltverträglichkeit* der Technologie, da weniger, aber dennoch starke Wirkbeziehungen zu den Risikofaktoren bestehen. So werden im Falle einer geringen Umweltverträglichkeit die Risikofaktoren Nachhaltigkeit, Gesundheit und Sicherheit sowie die gesellschaftliche Grundeinstellung negativ beeinflusst und damit das Akzeptanzrisiko erhöht. Diese Wirkung entspricht dem zunehmenden Bedeutungsgewinn der Umweltverträglichkeit im öffentlichen, wirtschaftlichen und politischen Umfeld.

Der Einfluss der Indikatoren *Marktdurchdringung*, *Neuheitsgrad*, *Robustheit* und *Sicherheit* ist geringer einzuschätzen als der Einfluss der bereits erläuterten Indikatoren. Eine geringe Marktdurchdringung führt zu einer Zunahme des Akzeptanzrisikos, da bei möglichen Kunden noch keine Erfahrungen mit der Technologie vorliegen und damit das wahrgenommene Risiko erhöht ist. Ähnlich ist ein hoher Neuheitsgrad zu beurteilen, welcher mit weniger stark ausgeprägten Erfahrungen und einem erhöhten wahrgenommenen Risiko einhergeht. Durch eine hohe Sicherheit wird das Akzeptanzrisiko hingegen reduziert, da diese mit einer positiven gesellschaftlichen Grundeinstellung und einer höheren wahrgenommenen Sicherheit einhergeht. Weiterhin ist die Robustheit eine Grundanforderung, welche an jegliche Technologie gestellt wird und im Falle der Nichterfüllung zu einem geringen wahrgenommenen Nutzen führt. Zudem werden unzuverlässige Technologien als risikoreich empfunden, sodass das wahrgenommene Risiko erhöht wird.

Von vergleichsweise untergeordneter Bedeutung für das Akzeptanzrisiko sind die Indikatoren *Leistungsdifferenz*, *öffentliche Unterstützung*, *Marktdynamik*, *Marktposition* und *sozioökologische Anforderungen*. Die Bedeutung der Leistungsdifferenz beruht auf der positiven Wirkung eines Leistungsvorsprungs auf den wahrgenommenen Nutzen, während ein Leistungsrückstand als negativ wahrgenommen wird und zu einer Erhöhung des Akzeptanzrisikos führt. Der Einfluss der Marktdynamik basiert auf der Korrelation zur Anforderungsdynamik, da wechselnde Kundenforderungen ebenfalls ein Kennzeichen hoher Marktdynamik sind. Der Einfluss der Marktposition ist auf ein reduziertes Vertrauen im Falle einer schwachen Marktposition zurückzuführen, während eine geringe öffentliche Unterstützung zu einer negativen gesellschaftlichen Grundeinstellung und damit Erhöhung des Akzeptanzrisikos führt. Weiterhin sind im Falle hoher sozioökologischer Anforderungen die Umweltschutzansprüche sowie Anforderungen an die Gesundheits- und Sozialverträglichkeit erhöht, sodass diese Aspekte schwerer zu erfüllen sind und das Akzeptanzrisiko steigt.

Als letztes sind die Indikatoren *Kompatibilität* und die *Nähe zum Kerngeschäft* zu nennen, welchen aufgrund der einfachen Wirkung auf jeweils einen Risikofaktor die geringste Bedeutung in Bezug auf das Akzeptanzrisiko zukommt. So besteht der Einfluss der Kompatibilität einzig über den wahrgenommenen Nutzen, welcher durch eine geringe Kompatibilität reduziert wird und folglich das Akzeptanzrisiko zunimmt. Der Einfluss der Nähe zum Kerngeschäft beruht auf der Relation zum Image und Vertrauen, welches im Fall einer geringen Nähe zum Kerngeschäft aufgrund fehlender Kundenassoziationen reduziert ist, wodurch das Akzeptanzrisiko gemindert wird.

Auf Basis der vorangegangenen Erläuterungen wurde mithilfe des AHP eine prozentuale Gewichtung ermittelt. Diese ist in Abbildung A-16 im Anhang dargestellt. Das höchste Gewicht wurde für den Indikator der Technologieaffinität mit einer Höhe von 21,3%, gefolgt von der Umweltverträglichkeit mit 14,4% ermittelt. Die Indikatoren Marktdurchdringung, Neuheitsgrad, Robustheit sowie Sicherheit haben entsprechend der Berechnung eine Einflussstärke von 8,7%. Für die Leistungsdifferenz, die öffentliche Unterstützung, die Marktdynamik, die Marktposition und die sozioökologischen Anforderungen wurde jeweils eine Bedeutung von 4,8% ermittelt. Den geringsten Einfluss in Höhe von 2,8% haben die Indikatoren Kompatibilität und die Nähe zum Kerngeschäft.

4.4.3 Zwischenfazit zur Risikobewertung

In diesem Teilkapitel wurden die Wirkbeziehungen zwischen den Indikatoren des Technologie- und Anwendungsmodells sowie den Risiken bezogen auf die Entwicklung, Umsetzung und Markteinführung neuer Technologien analysiert. Hierzu wurden zunächst in Unterkapitel 4.4.1 relevante Risiken strukturiert. Auf Basis einer umfassenden systematischen Literaturrecherche wurden initial 1.043 mögliche Risikofaktoren identifiziert und durch eine anschließende systematische Analyse und Synthese auf 49 besonders relevante Faktoren reduziert. Wie bereits erwähnt, gehen die durchgeführten Stufen der Analyse und Synthese zwangsläufig mit einem Informationsverlust einher. Demgegenüber stehen eine signifikante Komplexitätsreduktion und Erhöhung der Handhabbarkeit. Weiterhin ist eine Konsolidierung im Sinne der Eliminierung von Synonymen und inhaltlichen Redundanzen zwingend erforderlich, um eine Verfälschung der Bewertungsergebnisse zu vermeiden. Vor diesem Hintergrund wird der zwangsläufige Informationsverlust im Vergleich zum gewonnenen Nutzen als akzeptabel betrachtet. Dieses Abwägen zwischen den Zielgrößen steht zudem im Einklang mit den systemtheoretischen Grundlagen der vorliegenden Dissertation und wird nach PATZAK sogar gefordert, da nicht alle formalen Anforderungen gleichzeitig adressiert werden können. Die Risikofaktoren wurden abschließend zu Teilrisiken aggregiert, um die Handhabbarkeit für die spätere Bewertung zu erhöhen.

Im darauffolgenden Unterkapitel 4.4.2 wurden die Zusammenhänge zwischen den Technologie- und Anwendungsindikatoren und den Teilrisiken über die zuvor identifizierten Risikofaktoren ermittelt. Aufgrund der unterschiedlichen Stärke der Beziehung wurde eine Gewichtung der Indikatoren je Teilrisiko vorgenommen. Hierzu wurde die Methode des AHP verwendet, da durch diese eine systematische Gewichtung ermöglicht und deren Konsistenz zusätzlich mathematisch überprüft werden kann. Andere Verfahren, welche auf der empirischen oder simulativen Analyse von Datensätzen basieren, konnten, aufgrund der fehlenden und nicht realisierbaren Datengrundlage, nicht genutzt werden. Die auf diese Weise erzielte Quantifizierung der Wirkbeziehung ist insbesondere in Anbetracht der späteren Risikobewertung erforderlich. Die Wirkbeziehungen und Einflussstärken zwischen den Technologie- und Anwendungsindikatoren wurden sachlogisch unter Berücksichtigung des aktuellen Erkenntnisstandes in der wissenschaftlichen Literatur ermittelt. Daher sind die Wirkbeziehung und Einflussstärken im Fall signifikanter Änderungen des Erkenntnisstandes unter Verwendung der dargestellten Vorgehensweise bedarfsorientiert zu adaptieren. Die Beziehungen und deren Quantifizierung werden im nachfolgenden Teilkapitel als Grundlage für die Risikobewertung im Rahmen der Gesamtmethodik verwendet.

4.5 Gestaltung der potenzial- und risikobasierten Technologiebewertung

In diesem Teilkapitel wird unter Berücksichtigung der Ergebnisse aus den vorangegangenen Teilkapiteln eine systematische Vorgehensweise für die potenzial- und risikobasierte Technologiebewertung entwickelt. Aus modelltheoretischer Sicht handelt es sich bei diesem Teilmodell um ein Gestaltungsmodell. Nach LEHNER ET AL. besteht die

Zielsetzung eines Gestaltungsmodells in der praktischen Unterstützung von Entscheidungsträgern bei der Auswahl eines Optimums aus vorliegenden Alternativen in Abhängigkeit des angestrebten Ziels [LEHN08, S. 31 f.]. Im Fall der vorliegenden Dissertation besteht dieses Ziel in der Unterstützung einer systematischen Erstauswahl von Technologien zur Sicherung des langfristigen Unternehmenserfolgs. Hierzu wird in Unterkapitel 4.5.1 zunächst eine geeignete Visualisierung gewählt, durch welche der Nutzer der Methodik entsprechend der beschriebenen Zielsetzung bestmöglich unterstützt wird. Weiterhin sind in Gestaltungsmodellen sämtliche Einflussgrößen, die zur Lösung der Problemstellung respektive zur Entscheidungsfindung erforderlich sind, zu subsumieren [LEHN08, S. 31]. Zu diesem Zweck werden in Unterkapitel 4.5.2 die Indikatoren zur Technologiecharakterisierung und Beschreibung des Anwendungskontextes in quantifizierbare Inputgrößen der Methodik überführt. Abschließend erfolgt in den Unterkapiteln 4.5.3 und 4.5.4 die Herleitung einer geeigneten Berechnungsvorschrift für die Potenzial- und Risikobewertung auf Basis der in den Teilkapiteln 4.3 und 4.4 identifizierten Ursache-Wirkungsbeziehungen. In diesen Kapiteln wird ebenfalls die Vorgehensweise zur Ermittlung des Potenzials und Risikos von Technologien erläutert.

4.5.1 Gestaltung einer zielgerichteten Visualisierung für die Methodik

In diesem Unterkapitel wird eine zielgerichtete Visualisierungsform für die potenzial- und risikobasierte Technologiebewertung vor dem Hintergrund der zugrundeliegenden Entscheidungssituationen im Unternehmen entwickelt. Nach KOSSLYN ist die Wahl einer geeigneten Visualisierung auf Basis der darzustellenden Informationen, der angestrebten Aussagen sowie des Nutzungskontextes zu treffen [KOSS06, S. 30]. Diese werden nachfolgend in die Gestaltung der Ergebnisdarstellung der Methodik einbezogen und dienen als Lösungsraum für die Gestaltung.

Wie bereits erläutert, besteht die Zielsetzung der zu entwickelnden Methodik darin, den Anwender bei der Auswahl neuer Technologien zur Sicherung des langfristigen Unternehmenserfolgs zu unterstützen. In diesem Kontext wurde bereits in Unterkapitel 3.1.1 das Erfordernis einer relativen Vergleichbarkeit erläutert. Weiterhin wurde die simultane Darstellung möglicher Risiken bezogen auf die Erreichbarkeit der Potenziale gefordert, um eine ganzheitliche Entscheidung zu ermöglichen. Beide Größen sind somit durch die Methodik dieser Arbeit in Verbindung zu setzen. Die Forderung der relativen Vergleichbarkeit der Technologien wurde zudem hinsichtlich einer quantitativen Vergleichbarkeit expliziert, um die Aussagekraft im Vergleich zu einer rein qualitativen Bewertung zu erhöhen.

Da keine allgemein zu bevorzugende Darstellungsform existiert, muss diese in Abhängigkeit der Zielsetzung ausgewählt werden [HEGA11, S. 462]. Für die Darstellung von Informationen existieren diverse Alternativen, welche allgemein in die drei Kategorien ikonische, relationale und komplexe Darstellungen unterschieden werden können. Durch *ikonische Darstellungen* werden Objekte, die selbst visuelle räumliche Einheiten sind, wie z. B. Straßenkarten, repräsentiert. Mithilfe von *relationalen Darstellungen* werden hingegen abstrakte Beziehungen zwischen Elementen, die keine räumliche Ausdehnung haben, wie bspw. die Beziehung zwischen zwei Variablen, dargestellt. *Komplexe Darstellungen* werden für die Visualisierung hoch komplexer Informationen wie der Konstruktion einer Maschine mit verschiedenen orthografischen Projektionen und Schnitten verwendet und sind meist interaktiv oder animiert gestaltet. [HEGA11, S. 448 f.] Da im Rahmen der Methodik die beiden Größen Potenzial und Risiko für unterschiedliche Technologien relativ zueinander dargestellt werden sollen, werden nachfolgend unterschiedliche Varianten relationaler Darstellungsformen näher untersucht.

Allgemein existieren verschiedene Prinzipien, die bei der Gestaltung und Visualisierung von Informationen zu berücksichtigen sind (für eine detaillierte Übersicht vgl. [HEGA11, S. 463]). Es ist jedoch weder notwendig noch zielführend, alle Prinzipien in gleichem Maße zu berücksichtigen. Vielmehr gilt es, eine bedarfsorientierte Auswahl zu treffen. [KOSS06, S. 6] KOSSLYN unterscheidet allgemein acht Gestaltungsprinzipien (vgl. [KOSS06, S. 261 – 264]). Durch einige dieser Prinzipien wird primär die grafische Gestaltung einzelner Elemente oder Animationen innerhalb einer Darstellung adressiert. Diese werden bei den nachfolgenden Überlegungen nicht berücksichtigt, da der Fokus vornehmlich auf der Detaillierung und Optimierung bereits grundsätzlich konzeptionierter Darstellungen besteht. Demgegenüber sind die Prinzipien der Relevanz, der angemessenen Kenntnis und der Kapazitätsbeschränkung als Gestaltungshilfen für die grundsätzliche Konzeption der Visualisierung von Informationen zu betrachten und daher im Rahmen der vorliegenden Dissertation von besonderer Relevanz. Nach dem *Relevanzprinzip* sind nicht mehr und nicht weniger als alle erforderlichen Informationen, die für eine effektive Kommunikation benötigt werden, darzustellen [KOSS06, S. 261]. Entsprechend dem *Prinzip der angemessenen Kenntnis* sollten bei der Darstellung adressatengerechte Konzepte verwendet werden [KOSS06, S. 261]. Weiterhin sind nach dem *Prinzip der Kapazitätsbeschränkung* so wenig Informationen wie möglich zu verwenden, um eine schnelle Erfassung und Verarbeitung der Informationen zu ermöglichen [KOSS06, S. 264].

Das Mindestmaß an relevanten Informationen wurde bereits zu Beginn des Unterkapitels im Sinne der relativen Differenzierung zwischen dem unternehmensspezifischen Potenzial und Risiko verschiedener Technologien definiert. Entsprechend der subjektbezogenen Eingrenzung aus Unterkapitel 2.4.3 sind Entscheidungsträger auf der Ebene des strategischen Managements als Adressaten im Rahmen der vorliegenden Dissertation zu betrachten. Um der Forderung der adressatengerechten Darstellung Rechnung zu tragen, werden daher nachfolgend Darstellungsalternativen des strategischen Managements aufgezeigt und hinsichtlich der Adaptierbarkeit für die vorliegende Methodik analysiert. Die im Rahmen des strategischen Managements verwendeten Visualisierungsformen können nach EPPLER UND PLATTS in Abhängigkeit des Verwendungszwecks entlang der vier generischen Phasen des Strategieprozesses – *Analyse*, *Entwicklung*, *Planung* und *Implementierung* – strukturiert werden (vgl. [EPPL09, S. 43]).

Phase	**Analyse**	**Entwicklung**	**Planung**	**Implementierung**
Zielsetzung	Organisation, Strukturierung und Synthese von Informationen	Mustererkennung, Verständnisaufbau und Options-identifikation	Chronologische Organisation von Aufgaben, Zielen und Maßnahmen	Erfassung und Aggregation von Informationen zur Statusprüfung

Abbildung 4-20: Generische Phasen des Strategieprozesses i. A. a. EPPLER UND PLATTS [EPPL09, S. 48]

Mit der im Rahmen der vorliegenden Dissertation entwickelten Methodik wird die Zielstellung verfolgt, relevante Informationen für die Unterstützung der initialen Technologieauswahl zu strukturieren und zu synthetisieren. Entsprechend dieser Zielsetzung ist die Methodik der Analysephase im Strategieprozess zuzuordnen, welche der Organisation, Strukturierung und Synthese von Informationen dient [EPPL09, S. 48]. Daher sind in dieser Phase verwendete Instrumente und Visualisierungsmethoden als Ausgangspunkt für die Gestaltung der potenzial- und risikobasierten Technologiebewertung von besonderer Relevanz. In dieser Phase werden als allgemeine Darstellungsformen primär *Balken-* und *Liniendiagramme*, *Kausalitätskreisdiagramme* und *Positionierungsmatrizen* sowie aufgabenspezifische Darstellungsformen wie das *Fünf-Kräfte-Modell*, das *S-Kurvendiagramm* oder *Produkt-Markt-Diagramme* verwendet [EPPL09, S. 48]. Die spezifischen Darstellungsformen werden nicht näher untersucht, da es sich hierbei lediglich um adaptierte Versionen der generischen Darstellungsformen handelt. Daher werden nachfolgend Balken- und Liniendiagramme, Kausalitätskreisdiagramme und Positionierungsmatrizen hinsichtlich ihrer Eignung für die vorliegende Methodik näher untersucht. Diese sind zur besseren Vergleichbarkeit in Abbildung 4-21 schematisch dargestellt.

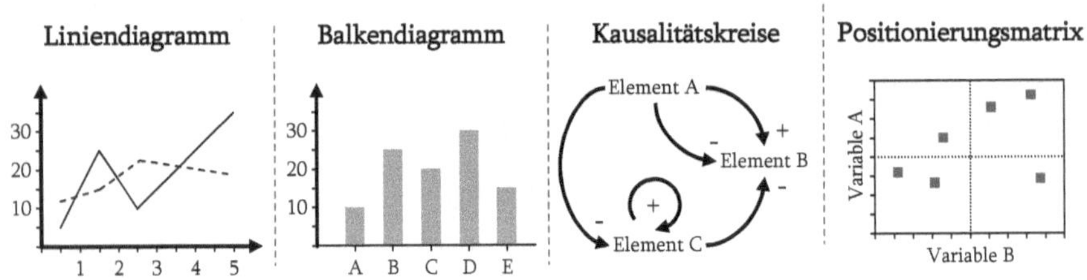

Abbildung 4-21: Darstellungsalternativen zur Ergebnisvisualisierung

Liniendiagramme sind insbesondere für die Darstellung von zeitlichen Verläufen von Variablen geeignet, bspw. wenn die Abszisse eine Intervallskala fortlaufender Werte ist [KOSS06, S. 48 f.]. *Balkendiagramme* werden hingegen für die Darstellung von Punktwerten verwendet, wenn mehr als zwei Wertepaare darzustellen und diese nicht auf einer kontinuierlichen Skala zuzuordnen sind [KOSS06, S. 51 – 53]. *Kausalitätskreis-Diagramme* werden für die Visualisierung von Ursache-Wirkungsbeziehungen verwendet und im betriebswirtschaftlichen Kontext zur Ursachenanalyse und Identifikation von Rückkoppelungen eingesetzt [STER09, S. 137]. *Positioniermatrizen* werden hingegen zur Entscheidungsfindung verwendet, indem typischerweise zwei Variablen in Beziehung gesetzt werden. Die Zielsetzung der vorliegenden Methodik besteht in der Unterstützung der Technologieauswahl auf Basis der möglichen Potenziale und Risiken von Technologien. Im Rahmen der Methodik sind somit zwei Größen in Beziehung zueinander zu setzen. Damit sind Linien- oder Balkendiagramme zur Visualisierung ungeeignet. Weiterhin ist die Unterstützung der Technologieauswahl eine Form der Entscheidungsunterstützung. Obgleich dem Potenzial und Risiko jeweils Ursache-Wirkungsbeziehungen zugrunde liegen, sind die auf Basis der Wirkbeziehungen ermittelten Größen für die Auswahl entscheidend. Daher sind Positioniermatrizen im besonderen Maße als Visualisierungsform für die vorliegende Methodik geeignet und werden nachfolgend zur Verwendung im Rahmen der vorliegenden Dissertation konkretisiert.

Die Kernelemente einer Positionsmatrix sind die zwei Positionsvariablen, welche über die Abszisse und Ordinate dargestellt werden, sowie die Segmente der Matrix, welche üblicherweise für die Ableitung von Handlungsstrategien verwendet werden [PFEI91, S. 80]. Die beiden zentralen Größen bei der vorliegenden Technologiebewertung und damit die Positionsvariablen der Matrix sind das unternehmensspezifische Potenzial sowie das Risiko von Technologien. Da sowohl das Potenzial als auch das Risiko strukturiert in mehreren Potenzialdimensionen bzw. Teilrisiken vorliegen, müssen diese zu einem Gesamtpotenzial bzw. -risiko aggregiert werden. Diese Aggregation muss im Einklang mit der strategischen Zielsetzung des Unternehmens erfolgen, da sowohl die Bedeutung der Potenzialdimensionen als auch der Teilrisiken von unternehmensspezifischen Rahmenbedingungen und Zielen abhängig sind. Da eine Aggregation stets mit einem Informationsverlust einhergeht, gilt es, den Nutzen der aggregierten Form gegenüber dem Informationsverlust hinsichtlich der Zusammensetzung des Potenzials und Risikos abzuwägen. Entsprechend den zuvor erläuterten Prinzipien der Kapazitätsbeschränkung und Relevanz sind so viele Informationen wie nötig, aber so wenige wie möglich für die verfolgte Zielstellung darzustellen. Da für eine effiziente Priorisierung der Technologiealternativen die Vergleichbarkeit der Summe der Potenziale und Risiken von zentraler Bedeutung ist, steht die Aggregation nicht im Widerspruch zur Zielsetzung der Methodik.

Weiterhin sind die Segmente der Positionierungsmatrix zu definieren. Für die Gestaltung und Untergliederung der Matrix in Segmente existieren keine dezidierten Regeln. Nichtsdestotrotz wird unter Berücksichtigung der zuvor genannten Prinzipien eine möglichst geringe, jedoch nach wie vor aussagekräftige Menge an Segmenten angestrebt. Für die Strukturierung werden nach dem Prinzip des angemessenen Kenntnisstandes bestehende Darstellungen zur Orientierung verwendet. Bekannte Vertreter sind die 4-Felder-Matrix der BCG, die 9-Felder-Matrix von McKinsey sowie die 20-Felder-Matrix von Athur D. Little [LIPP20, S. 123]. Entsprechend der bereits in Unterkapitel 4.3.1 erläuterten Millerschen Zahl ist die menschliche Fähigkeit zur gleichzeitigen Informationsverarbeitung auf sieben plus/minus zwei Informationseinheiten begrenzt. Daher wird eine Strukturierung in mehr als neun Segmente im Rahmen der vorliegenden Dissertation als nicht zielführend erachtet. Während eine 4-Felder-Matrix sehr übersichtlich in der Struktur ist, wird durch die Verwendung einer 9-Felder-Matrix eine stärkere Detaillierung der Handlungsempfehlungen ermöglicht [PFEI91, S. 80]. Nachfolgend wird der Detaillierung der Vorzug gegeben und eine Strukturierung in neun Segmente vorgenommen, welche zudem gängigen Strukturierungen in anerkannten, bestehenden Portfolioanasätzen für die Technologiebewertung entspricht (für eine Übersicht vgl. [HAAG11, S. 331 – 337]). Diese Portfolioansätze werden ebenfalls als Orientierungsgrößen bei der Definition der Handlungsempfehlungen der Segmente genutzt. Die am weitesten verbreiteten Portfolioansätze zur Technologiebewertung sind das Technologieportfolio nach PFEIFFER ET AL. sowie die Portfolios der Beratungsgesellschaften Arthur D. Little und McKinsey [HAAG11, S. 331]. Diese sind in Abbildung 4-22 dargestellt und werden nach dem Prinzip der angemessenen Kenntnis im Folgenden für die Definition der Handlungsempfehlungen für die vorliegende Methodik herangezogen.

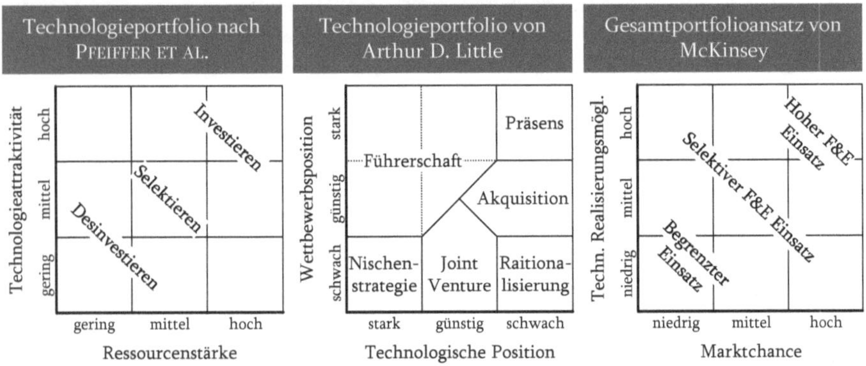

Abbildung 4-22: Technologieportfolios nach PFEIFFER ET AL., Arthur D. Little und McKinsey [HENZ80, S. 80; PFEI91, S. 99; SOMM85, S. 64]

Die Struktur der Handlungsempfehlungen des Technologieportfolios nach PFEIFFER ET AL. und des Gesamtportfolioansatzes von McKinsey sind sehr ähnlich. In beiden Fällen wird zwischen einer klaren Investitionsempfehlung, einer selektiven Prüfung und der Desinvestition bzw. dem begrenzten Mitteleinsatz unterschieden. Der Hauptunterschied besteht in der Wahl der Variablen für die Positionierungsmatrix. So stellen PFEIFFER ET AL. die beiden Variablen Technologieattraktivität und Ressourcenstärke einander gegenüber [PFEI91, S. 99]. In der Positionierungsmatrix nach McKinsey werden hingegen die Marktchance, bestehend aus Marktattraktivität und relativer Wettbewerbsposition des Unternehmens, und die technischen Realisierungsmöglichkeiten gegenübergestellt [HENZ80, S. 80]. Nichtsdestotrotz ist die Zielsetzung in beiden Fällen die Unterstützung von technologiebezogenen Investitionsentscheidungen. Hierbei liegt der Fokus des Technologieportfolios nach PFEIFFER ET AL. auf der direkten Bewertung von Technologien [PFEI91, S. 99], während im Fall des Ansatzes von McKinsey der Einsatz von F&E-Mitteln für erfolgsträchtige, technologieintensive Produkte adressiert wird [HENZ80, S. 80]. Die Zielsetzung im Technologieportfolio von Arthur D. Little besteht hingegen in der Unterstützung bei der Wahl der richtigen Technologiestrategie je Industriezweig in Abhängigkeit der technologischen Position und der Wettbewerbsposition einer Geschäftseinheit des Unternehmens [SOMM85, S. 63]. Die Handlungsempfehlungen in Abhängigkeit der Positionierung werden dabei für entstehende Industrien und solche, die sich bereits in einer frühen Reifephase befinden, unterschiedlich gewählt [SOMM85, S. 63 f.]. In Abbildung 4-22 sind exemplarisch die Handlungsempfehlungen für eine wachsende Industrie dargestellt. Auf die Darstellung der Matrix für eine reife Industrie wird an dieser Stelle verzichtet, da die grundlegenden Handlungsempfehlungen sowie der Aufbau gleich sind. Da durch das Technologieportfolio von Arthur D. Little im Gegensatz zu den anderen beiden Portfolios die Entscheidung für eine Technologiestrategie statt für die Investitionen in Technologien adressiert wird, ist die Eignung für die Methodik der vorliegenden Dissertation am geringsten. Obgleich sich die Handlungsempfehlungen der beiden anderen Portfolios nur marginal unterscheiden, wird nachfolgend auf dem Ansatz von McKinsey aufgebaut, da ein Desinvestment im Fall neuer Technologien nicht möglich ist. Auf Basis der vorangegangenen Erläuterung wird die Darstellung in Abbildung 4-23 für die Ergebnisse der Methodik zur potenzial- und risikobasierten Technologiebewertung gewählt.

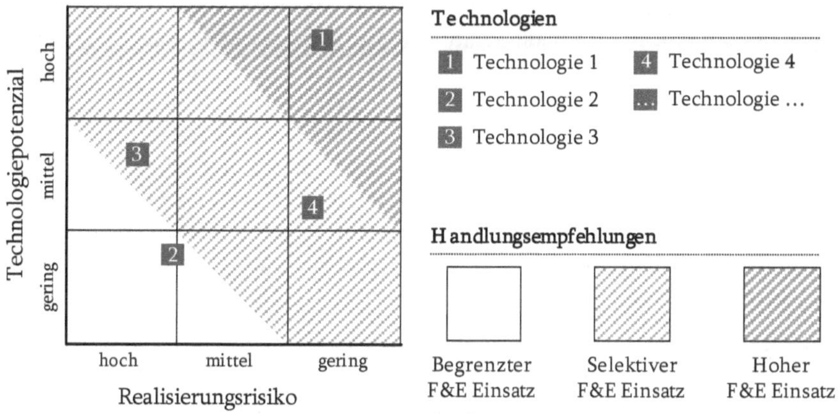

Abbildung 4-23: Darstellungsform der Ergebnisse der Methodik

Für die Darstellung der Ergebnisse der Methodik zur potenzial- und risikobasierten Technologiebewertung werden die verschiedenen Technologiealternativen in einer

Matrix positioniert. Als Positionierungsvariablen werden das Technologiepotenzial und das Realisierungsrisiko, im Sinne der Erreichbarkeit der Potenziale, gegenübergestellt.

Die Matrix ist in neun Segmente untergliedert, wobei in Abhängigkeit der Positionierung der Technologien drei Handlungsalternativen unterschieden werden. Im Falle eines niedrigen Technologiepotenzials bei gleichzeitig hohem Risiko wird keine Investition empfohlen. Für moderate Potenziale und Risiken sowie für Technologien mit hohem Potenzial bei hohem Risiko und geringem Potenzial bei geringem Risiko wird eine selektive Investition empfohlen. Für Technologien mit hohem Potenzial und geringem Risiko besteht eine klare Investitionsempfehlung. Da typischerweise die beste Alternative bei dieser Darstellungsform durch die oberen, rechten Segmente repräsentiert wird, ist nach dem Prinzip der angemessenen Kenntnis auf der Ordinate das Potenzial aufsteigend aufgetragen, während auf der Abszisse das Risiko absteigend dargestellt wird. Im Anschluss an die erfolgte Definition der Zieldarstellung sind in den nachfolgenden Unterkapiteln die Ermittlung der Variablenwerte sowie das Vorgehen der gesamten Methodik zu definieren.

4.5.2 Entwicklung eines Bewertungsschemas für die Inputgrößen der Methodik

In diesem Unterkapitel werden zunächst die Inputgrößen der Methodik ermittelt. Als Eingangsgrößen für die Methodik wurden in den Teilkapiteln 4.1 und 4.2 Technologiecharakteristika sowie Merkmale des Anwendungskontextes mit jeweils definierten Ausprägungen beschrieben. In den darauffolgenden Teilkapiteln wurden die Merkmale hinsichtlich Bezug und Wirkrichtung zu den beiden Ergebnisgrößen untersucht und folglich Indikatoren für die Beurteilung des Potenzials und Risikos identifiziert. Für die systematische Ermittlung der Potenziale und Risiken ist die reproduzierbare und vergleichbare Bewertung der Inputgrößen durch Technologieexperten sicherzustellen. Daher wird nachfolgend zunächst eine geeignete Skalierung für die Bewertung festgelegt.

Da die Ausprägungen der Technologie- und Anwendungsindikatoren von qualitativer Natur sind, können entweder verbalisierte oder endpunktbenannte Skalen verwendet werden. Im Falle von verbalisierten Skalen wird jedem Skalenpunkt eine eigene Bezeichnung zugewiesen, wodurch die Bewertung für den Anwender erleichtert wird. Gleichzeitig wird der Entscheidungsspielraum des Anwenders jedoch eingeschränkt. Zudem besteht bei der Erstellung der Skala die Herausforderung, jeden Skalenpunkt eindeutig und angemessen zu benennen. Demgegenüber müssen bei endpunktbenannten Skalen lediglich die Extremausprägungen der Skala expliziert werden. Auf diese

Weise wird das Problem einer dezidierten Benennung umgangen. Für die Bewertung wird dann zwischen den Extrempunkten eine Intervallskala verwendet, welche anschaulich für den Anwender ist und zudem die Auswertung erleichtert. Neben dem größeren Entscheidungsspielraum ist ebenfalls der Interpretationsspielraum für den Anwender erhöht, wodurch insbesondere die Auswertung und Vergleichbarkeit von Ergebnissen großer Umfragen erschwert wird. [PORS14, S. 79 – 83] Da die Beurteilung der Technologien und des Anwendungskontextes im Rahmen der vorliegenden Methodik durch einen ausgewählten Expertenkreis durchgeführt werden soll, ist der größere Interpretationsspielraum jedoch weniger kritisch. Entsprechend wird nachfolgend aufgrund der beschriebenen Vorteile im Rahmen der Auswertung eine endpunktbasierte Skalierung für die Bewertung der Indikatoren gewählt. Von dieser Entscheidung wird lediglich für eindeutig benannte Merkmalsausprägungen abgewichen, um hier eine Verfälschung der Ergebnisse zu vermeiden.

Für die Wahl der Skalenbreite sind der Grad der Differenzierung und Abstraktion gegeneinander abzuwägen, da die Skalenbreite einen wesentlichen Einfluss auf die Bewertung hat. Ist die Skalenbreite zu groß gewählt, besteht die Gefahr, dass die Befragten die einzelnen Skalenpunkte nicht sinnhaft definieren und voneinander abgrenzen können. Andererseits wird durch eine zu kleine Skalenbreite die Auswahlmöglichkeit stark eingeschränkt, sodass eine ausreichend differenzierte Bewertung nicht vorgenommen werden kann. Allgemein wird für endpunktbenannte Skalen eine Skalenbreite nicht kleiner als fünf sowie nicht größer als neun Skalenpunkte empfohlen, für die Wahl der Skalenbreite ist zudem der Hintergrund des Befragten zu berücksichtigen. So ist bei Expertenbefragungen tendenziell eine breitere Skala möglich, als dies bei einer allgemeinen Befragung der Fall ist. [PORS14, S. 87]

Weiterhin ist eine Entscheidung zwischen einer geraden und ungeraden Anzahl an Skalenpunkten zu treffen. Bei einer geraden Skala besteht der Zwang, eine Entscheidung zu treffen, da die mittlere, neutrale Alternative nicht existiert. Diese wird bei ungeraden Skalen hingegen häufig als Fluchtpunkt genutzt, um keine dezidierte Aussage treffen zu müssen. [PORS14, S. 83 f.] Im Fall einer zweidimensionalen Skala[11] wie bei dem Technologieindikator Leistungsdifferenz ist ein neutraler Mittelwert erforderlich, sodass eine ungerade Anzahl an Skalenpunkten zu wählen ist. [PORS14, S. 92 f.] Im Sinne der Eindeutigkeit wird daher nachfolgend für alle Indikatoren eine ungerade

[11] Eine zweidimensionale Skala liegt vor, wenn die Skala von einem negativen Wert über einen Mittelpunkt hin zu einem positiven Wert verläuft [PORS14, S. 92 f.].

Anzahl an Skalenpunkten gewählt. Weiterhin wird eine größere Skalenbreite angestrebt, da im Rahmen der Methodik die Bewertung durch Technologieexperten des Unternehmens vorgenommen wird und somit eine größere Skalenbreite zu bevorzugen ist. Auf Basis der vorangegangenen Erläuterung und unter Berücksichtigung der Millerschen Zahl wird daher eine Skalenbreite von sieben Skalenpunkten gewählt. Das Bewertungsschema für die Indikatoren wird mit dem entsprechenden Skalenniveau ausgehend von den beiden Morphologien zur Technologiecharakterisierung (vgl. Unterkapitel 4.1.4) und zur Beschreibung des Anwendungskontextes (vgl. Unterkapitel 4.2.3) entwickelt. Von der siebenstufigen Skalierung wird hierbei lediglich für die Indikatoren Gegenstand und dominantes Design abgewichen, da hier eine binäre Entscheidungssituation vorliegt und eine mehrstufige Bewertung somit nicht sinnvoll ist. Die Bewertungsschemata sind in Abbildung A-17 und Abbildung A-18 im Abschnitt A.8 im Anhang dargestellt.

Für die quantitative Berücksichtigung der Indikatorausprägungen sind diese abschließend zu normieren. Die Normierung ist notwendig, um mögliche Bandbreiteneffekte[12] infolge unterschiedlich hoher Spannweiten der Ausprägungen zu vermeiden [NITZ19, S. 201 – 204]. Die Normierung wird über die Intervallbreite der Ausprägungen durchgeführt (vgl. Formel (4-7)).

$$z_i = \frac{x_i - x_{min}}{x_{max} - x_{min}} \tag{4-7}$$

Das Intervall wird durch die Intervalluntergrenze (x_{min}) und die Intervallobergrenze (x_{max}) der Wertemenge aufgespannt. Durch Subtraktion der Intervalluntergrenze von der gewählten Ausprägung (x_i) sowie anschließender Division durch die Intervallbreite resultiert die normierte Ausprägung (z_i). [SCHÖ06, S. 74] Für den Fall, dass eine zweidimensionale Skala wie im Fall des Indikators Leistungsdifferenz besteht, ist der mittlere Wert der Skala als Minimum der oberen bzw. Maximum der unteren Skalenhälfte zu betrachten. Auf diese Weise liegt die normierte Ausprägung (z_i) immer innerhalb des Intervalls [0;1].

4.5.3 Ermittlung des Technologiepotenzials

In diesem Abschnitt wird die Vorgehensweise und Berechnungsvorschrift zur Ermittlung des Technologiepotenzials erläutert. Als Grundlage für die Berechnung werden

[12] Verfälschung von Bewertungsergebnissen durch eine stärkere Gewichtung von einzelnen Merkmalen im Fall unterschiedlicher Bandbreiten [NITZ08, S. 185 – 188].

dabei die quantifizierten Einflussstärken der Technologieindikatoren bezogen auf die Dimensionen des Technologiepotenzials aus Unterkapitel 4.3.3 zugrunde gelegt.

Das Technologiepotenzial wird über den Einsatz einer Technologie in den Produkten und Prozessen des Unternehmens realisiert [GOCH20, S. 15]. Folglich ist das Anwendungsspektrum des Unternehmens bei der Beurteilung des Technologiepotenzials zu berücksichtigen. Das Anwendungsspektrum der Technologie im Unternehmen ist dabei nicht mit dem Technologiecharakteristikum der Anwendungsbreite zu verwechseln. Während mit ersterem der Umfang der Tätigkeitsbereiche des Unternehmens, in dem die jeweilige Technologie zur Anwendung kommen kann, beschrieben wird, ist die Anwendungsbreite entsprechend der Definition aus Teilkapitel 4.1 ein generischer Indikator zur Beschreibung der allgemeinen Applikationsmöglichkeiten einer Technologie. Weiterhin gilt es, die Bedeutung der Anwendung im Gesamtkontext des Unternehmens zu berücksichtigen, da die Bedeutung der einzelnen Anwendungen aus Unternehmenssicht stark divergieren kann. Für die Potenzialbewertung von Technologien sind daher sowohl die Bedeutungen der Technologie für die Anwendung aus Unterkapitel 4.1.5 als auch die Relevanz der Anwendung für das Unternehmen aus Unterkapitel 4.2.4 zu berücksichtigen. Zunächst wird die Herangehensweise zur Ermittlung des Technologiepotenzials erläutert.

Für eine große Menge zu bewertender Alternativen, wie im Fall der initialen Technologieauswahl, werden üblicherweise Scoring-Modelle verwendet [HERR13, S. 163]. Scoring-Modelle sind gemeinhin auch als Nutzwertanalyse (NWA) bekannt [VDI00, S. 38], welche ein gängiges Instrument zur Entscheidungsfindung in komplexen Situationen ist [KÜHN19, S. 1]. Aufgrund des geringen Durchführungsaufwands bei gleichzeitig hoher Aussagekraft wird diese Methode zudem häufig zur Vorselektion von Technologien eingesetzt [SCHU11c, S. 201]. Im Rahmen der NWA werden verschiedene Alternativen anhand definierter Kriterien bewertet und mithilfe eines aggregierten Gesamtwerts, dem Nutzwert, verglichen. Hierzu werden die Ausprägungen je Alternative und Kriterium mit der Bedeutung der einzelnen Kriterien multipliziert und so ein Kriterien-Punktwert ermittelt. Anschließend werden alle Kriterien-Punktwerte je Alternative aufsummiert und damit der Nutzwert berechnet. [KÜHN19, S. 19] Aufbauend auf diesem Grundprinzip wird nachfolgend die Berechnungsvorschrift für die Potenzialbewertung deduziert.

In Unterkapitel 4.3.3 wurden die Einflussstärken der Indikatoren bezogen auf die Technologiepotenzialdimensionen quantifiziert. Für die Bewertung der einzelnen Technologiepotenziale (TP_k) müssen die Einflussstärken (ε_j) je Indikator (j) mit den

Ausprägungen der Technologieindikatoren (TI_j) multipliziert werden. Die Summe der Ausprägungen aller Indikatoren (n) multipliziert mit den Einflussstärken je Indikator entspricht dann dem Potenzialwert je Technologiepotenzialdimension. Da die Ausprägungen der Indikatoren, wie in Teilkapitel 4.1 erläutert, nicht nur je Technologie, sondern auch je Anwendungsfall variieren, ist die Berechnungsvorschrift dahingehend zu erweitern. Zudem wurde zu Beginn dieses Unterkapitels die Notwendigkeit der Berücksichtigung der unternehmens- und anwendungsfallspezifischen Technologierelevanz für die Technologieentscheidung erläutert. Diese beiden Elemente gilt es mit dem bereits erläuterten Zusammenhang in Einklang zu bringen.

Das Potenzial einer Technologie korreliert allgemein positiv mit der Gesamtanzahl möglicher Anwendungen (m). Da jeder einzelnen Anwendung (j) bereits ein Wert zuzusprechen ist, welcher unabhängig von den übrigen Anwendungen ist, besteht ein additiver Zusammenhang. Die Technologierelevanz (vgl. Unterkapitel 4.1.5) für eine Anwendung[13] (α_j) sowie die Bedeutung einer Anwendung (vgl. Unterkapitel 4.2.4) im Unternehmen (β_j) sind jeweils Faktoren, durch welche die Höhe des Technologiepotenzials bestimmt wird. Die Faktoren sind allein nicht konstituierend für das Technologiepotenzial und somit einer Gewichtung ähnlich, welche entsprechend dem Ansatz der NWA multiplikativ zu berücksichtigen ist. In Kombination mit der additiven Aggregation der anwendungsspezifischen Ausprägungen eines jeden Indikators resultiert für die Berechnung der Gesamtausprägung eines Indikators das zweite Summenprodukt der Formel (4-8). Demnach werden die Produkte aus den anwendungsspezifischen Ausprägungen der Technologieindikatoren (TI_{ij}), der Technologierelevanz (α_j) und der Anwendungsbedeutung (β_j) über die Summe der Anwendungen (m) addiert.

$$TP = \sum_{i=1}^{n} \sum_{j=1}^{m} \varepsilon_i * \alpha_j * \beta_j * TI_{ij} \qquad (4\text{-}8)$$

Wie eingangs erläutert ist für die Beurteilung des Technologiepotenzials weiterhin die Summe über die Ausprägung eines jeden Indikators multipliziert mit der individuellen Einflussstärke zu bilden. In Kombination erfolgt die Berechnung der einzelnen Tech-

[13] Zur Vereinheitlichung der Faktoren der Anwendungsbedeutung und der Technologierelevanz, werden die Werte für die Technologierelevanz aus Unterkapitel 4.1.5 mittels Division durch den Maximalwert auf einen maximalen Betrag von 1 normiert.

nologiepotenziale damit über die beiden Summenprodukte für die anwendungsspezifischen Indikatorausprägungen und die Einflussstärken der Indikatoren je Potenzialdimension.

Entsprechend der gewählten Darstellungsform ist eine Aggregation der Technologiepotenziale der einzelnen Potenzialdimensionen (TP_k) zu einem Gesamtpotenzial (TP_{ges}) erforderlich. Hierbei gilt es, die unternehmensspezifischen Präferenzen bezogen auf die einzelnen Potenzialdimensionen zu berücksichtigen. So ist das Potenzial einer Technologie in hohem Maße von den strategischen Zielen eines Unternehmens abhängig. Für den Fall, dass ein Unternehmen bspw. eine Innovationsführerschaft anstrebt, ist die entsprechende Potenzialdimension tendenziell relevanter als mögliche Kostensenkungspotenziale. Da diese Prioritäten nicht generisch bestimmt werden können, muss die Entscheidung für die Zusammensetzung des Technologiepotenzials durch das jeweilige Unternehmen getroffen werden. Für die Gewichtung von Elementen wurde in den Teilkapiteln 4.3 und 4.4 jeweils die Methode des AHP verwendet. Da das Verfahren jedoch numerisch aufwendig ist, wird für die Priorisierung der sechs Potenzialdimensionen die einfache Variante des paarweisen Vergleichs empfohlen. Die konkrete Gewichtung kann anschließend auf Basis der Rangfolge der Potenzialdimensionen durch Experten des Unternehmens vorgenommen werden. Die Vorgehensweise ist in Abbildung 4-24 dargestellt.

Zunächst werden die zu bewertenden Elemente (in diesem Fall die Potenzialdimensionen) in das Lösungsschema eingetragen. Anschließend wird anhand einer direkten, qualitativen Gegenüberstellung zweier Elemente sukzessiv geprüft, welches der beiden Elemente wichtiger ist. Dabei werden folgende Relationen unterschieden:

- Element A ist wichtiger als Element B → 1
- Element A und B sind gleich wichtig → 0
- Element A ist weniger wichtig als Element B → -1

Das Ergebnis der Bewertung wird in das jeweilige Feld des Präferenzdreiecks eingetragen und jeweils zwei Elemente als Paar miteinander verglichen. Danach werden die Präferenzwerte für jedes Element aufsummiert. [HART15, S. 55] Anschließend werden die Elemente entsprechend den aufsummierten Präferenzwerten in eine Rangfolge gebracht [FELD13, S. 388 f.]. Auf Basis der Rangfolge kann den Potenzialdimensionen anschließend eine Gewichtung (γ_k) zugeordnet werden. Diese wird auf Basis der prozentualen Anteile der Präferenzwerte je Element bestimmt. Dabei ist darauf zu achten, dass die Summe der Gewichtungen wiederum 1 ergibt.

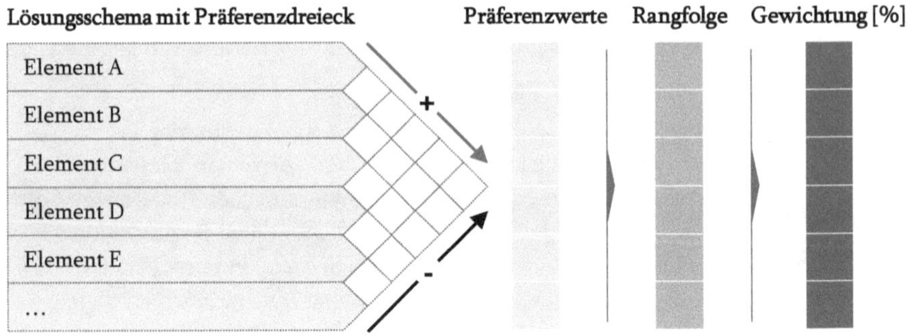

Abbildung 4-24: Vorgehensweise des paarweisen Vergleich i. A. a. HARTSCHEN ET AL. [HART15, S. 55]

Abschließend erfolgt die Ermittlung des Gesamtpotenzials für jede Technologie. Hierzu wird das Technologiepotenzial (TP_k) je Potenzialdimension (k) mit den unternehmensseitig definierten Gewichten (γ_k) multipliziert und für alle Potenzialdimensionen aufsummiert. Der ermittelte Wert (TP_{ges}) entspricht dann dem Gesamtpotenzial der jeweiligen Technologie für das Unternehmen (vgl. Formel (4-9)).

$$TP_{ges} = \sum_{k=1}^{o} \gamma_k * TP_k \tag{4-9}$$

Die Priorisierung der Potenzialdimensionen muss jedoch nicht zwangsläufig erfolgen. Sofern aus Unternehmenssicht eine Differenzierung zwischen den Bedeutungen der Potenzialdimensionen nicht sinnvoll ist, werden alle Potenziale gleichrangig zum Gesamtpotenzial aggregiert.

4.5.4 Ermittlung des Risikos

In diesem Unterkapitel wird die Herangehensweise zur Ermittlung der Teilrisiken erläutert. Die Bewertung der Teilrisiken erfolgt analog zur Bewertung der Technologiepotenziale, da beide Größen auf Basis gewichteter Indikatoren ermittelt werden. Ebenfalls sind die Bedeutung der Anwendung und die Technologierelevanz zu berücksichtigen. Dies gilt zum einen, da die Ausprägungen der Indikatoren anwendungsspezifisch variieren, und zum anderen, da die Technologierelevanz eine notwendige Voraussetzung für die Betrachtung der jeweiligen Anwendung ist.

Die Teilrisiken (TR) werden, wie schon die Technologiepotenziale der einzelnen Potenzialdimensionen, durch Multiplikation der Einflussstärke (ρ_l) je Indikator (l) mit der Ausprägung des Indikators errechnet. Für das Risiko sind dabei sowohl Technologie- (TI_{lj}) als auch Anwendungsindikatoren (AI_{lj}) zu betrachten. Anschließend wird die Summe der Produkte über alle Indikatoren (p) gebildet. Weiterhin werden die anwendungsspezifischen Ausprägungen der Indikatoren, wie in Formel (4-10) dargestellt, einbezogen.

$$TR = \sum_{l=1}^{p} \sum_{j=1}^{m} \rho_l * \eta_j * \left(TI_{lj} + AI_{lj}\right) \tag{4-10}$$

Durch die Teilrisiken wird, entsprechend den Anforderungen aus Unterkapitel 3.1.1, das Risiko im Sinne der Unsicherheit über die Realisierbarkeit des erwarteten Technologiepotenzials ermittelt. Die Höhe dieses Risikos ist nicht direkt von dem Produkt aus Technologierelevanz und Anwendungsbedeutung abhängig. Da dennoch der Einfluss unterschiedlicher Anwendungen sowie die anwendungsspezifischen Ausprägungen der Technologieindikatoren bei der Ermittlung der Teilrisiken zu berücksichtigen sind, ist, wie im Fall der Potenzialdimensionen, eine anteilige Aggregation des Risikos über die relevanten Anwendungen erforderlich. Hierzu werden die anwendungsspezifischen Ausprägungen der Teilrisiken in Abhängigkeit des Produkts aus der Technologierelevanz (α_j) und der Anwendungsbedeutung (β_j) anteilig aggregiert. Für die formelmäßige Berücksichtigung wird der Faktor η_j eingeführt, welcher entsprechend der Formel (4-11) zu berechnen ist.

$$\eta_j = \frac{\alpha_j * \beta_j}{\sum_{j=1}^{m} \alpha_j * \beta_j} \tag{4-11}$$

Die Teilrisiken werden ebenso wie die Potenzialdimensionen aggregiert. Hierzu können mithilfe der Methode des paarweisen Vergleichs (vgl. Unterkapitel 4.5.3) die Teilrisiken in eine unternehmensspezifische Rangfolge gebracht und eine anteilige Gewichtung in Abhängigkeit der Rangfolge vergeben werden. Die Aggregation des Gesamtrisikos erfolgt über ein Summenprodukt aus Teilrisiko und Gewichtung des Teilrisikos aus Unternehmenssicht analog der Berechnungsvorschrift in Formel (4-9). Hierzu wird der Risikowert (TR_q) je Teilrisiko (q) mit den unternehmensseitig definierten Gewichten (δ_q) multipliziert und für alle Teilrisiken aufsummiert. Der ermittelte Wert (TR_{ges}) entspricht dann dem Gesamtrisiko der jeweiligen Technologie für das Unternehmen (vgl. Formel (4-12)).

$$TR_{ges} = \sum_{q=1}^{r} \delta_q * TP_q \tag{4-12}$$

Sollte keine klare Präferenz für eines der Teilrisiken vorliegen, wird an dieser Stelle eine Gleichgewichtung empfohlen, um einer unbewussten Verzerrung der Bewertungsergebnisse vorzubeugen.

4.5.5 Vorgehen zur potenzial- und risikobasierten Bewertung von Technologien

In diesem Unterkapitel werden abschließend die zuvor erarbeiteten und beschriebenen Elemente der Methodik zu einem ganzheitlichen Vorgehen zusammengefasst. Die Vorgehensweise ist i. A. a. den Problemlösungszyklus nach HABERFELLNER ET AL. in Abbildung 4-25 dargestellt.

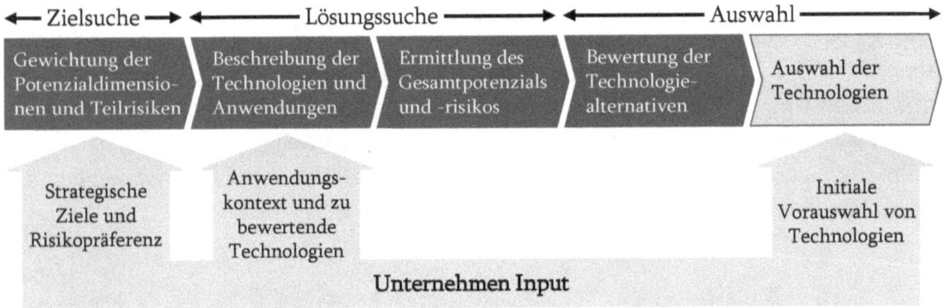

Abbildung 4-25: Vorgehensweise zur initialen Technologieauswahl

Der Problemlösungszyklus nach HABERFELLNER ET AL. wurde bereits in Unterkapitel 3.2.1 eingeführt und ist als systematische Vorgehensweise zur Problemlösung für die Entscheidungsunterstützung bei der initialen Technologieauswahl geeignet. Dieser ist auf übergeordneter Ebene in die drei Schritte Zielsuche, Lösungssuche und Auswahl untergliedert. [HABE19, S. 43] Im Rahmen der *Zielsuche* des allgemeinen Vorgehens erfolgt die Zieldefinition und Situationsanalyse. Anschließend wird im Rahmen der *Lösungssuche* die Analyse und Synthese von Alternativen durchgeführt. Abschließend wird in der Phase der *Auswahl* die Bewertung durchgeführt und eine Auswahl getroffen. [HABE19, S. 44] Die einzelnen Schritte der Methodik werden nachfolgend erläutert.

Gewichtung der Potenzialdimensionen und Teilrisiken

Durch die Priorisierung und Gewichtung der Potenzialdimensionen und Teilrisiken werden zu Beginn des Vorgehens die Rahmenbedingungen für die Durchführung der Bewertung definiert. Hierzu wird die in Unterkapitel 4.5.3 erläuterte Methode des paarweisen Vergleichs verwendet. Als Grundlage für die Durchführung der Priorisierung der Potenzialdimensionen ist die strategische Zielsetzung des Unternehmens zu berücksichtigen, da das Technologiepotenzial auf dem technologischen Beitrag zur Erreichung dieser Ziele basiert (vgl. Teilkapitel 2.2). In die Priorisierung der Teilrisiken ist hingegen die Risikopräferenz des Unternehmens einzubeziehen. Sowohl die Priorisierung der Potenzialdimensionen als auch der Teilrisiken sind von zentraler Bedeutung für das Ergebnis der Bewertung. Da die initiale Technologieauswahl von hoher strategischer Relevanz für den langfristigen Unternehmenserfolg ist, sollte die Priorisierung durch Vertreter des strategischen Managements selbst oder in enger Abstimmung mit diesen durchgeführt werden. Weiterhin sind für die paarweisen Vergleiche sowie die nachfolgende Gewichtung mehrere Personen zu konsultieren. Auf diese Weise kann die Gewichtung der Elemente auf eine breitere Basis gestellt und damit die Validität erhöht werden. In diesem Fall sind die Paarvergleiche durch die Personen zunächst einzeln vorzunehmen, bevor die Elemente auf Basis der aufsummierten Präferenzwerte gewichtet werden [KÜHN19, S. 15].

Beschreibung der Technologien und Anwendungen

Im Anschluss an die Priorisierung erfolgt die Beschreibung der Technologien und Anwendungen für die Potenzial- und Risikobewertung. Für die Beschreibung werden die in Abbildung A-17 und Abbildung A-18 dargestellten Bewertungsschemata verwendet, welche auf den Modellen zur Technologiecharakterisierung (vgl. Teilkapitel 4.1) und Beschreibung des Anwendungskontextes (vgl. Teilkapitel 4.2) beruhen. Die Beschreibung ist jeweils durch Fachexperten des Unternehmens vorzunehmen. Die Technologiebeschreibung sollte durch Technologieexperten durchgeführt werden, deren Aufgabe die Identifikation und Beurteilung neuer Technologien ist. Als Ausgangsbasis für die Technologiecharakterisierung kann dabei auf sog. Technologiesteckbriefe zurückgegriffen werden. Diese werden im Rahme der Technologiefrüherkennung zur Kommunikation und aggregierten Bereitstellung von relevanten Informationen zu Technologien verwendet [MASI15, S. 63 – 67; WELL11, S. 138]. Für die Beschreibung des Anwendungskontextes werden hingegen Informationen zum Markt- und Wettbewerbsumfeld des Unternehmens benötigt. Diese Informationen werden im Rahmen von Markt- und Wettbewerbsanalysen durch Vertreter des Business-Intelligence erarbeitet [THEO16, S. 5]. Folglich sollte die Beschreibung der Anwendungen durch Experten aus dem Business-Intelligence erfolgen. Ergänzend zur Beurteilung der Indikatorausprägungen der Anwendungen sind deren Bedeutungen mithilfe der Formel (4-4) aus Unterkapitel 4.2.4 zu bewerten. Anders als in Großunternehmen sind bei kleineren Unternehmen das Technologiemanagement mit der Technologiefrüherkennung oder das Business-Intelligence nicht immer durch konkrete Rollen institutionalisiert. Nichtsdestotrotz werden die Aktivitäten ebenfalls durch Unternehmensvertreter durchgeführt, welche in diesem Fall bei der Technologiecharakterisierung und Beschreibung des Anwendungskontextes zu konsultieren sind.

Ermittlung des Gesamtpotenzials und -risikos

Nachdem alle zu bewertenden Technologien und die für das Unternehmen bedeutenden Anwendungen beschrieben sind, erfolgt die Bewertung der Potenziale und Risiken je Technologie. Zunächst werden für jede Technologie die einzelnen Potenziale je Dimension mithilfe der Formel (4-8) aus Unterkapitel 4.5.3 bewertet. Herzu sind die normierten Ausprägungen der Technologieindikatoren ebenso wie die Anwendungsbedeutung (vgl. Unterkapitel 4.2.4) und die Technologierelevanz (vgl. Unterkapitel 4.1.5) erforderlich. Anschließend wird für jede Technologie das Gesamtpotenzial berechnet, indem die einzelnen Technologiepotenziale je Potenzialdimension mithilfe der Formel (4-9) und der Gewichtung der Potenzialdimension aus dem ersten Schritt des Vorgehens aggregiert werden. Nach dem gleichen Prinzip werden ebenfalls die Teilrisiken der Technologien ermittelt und zu einem Gesamtrisiko aggregiert. Für die Ermittlung der Teilrisiken wird die Formel (4-10) aus Unterkapitel 4.5.4 verwendet. Zur Berechnung der Teilrisiken werden neben den Technologieindikatoren, den Faktoren für die Anwendungsbedeutung und die Technologierelevanz ebenfalls die Ausprägungen der Anwendungsindikatoren benötigt. Die Aggregation der Teilrisiken zu einem Gesamtrisiko erfolgt, nachdem alle Teilrisiken bestimmt wurden, mithilfe der Formel (4-12) aus Unterkapitel 4.5.4. Die Vorgehensweise zur Ermittlung des Gesamtpotenzials und -risikos wird für alle zu bewertenden Technologien wiederholt. Da die Ermittlung der Potenziale und Risiken je Technologie der Technologiebewertung und damit dem Technologiemanagement zuzuordnen ist, ist dieser Schritt durch Vertreter des Technologiemanagements im Unternehmen durchzuführen. Hierbei muss seitens des Unternehmens kein über die in den vorangegangenen Schritten aufbereiteten Informationen hinausgehender zusätzlicher Input bereitgestellt werden.

Bewertung der Technologiealternativen

Im Anschluss an die Bewertung der Potenziale und Risiken je Technologie werden diese in die Positionsmatrix aus Unterkapitel 4.5.1 überführt. Hierzu werden die Technologien entsprechend den ermittelten Potenzial- und Risikowerten in der Bewertungsmatrix positioniert. Die Skalierung der Ordinate wird in Abhängigkeit der Spannweite der Potenzialwerte gewählt, um eine möglichst differenzierte Betrachtung zu ermöglichen. Die Anpassung ist in diesem Fall aufgrund der relativen Bewertung der Technologiepotenziale unkritisch und erfolgt im Einklang mit etablierten Ansätzen, wie dem Technologieportfolio nach PFEIFFER ET AL. oder dem Portfolioansatz von McKinsey. Demgegenüber wird für die Risikowerte bewusst auf eine Anpassung der Skalierung verzichtet, um eine Verzerrung der Bewertungsergebnisse zu vermeiden, da die Risiken, bezogen auf die einzelnen Potenziale, absolut bestimmt werden. Über die Position der einzelnen Technologien in der Matrix sind diese relativ zueinander vergleichbar. Weiterhin können im Rahmen nachfolgender Bewertungen weitere Technologien ergänzt werden, solange die Bewertungsgrundlage in Form der Gewichtung der Potenzialdimensionen und Teilrisiken sowie der betrachteten Anwendungen nicht verändert wird. Die Überführung der Technologien in die Bewertungsmatrix ist ebenfalls dem Prozess der Technologiebewertung zuzuordnen und daher durch Vertreter des Technologiemanagements durchzuführen.

Auswahl der Technologien

Die Auswahl der Technologien erfolgt abschließend durch das strategische Management bzw. das strategische Technologiemanagement unter Berücksichtigung der Position der Technologien in der Bewertungsmatrix und der damit verbundenen Handlungsempfehlung. Diese Auswahl wird durch die im Rahmen der vorliegenden Dissertation entwickelte Bewertungsmethodik jedoch lediglich unterstützt. Daher folgt aus der Positionierung der Technologien in der Matrix kein Automatismus für die Technologieauswahl. Vielmehr sind, neben den Bewertungsergebnissen der Methodik, weitere Aspekte wie bspw. die verfügbaren Entwicklungsbudgets oder die Auslastung der F&E Ressourcen in die Priorisierung und Auswahl der Technologien einzubeziehen. Daher ist die abschließende Technologieentscheidung nicht Teil der eigentlichen Bewertungsmethodik, sondern als nachgelagerter Schritt in der Verantwortung der Unternehmensvertreter. Durch die Methodik wird stattdessen die systematische Aufbereitung der für die Auswahl relevanten Informationen ermöglicht, um eine ganzheitliche Entscheidungsgrundlage in Form strukturierter und reproduzierbarer Bewertungsergebnisse bereitzustellen.

Die erläuterte Vorgehensweise ist in Abbildung 4-26 zusammenfassend dargestellt.

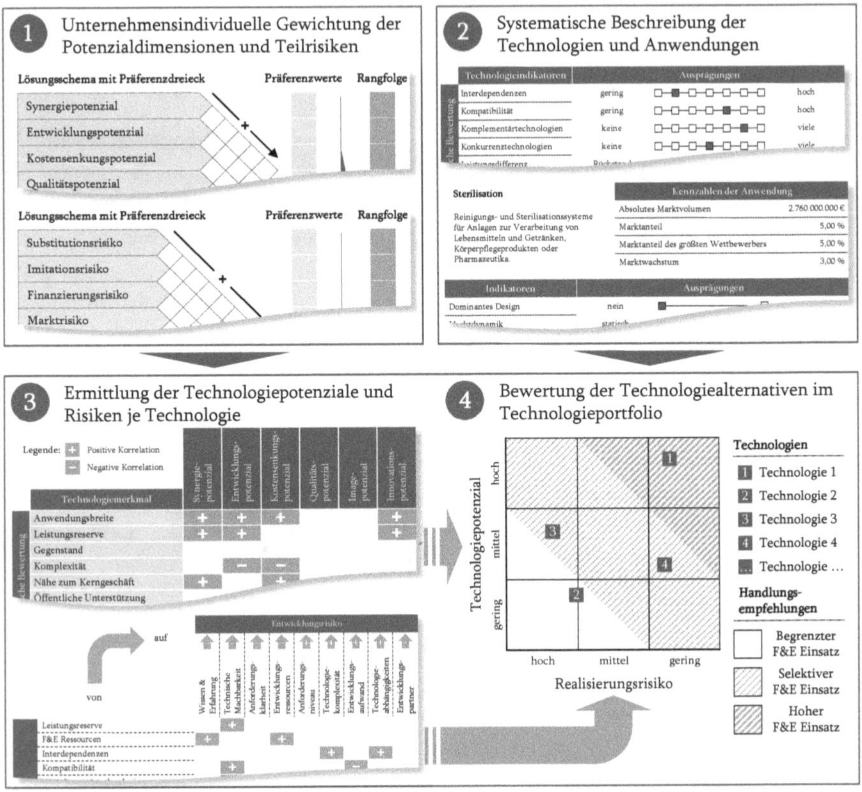

Abbildung 4-26: Vorgehen zur Ermittlung des Technologiepotenzials und -risikos

4.5.6 Zwischenfazit zur potenzial- und risikobasierten Bewertung von Technologien

In diesem Teilkapitel wurde die Vorgehensweise zur Ermittlung des Potenzials und Risikos von Technologien ausgestaltet. Hierzu wurde in Unterkapitel 4.5.1 zunächst eine geeignete Darstellungsform für die übergeordnete Zielstellung der Unterstützung des Entscheidungsprozesses der initialen Technologieauswahl definiert. Um eine möglichst zweckmäßige und handlungsleitende Darstellungsform zu definieren, wurden für die Auswahl generische Darstellungsalternativen aufgezeigt und diese vor dem

Hintergrund allgemein anerkannter Gestaltungsregeln sowie auf Basis bestehender Ansätze zur Technologieauswahl konkretisiert. Als Darstellungsform wurde eine Präferenzmatrix, angelehnt an das Technologieportfolio nach PFEIFFER ET AL. sowie das McKinsey Portfolio gewählt. Die hierzu erforderliche Aggregation ist für eine effiziente Priorisierung der Technologiealternativen von zentraler Bedeutung und steht trotz des Informationsverlusts im Fall einer Aggregation nicht im Widerspruch zur Zielsetzung der Methodik.

Anschließend wurde die Quantifizierung der Inputgrößen für die Potenzial- und Risikobewertung ausgehend von den Beschreibungsmodellen für die Technologiecharakteristika und den Anwendungskontext erläutert. Hierzu wurden die Ausprägungen der Technologie- und Anwendungsindikatoren in eine siebenstufige Endpunktskala überführt und ein Vorgehen zur Normierung der Ausprägungen zur Vermeidung von Bandbreiteneffekten aufgezeigt. Diese Skalierung wurde gewählt, um zum einen eine ausreichende Differenzierung der Indikatorausprägungen zu ermöglichen, zum anderen jedoch die Komplexität der Bewertung auf ein handhabbares Maß zu begrenzen. Abschließend wurden in den Unterkapiteln 4.5.3 und 4.5.4 die Berechnungsvorschriften für die Quantifizierung des Potenzials und Risikos einer Technologie definiert. Die Herleitung der Berechnungsvorschriften erfolgte auf Basis allgemein anerkannter Beziehungen zwischen den relevanten Aspekten des Potenzials und Risikos. Weiterhin wurde für die Konzeption des formelmäßigen Zusammenhangs die NWA zugrunde gelegt, welche für Entscheidungsprobleme im Rahmen der initialen Technologieauswahl breite Verwendung findet. Die Kernelemente für die Berechnung des Potenzials sowie des Risikos sind die ermittelten Ursache-Wirkungsbeziehungen aus den Erklärungsmodellen zum Potenzial (vgl. Teilkapitel 4.3) und Risiko (vgl. Teilkapitel 4.4). Durch den Rückgriff auf bestehende Ansätze wurde die Validität der entwickelten Methodik sichergestellt sowie durch die gezielte Weiterentwicklung ein innovativer Lösungsansatz für die grundlegende Problemstellung der vorliegenden Dissertation erarbeitet.

Die Vorgehensweise der Methodik wurde abschließend in Unterkapitel 4.5.5 i. A. a. den Problemlösungszyklus nach HABERFELLNER ET AL. strukturiert und durchgängig beschrieben. Auf diese Weise wird eine systematische und strukturierte Vorgehensweise sichergestellt. Im Rahmen der Vorgehensweise wurde neben der Einbindung der Ergebnisse der erarbeiteten Teilmodelle insbesondere auf die Durchführung der Methodik im Unternehmenskontext sowie auf mögliche Informationsquellen eingegangen.

5 Validierung und kritische Reflexion

Der Ausgangs- und Endpunkt des Forschungsprozesses der angewandten Wissenschaften nach ULRICH ist jeweils die Praxis respektive das praxisrelevante Problem. [ULRI81, S. 19] Daher wird die in den vorangegangenen Kapiteln konzipierte und detaillierte Methodik der vorliegenden Dissertation in diesem Kapitel abschließend anhand eines Fallbeispiels aus der Praxis angewendet. Dieses Vorgehen entspricht dem siebten und damit letzten Schritt im Forschungsprozess nach ULRICH [ULRI81, S. 19] und ist für die Überprüfung der Gesamtmethodik erforderlich. Mithilfe der fallweisen Anwendung ist keine endgültige Verifikation der Methodik möglich, welche im Kontext der angewandten Forschung ohnehin nicht zu erreichen ist. Vielmehr wird im Rahmen der Validierung daher die Nichtfalsifikation der Ergebnisse der vorliegenden Dissertation angestrebt. [ULRI84, S. 173 f.]

Die Validierung wird anhand eines Fallbeispiels der GEA Group, einem diversifizierten deutschen Technologieunternehmen, durchgeführt. Der für die Anwendung der Methodik relevante Unternehmenskontext sowie die Rahmenbedingungen des Fallbeispiels werden in Teilkapitel 5.1 erläutert. Anschließend wird im darauffolgenden Teilkapitel 5.2 die Anwendung der Methodik anhand der in Unterkapitel 4.5.5 dargestellten Vorgehensweise durchgeführt. In Teilkapitel 5.3 erfolgt abschließend die kritische Reflexion der Methodik auf Basis der fallweisen Anwendung.

5.1 Darstellung des Fallbeispiels

Die GEA Group ist ein international tätiger deutscher Industriekonzern aus dem Bereich des Maschinen- und Anlagenbaus und zählt zu den weltweit größten Systemanbietern von Anlagen sowie prozesstechnischen Lösungen für die nahrungsmittelverarbeitende Industrie und angrenzende Branchen. Weltweit beschäftigt die GEA Group über 18.000 Mitarbeiter und erzielt einen jährlichen Gesamtumsatz von ca. 4,6 Mrd. Euro. Die Geschäftsbereiche der GEA Group sind in die fünf Divisionen *Separation & Flow Technologies*, *Farm Technologies*, *Liquid & Powder Technologies*, *Food & Healthcare Technologies* und *Refrigeration Technologies* untergliedert. Die GEA

Group ist als diversifiziertes Technologieunternehmen zu bezeichnen, dessen führende Marktposition auf innovativen Systemlösungen für anspruchsvolle Produktionsverfahren basiert. [GEA21, S. 6]

Diese Marktposition und die zugrundeliegende technologische Differenzierung gegenüber Wettbewerbern gilt es langfristig zu erhalten und nach Möglichkeit weiter auszubauen. Dabei besteht die aktuelle Herausforderung in einem umfassenden technologischen Wandel zu immer effizienteren und nachhaltigeren Prozess- und Systemlösungen, welcher aufgrund der starken Endkundenorientierung insbesondere für die nahrungsmittelverarbeitende Industrie von zentraler Bedeutung ist. Diese Herausforderung wird durch dynamische Veränderungen des Wettbewerbsumfelds verstärkt. So sieht sich die GEA Group neben den bestehenden Wettbewerbern im Kontext der fortschreitenden Globalisierung mit einer wachsenden Anzahl kostengünstiger asiatischer Wettbewerber konfrontiert. Vor diesem Hintergrund ist die GEA Group bestrebt, die bestehende Wettbewerbsposition durch neue, innovative Technologien zu erhalten.

Für die frühzeitige Identifikation neuer Technologien mit divisionsübergreifender Bedeutung existiert innerhalb der GEA Group eine zentrale Innovationseinheit. Die Validierung der Methodik der vorliegenden Dissertation wird mit drei Vertretern dieser Innovationseinheit durchgeführt, welche, entsprechend der subjektbezogenen Eingrenzung aus Unterkapitel 2.4.3, Adressaten der entwickelten Methodik sind.

5.2 Anwendung der Methodik

Die Anwendung der Methodik zur potenzial- und risikobasierten Technologiebewertung wird nachfolgend entsprechend der in Unterkapitel 4.5.5 erläuterten und in Abbildung 4-25 dargestellten Vorgehensweise durchgeführt. Hierzu werden in einem ersten Schritt die Potenzialdimensionen sowie die Teilrisiken durch die Unternehmensvertreter gewichtet und so der unternehmensspezifische Bewertungsrahmen aufgespannt. Die Gewichtung der Teilrisiken und Potenzialdimensionen erfolgt dabei mithilfe der in Unterkapitel 4.5.3 dargestellten Methode des paarweisen Vergleichs. Im zweiten Schritt werden die zu bewertenden Technologien sowie der betrachtete Anwendungskontext durch die Unternehmensvertreter definiert. Anschließend erfolgt die Charakterisierung der Technologien mithilfe der in Unterkapitel 4.1.4 erläuterten Indikatoren, ebenso wie die Beschreibung des Anwendungskontextes mithilfe der Ergebnisse aus Teilkapitel 4.2. Im anschließenden Schritt werden auf Basis der bereitgestellten Eingangsinformationen das Potenzial und Risiko je Technologie ermittelt. Dies geschieht unter Zuhilfenahme der in den Unterkapiteln 4.3.3 und 4.4.2 ermittelten und quantifizierten Wirkbeziehungen zwischen den Potenzialdimensionen bzw. Teilrisiken und den Technologie- sowie Anwendungsindikatoren. Im vierten Schritt der Methodik werden die Technologien ausgehend von den ermittelten Potenzial- und Risikowerten im Technologieportfolio aus Unterkapitel 4.5.1 zur Unterstützung der Technologieentscheidung dargestellt. Der letzte Schritt der Methodik, die Technologieauswahl, ist unter Berücksichtigung der ermittelten Technologiepotenziale und Risiken durch die Entscheidungsträger des Unternehmens durchzuführen. Dieser Schritt ist kein direkter Bestandteil der Methodik und wird daher in der nachfolgenden Anwendung des Fallbeispiels nicht näher betrachtet.

5.2.1 Gewichtung der Potenzialdimensionen und Teilrisiken

Vor Beginn der eigentlichen Technologiebewertung werden zunächst die in Unterkapitel 4.3.1 deduzierten Potenzialdimensionen sowie die Teilrisiken aus Unterkapitel 4.4.1 aus der Unternehmensperspektive gewichtet. Durch die relative Priorisierung der Potenzialdimension zueinander wird dabei die technologiestrategische Zielsetzung des Unternehmens repräsentiert. Die durch die Mitarbeiter der GEA Group durchgeführte Priorisierung und Gewichtung der Potenzialdimension ist in Abbildung 5-1 dargestellt.

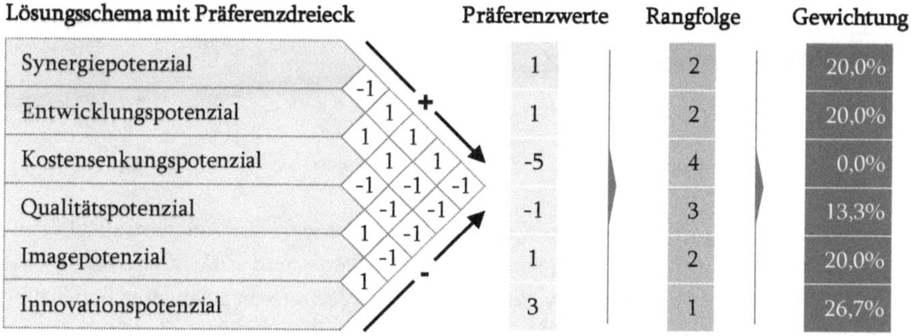

Abbildung 5-1: Priorisierung und Gewichtung der Potenzialdimensionen

Entsprechend der dargestellten Gewichtung ist im Rahmen der initialen Technologieauswahl für die GEA Group das *Innovationspotenzial* von herausragender Bedeutung. Nur geringfügig weniger bedeutend sind das *Synergiepotenzial*, das *Entwicklungspotenzial* sowie das *Imagepotenzial*, welche untereinander als gleichwertig betrachtet werden. Darauf folgt das *Qualitätspotenzial*, welches für die GEA Group relevant, jedoch gegenüber den Wettbewerbern nicht differenzierend ist. Ohne Bedeutung im

Rahmen der initialen Technologieauswahl ist hingegen das *Kostensenkungspotenzial*, da Kostenaspekte erst zu einem späteren Zeitpunkt des Technologielebenszyklus im Unternehmen adressiert werden.

Analog zur Gewichtung der Potenzialdimensionen wird eine Gewichtung der Teilrisiken aus Unterkapitel 4.4.1 vorgenommen. Hierzu wird ebenfalls die Methode des paarweisen Vergleichs verwendet. Die Ergebnisse der Priorisierung und Gewichtung der Teilrisiken ist in Abbildung 5-2 dargestellt.

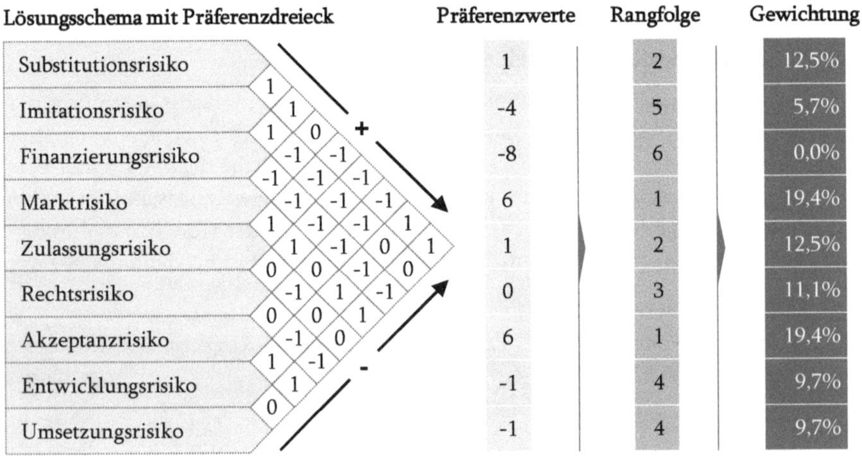

Abbildung 5-2: Priorisierung und Gewichtung der Teilrisiken

Für die GEA Group sind das *Markt-* sowie das *Akzeptanzrisiko* von zentraler Bedeutung. Von sekundärer Bedeutung sind das *Substitutions-* und *Zulassungsrisiko* sowie mit etwas geringerer Relevanz das *Rechtsrisiko*. Wiederum von geringerer Bedeutung sind das *Entwicklungs-* und das *Umsetzungsrisiko*. Die beiden Teilrisiken mit der geringsten Relevanz sind das *Imitations-* sowie das *Finanzierungsrisiko*. Während dem *Imitationsrisiko* eine geringe Bedeutung zukommt, ist das *Finanzierungsrisiko* im Rahmen der initialen Technologieauswahl für die GEA Group nicht von Bedeutung. Dieses wird, wie das Kostensenkungspotenzial zuvor, erst zu einem späteren Zeitpunkt des Technologielebenszyklus im Unternehmen untersucht.

Durch die durchgeführte Priorisierung werden die Präferenzen und Anforderungen, welche durch die GEA Group im Rahmen der initialen Technologieauswahl an Technologien gestellt werden, repräsentiert. Die Gültigkeit der Priorisierung ist jedoch auf die frühe Phase des Technologielebenszyklus im Unternehmen beschränkt. So stehen bspw. bei etablierten und reiferen Technologien die Kostensenkung und Optimierung deutlich stärker im Fokus des Technologiemanagements der GEA Group.

5.2.2 Charakterisierung der Technologien und Beschreibung des Anwendungskontextes

Im Anschluss an die Priorisierung der Potenzialdimensionen und Teilrisiken wird in diesem Unterkapitel die Charakterisierung der Technologien sowie die Beschreibung des Anwendungskontextes durchgeführt. Hierzu werden durch die GEA Group initial die zu bewertenden Technologien sowie die für die Bewertung relevanten Anwendungen definiert. Im Rahmen des vorliegenden Fallbeispiels wurden von der GEA Group fünf Technologien ausgewählt. Diese sind in Tabelle 5-1 mit einer kurzen Beschreibung aufgeführt.

Tabelle 5-1: Zu bewertende Technologien im Fallbeispiel

Technologie	Kurzbeschreibung
Wärmerückgewinnung	Optimierung der Verbindung von Prozessschritten oder Geräten, z. B. durch Wärmetauscher oder Wärmepumpen (zur Verschiebung von Temperaturniveaus).
Reluktanzmotoren	Elektrischer Motor bestehend aus ferromagnetischen Rotoren ohne elektrische Wicklungen, jedoch mit induzierten nicht-permanenten Magnetpolen.
Multifunktionsmembranen	Zur Erweiterung des Funktionsumfangs (z. B. Entfernung von Fehlaromen) beschichtete Filtrationsmembranen.
Kaltes Plasma	Nichtthermisches Plasma zur Sterilisation ohne Zufuhr von Zusatzstoffen, wie bspw. Peroxiden.
Gefrierkonzentration	Entwässerung von Abwässern oder flüssigen Nahrungsmitteln ohne Verlust anderer Bestandteile, wie bspw. Aromen, Ethanol, etc.

Die genannten fünf Technologien werden durch Technologieexperten der GEA Group mithilfe des in Abbildung A-17 dargestellten Bewertungsschemas charakterisiert. Das Ergebnis dieser Bewertung ist in Abschnitt A.9 im Anhang dargestellt. Neben den zu bewertenden Technologien gilt es im Rahmen der Methodik den Anwendungskontext der Technologien im Unternehmen darzustellen. Für die genannten Technologien sind aus Sicht der Technologieexperten innerhalb der GEA Group sieben Anwendungsfelder relevant, welche für die Beurteilung der Technologien im Rahmen des Fallbeispiels teilweise zusammengefasst werden. Die Anwendungen sind in Tabelle 5-2 mit einer Kurzbeschreibung aufgeführt.

Tabelle 5-2: Betrachtete Anwendungen des Fallbeispiels

Anwendung	Kurzbeschreibung
Kochen	Produktionslinien für das Kochen von Lebensmitteln (gefolgt von Kühlen und Verpacken).
Backen	Systemlösungen für die Herstellung von Backerzeugnissen.
Frittieren	Industrielle Frittieranlagen für unterschiedliche Lebensmittel mit vor- und nachgelagerten Prozessen.
Separatoren	Separatoren zur Klärung von Flüssigkeiten und Trennung von Flüssigkeitsgemischen.
Pumpen	Kreisel- und Verdrängerpumpen für die Getränke-, Nahrungsmittel- und Pharmaindustrie.
Kompressoren	Kompressoren für gewerbliche und industrielle Kälte-, Klima- und Wärmepumpenanwendungen.
Wasseraufbereitung	Filtrations- und Reinigungssysteme für die Wasseraufbereitung.
Entfernung von Fehlaromen	Systemlösungen zur Filtration und bspw. Deaktivierung von Enzymen zur Entfernung von Fehlaromen.
Sterilisation	Reinigungs- und Sterilisationssysteme für Anlagen zur Verarbeitung von Lebensmitteln und Getränken, Körperpflegeprodukten oder Pharmazeutika.
Bier- und Saftkonzentration	Anlagen zur Aufkonzentration alkoholischer und nichtalkoholischer Getränke.
Abwasserkonzentration	Rückgewinnung von Brauchwasser durch Aufkonzentration von Abwässern.

Von den aufgeführten Anwendungen werden im Rahmen des Fallbeispiels industrielle Systemlösungen zum *Backen*, *Kochen* und *Frittieren* von Lebensmitteln zu einem Anwendungsfeld aggregiert. Die genannten Anwendungen werden gemeinsam betrachtet, da aus der Perspektive der GEA Group hohe Ähnlichkeiten hinsichtlich der technischen Lösungen sowie des Markt- und Wettbewerbsumfelds bestehen. Aus den gleichen Gründen werden ebenfalls die Anwendungen *Separatoren*, *Pumpen* und *Kompressoren* aggregiert betrachtet. Demgegenüber sind die Anwendungen *Wasseraufbereitung* und *Entfernung von Fehlaromen* ebenso wie die *Bier- und Saftkonzentration* sowie die *Abwasserkonzentration* getrennt zu betrachten, da in beiden Fällen das Markt- und Wettbewerbsumfeld divergiert, obgleich die technischen Lösungen grundsätzlich ähnlich sind. Die genannten Anwendungen in den beschriebenen Gruppierungen wurden, mithilfe des in Abbildung A-18 dargestellten Bewertungsschema, durch die Experten der GEA Group beurteilt. Die Ergebnisse sind in Abschnitt A.10 im Anhang dargestellt.

5.2.3 Ermittlung der Technologiepotenziale und Risiken

Auf Basis des definierten Bewertungsrahmens aus Unterkapitel 5.2.1 sowie der durch die GEA Group bereitgestellten Eingangsinformationen aus Unterkapitel 5.2.2 werden nachfolgend die Technologiepotenziale und Risiken je Technologie ermittelt. Hierzu werden die Ausprägungen der Potenzialdimension je Technologie unter Verwendung der Formel (4-8) errechnet. Die einzelnen Potenzialdimensionen werden subsequent zu einem Gesamtpotenzial unter Verwendung der Formel (4-9) und der ermittelten Gewichtung der Potenzialdimensionen aus Abbildung 5-1 aggregiert. Das Ergebnis der Potenzialbewertung ist in Tabelle 5-3 dargestellt.

Tabelle 5-3: Ermittelte Potenzialwerte je Potenzialdimension und Technologie

Potenzialdimension	**Wärme-rückgewinnung**	**Reluktanz-motoren**	**Multifunktions-membranen**	**Kaltes Plasma**	**Gefrierkon-zentration**
Synergiepotenzial	7,7%	32,0%	35,7%	12,6%	18,8%
Entwicklungspotenzial	6,8%	26,8%	32,0%	14,0%	21,0%
Kostensenkungspotenzial	8,6%	32,4%	23,1%	11,7%	21,4%
Qualitätspotenzial	10,4%	34,9%	24,9%	15,4%	27,8%
Imagepotenzial	9,9%	33,5%	30,9%	19,3%	24,5%
Innovationspotenzial	7,0%	24,8%	33,9%	17,9%	20,8%
Gesamtpotenzial	**8,1%**	**29,7%**	**32,1%**	**16,0%**	**22,1%**

In gleicher Form werden die Teilrisiken errechnet und zu einem Gesamtrisiko aggregiert. Für die Ermittlung der Teilrisiken wird dabei auf die Formel (4-10) zurückgegriffen, während die Aggregation des Gesamtrisikos je Technologie mithilfe der Formel (4-12) und der in Abbildung 5-2 dargestellten Gewichtung der Teilrisiken durchgeführt wird. Die ermittelten Werte für die Teilrisiken und das Gesamtrisiko je Technologie sind in Tabelle 5-4 dargestellt.

Tabelle 5-4: Ermittelte Risikowerte je Teilrisiko und Technologie

Teilrisiken	**Wärmerückgewinnung**	**Reluktanzmotoren**	**Multifunktionsmembranen**	**Kaltes Plasma**	**Gefrierkonzentration**
Substitutionsrisiko	55,4%	58,2%	47,6%	48,0%	40,5%
Imitationsrisiko	75,0%	70,0%	37,4%	49,7%	54,6%
Finanzierungsrisiko	28,7%	29,8%	55,7%	44,3%	35,6%
Marktrisiko	57,1%	37,9%	49,5%	40,6%	40,9%
Zulassungsrisiko	35,0%	38,1%	64,8%	62,1%	48,5%
Rechtsrisiko	51,2%	51,2%	60,6%	55,8%	53,0%
Akzeptanzrisiko	38,2%	28,4%	51,4%	49,7%	44,9%
Entwicklungsrisiko	41,5%	32,3%	53,3%	59,1%	39,7%
Umsetzungsrisiko	34,3%	31,0%	59,0%	64,0%	45,4%
Gesamtrisiko	**47,1%**	**40,7%**	**53,4%**	**52,3%**	**45,0%**

Die ermittelten Potenzial- und Risikowerte je Technologie werden im nachfolgenden Schritt für die Bewertung der Technologien im Technologieportfolio verwendet.

5.2.4 Bewertung der Technologiealternativen

Die abschließende Bewertung der Technologiealternativen erfolgt unter Zuhilfenahme der in Unterkapitel 4.5.1 erarbeiteten Darstellungsform mit den definierten Handlungsempfehlungen. Für die Bewertung werden die betrachteten Technologien entsprechend den im vorangegangenen Unterkapitel ermittelten Potenzial- und Risikowerten im Technologieportfolio positioniert. Hierzu werden die Potenzialwerte zunächst normiert, da es sich bei diesen um Verhältnisgrößen handelt (vgl. Unterkapitel 4.5.5), während die Risikowerte unmittelbar berücksichtigt werden. In Abbildung 5-3 sind die betrachteten Technologien im Technologieportfolio dargestellt.

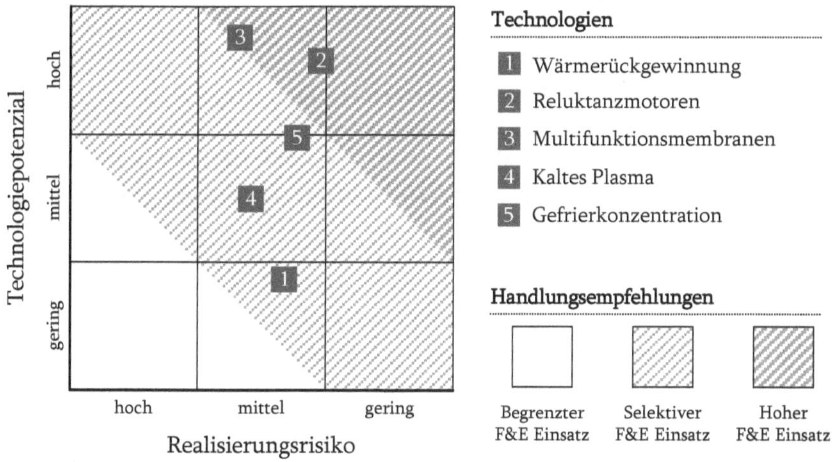

Abbildung 5-3: Bewertung der Technologiealternativen im Technologieportfolio

Ausgehend von der durchgeführten Bewertung können für die betrachteten Technologiealternativen Handlungsempfehlungen für die nachfolgende Technologieauswahl durch die GEA Group abgeleitet werden. Entsprechend der in Abbildung 5-3 dargestellten Positionierung werden für die *Multifunktionsmembranen* sowie die *Reluktanzmotoren* verstärkte F&E Investitionen uneingeschränkt empfohlen. F&E Investitionen in die Technologien *Gefrierkonzentration* und *Kaltes Plasma* sollten hingegen fallspezifisch betrachtet werden. Dies gilt gleichermaßen für die *Wärmerückgewinnung*, obgleich für diese Technologie das Verhältnis zwischen dem Technologiepotenzial und dem möglichen Risiko am wenigsten vorteilhaft ist. Die aus der Positionierung abgeleitete Handlungsempfehlung ist kongruent zur Einschätzung durch die Technologieexperten der GEA Group.

5.3 Kritische Reflexion

Die im Rahmen der vorliegenden Dissertation entwickelte Methodik wurde anhand eines Fallbeispiels aus der industriellen Praxis mit drei Vertretern der divisionsübergreifenden Innovationseinheit der GEA Group durchgeführt. Im Zuge der Anwendung war insbesondere die Umsetzung der Methodik in Form eines Excel-Tools hilfreich, durch welches der manuelle Aufwand für die Bewertung der Potenziale und Risiken signifikant reduziert werden konnte. Das erarbeitete Tool kann als Vorstufe für eine softwareseitige Umsetzung der Methodik betrachtet werden. Durch die fallweise Anwendung konnte der Nutzen der Methodik für die Unterstützung der initialen Technologieauswahl belegt werden. So wird die Beurteilung neuer Technologien durch die systematische Aggregation und die anschließende grafische Aufbereitung effektiv unterstützt und damit ein Beitrag zu einer effizienten und möglichst objektiven Entscheidungsfindung geleistet. Während der Anwendung der Methodik anhand des Fallbeispiels konnten zudem keine Widersprüche oder Inkonsistenzen identifiziert werden, sodass das Ziel der Nichtfalsifikation erreicht wurde. In diesem Kontext sind insbesondere die ermittelten relativen Technologiepotenziale sowie das Realisierungsrisiko je Technologie hervorzuheben, welche den Einschätzungen der Technologieexperten entsprechen. Zum Abschluss der Validierung werden nachfolgend die in Teilkapitel 3.1 definierten formalen und inhaltlichen Anforderungen an die Methodik vor dem Hintergrund der durchgeführten fallbasierten Anwendung kritisch reflektiert.

Als inhaltliche Anforderung wurde in Unterkapitel 3.1.1 die *relative Vergleichbarkeit unterschiedlicher Technologien* definiert und im Zuge der fallweisen Anwendung validiert. So wurden im Rahmen des Fallbeispiels sowohl aus technischer Sicht als auch hinsichtlich des Einsatzzwecks divergierende Technologien anhand ihrer Potenziale und möglicher Risiken relativ zueinander verglichen. Auf Basis definierter Indikatoren wurde ferner das *unternehmensspezifische Technologiepotenzial quantifiziert,* sodass die zweite inhaltliche Anforderung ebenso als erfüllt betrachtet wird. Neben der Quantifizierung der Technologiepotenziale wurde weiterhin die *ganzheitliche Risikobewertung* bestätigt. Diese wird zum einen durch die neun definierten Teilrisiken und deren unternehmensindividuelle Gewichtung sowie die diversen, für die Risikobewertung betrachteten technologie- und anwendungsbezogenen Indikatoren sichergestellt.

Auf Basis der Anwendung der Methodik im Rahmen des Fallbeispiels können die definierten formalen Anforderungen aus Unterkapitel 3.1.2 als erfüllt betrachtet werden. So wurde die *empirische Richtigkeit* der Methodik durch die Übereinstimmung der ermittelten Bewertungsergebnisse mit der Einschätzung des realen Sachverhalts durch die Technologieexperten der GEA Group bestätigt. Ebenso konnte die *formale Richtigkeit* der Methodik validiert werden, da das Ergebnis sowie die einzelnen Bausteine als widerspruchsfrei betrachtet werden und die Wiederholbarkeit und Überprüfbarkeit der Ergebnisse gegeben ist. Im Kontext der formalen Richtigkeit ist zudem die bereits erläuterte Quantifizierung und relative Vergleichbarkeit positiv hervorzuheben. Weiterhin wird die Methodik als *produktiv* angesehen, da der Bewertungsprozess zum einen durch die bereitgestellte Systematik objektiviert wird. Auf diese Weise werden jeder Bewertung die gleichen Kriterien zugrunde gelegt und ein grundlegendes Maß an Standardisierung erzeugt. Zum anderen wird durch die Ergebnisse der Methodik und deren Visualisierung die übergeordnete Zielsetzung der Unterstützung der initialen Technologieauswahl erfüllt, obgleich für die abschließende Technologieentscheidung zusätzliche unternehmerische Aspekte zu berücksichtigen sind. Die Methodik war für die Experten der GEA Group aufgrund der Verwendung bekannter Kriterien und Begrifflichkeiten leicht anwendbar. Ebenso wurden die Ergebnisse durch die intuitive Darstellungsform als einfach zu interpretieren angesehen und damit das Kriterium der *Handhabbarkeit* erfüllt. Darüber hinaus wird die Anwendung der Methodik als *aufwandsarm* wahrgenommen, da die betrachteten Aspekte im Rahmen einer Technologieauswahl ohnehin zu untersuchen und somit in der Regel leicht verfügbar sind. Der verbliebene Aufwand für die Beurteilung der Indikatoren und die Gewichtung der Potenzialdimensionen und Teilrisiken belief sich auf wenige Stunden für die fünf Technologien und sieben Anwendungen und wurde in Summe als gering im Verhältnis zu ähnlichen Methoden und Vorgehensweisen erachtet.

6 Zusammenfassung und Ausblick

Die Bedeutung neuer, innovativer und leistungsfähiger Technologien nimmt für produzierende Unternehmen vor dem Hintergrund eines beschleunigten technologischen Wandels und der zunehmenden Wettbewerbsintensität stetig zu. So werden etablierte Unternehmen einerseits mit einem steigenden Wettbewerbsdruck durch die fortschreitende Globalisierung und eine wachsende Zahl innovativer Start-ups konfrontiert, während andererseits der technologische Wandel mit zunehmender Geschwindigkeit und Dynamik voranschreitet. Vor diesem Hintergrund ist die frühzeitige Priorisierung neuer potenzialträchtiger Technologien ein zentraler Erfolgsfaktor für den effizienten Einsatz der begrenzten monetären und kapazitiven Unternehmensressourcen. So müssen für eine effiziente und effektive Entscheidungsfindung in einem volatilen und unsicheren Umfeld mögliche Potenziale von Technologien und damit verbundene Risiken frühestmöglich transparent und nachvollziehbar bekannt sein. Dabei besteht für Unternehmen derzeit die Herausforderung darin, in Anbetracht begrenzter und unvollständiger Informationen eine valide Entscheidungsgrundlage für die initiale Technologieauswahl zu schaffen.

Daher bestand die übergeordnete Zielsetzung der vorliegenden Dissertation in der Erarbeitung einer Methodik zur prädiktiven potenzial- und risikobasierten Technologiebewertung für die Unterstützung einer frühzeitigen Technologieauswahl. Durch die Erarbeitung einer ganzheitlichen Bewertungsmethodik, welche auf den spezifischen Charakteristika von Technologien und dem unternehmensindividuellen Anwendungskontext basiert, werden Unternehmen befähigt, die unternehmensindividuellen Potenziale von Technologien möglichst objektiv und reproduzierbar zu ermitteln sowie damit verbundene Risiken adäquat zu beurteilen.

Vor diesem Hintergrund wurden im Anschluss an die einleitende Motivation das Forschungskonzept und der Aufbau der Arbeit i. A. a. den Forschungsprozess nach ULRICH erläutert. Anschließend erfolgten in Kapitel 2 die Definition grundlegender Begrifflichkeiten sowie die Erläuterung des Potenzial- und Risikoverständnisses im Kontext der vorliegenden Dissertation. Zudem erfolgte eine Eingrenzung des Betrachtungsbereichs hinsichtlich der Betrachtungsobjekte, der prozessualen Einordung sowie der Adressaten der Methodik. Weiterhin wurden bestehende Ansätze zur Potenzial- bzw. Risikobewertung von Technologien dargelegt. Auf Basis einer nachfolgenden kritischen Reflexion dieser Ansätze wurde anschließend das Forschungsdefizit für die Arbeit detailliert. Als solche wurden insbesondere die fehlende Vergleichbarkeit der Bewertungsergebnisse bei bestehenden Ansätzen zur initialen Technologiebewertung identifiziert. Darüber hinaus wurde eine mangelnde Berücksichtigung von Unsicherheiten und Risiken bei der Bewertung von Technologiepotenzialen herausgearbeitet und damit letztlich das Fehlen eines ganzheitlichen Ansatzes zur simultanen Bewertung von Potenzialen und Risiken dargelegt.

Vor dem Hintergrund der ermittelten Defizite sowie des dargestellten praktischen Problems wurden im darauffolgenden Kapitel 3 die inhaltlichen Anforderungen an die Methodik abgeleitet sowie die formalen Anforderungen definiert. Unter Berücksichtigung relevanter system- und modelltheoretischer Grundlagen für die Konzeption und Entwicklung von Lösungsmodellen wurde anschließend das Grobkonzept der Methodik bestehend aus jeweils zwei Beschreibungs- und Erklärungsmodellen sowie einem Gestaltungsmodell erarbeitet.

Im darauffolgenden Kapitel 4 wurden die Modelle weiter detailliert und ausgearbeitet. Zunächst wurden mögliche Technologiecharakteristika auf Basis bestehender Standardwerke des Technologie- und Innovationsmanagements erarbeitet und anschließend deren Verwendbarkeit als Indikatoren zur Beurteilung der Potenziale und Risiken von Technologien überprüft (vgl. Teilkapitel 4.1). Hierzu wurden die identifizierten Merkmale u. a. hinsichtlich der Bewertbarkeit im Rahmen der initialen Technologieauswahl sowie der Redundanzfreiheit zur Sicherung der empirischen Richtigkeit der Bewertungsergebnisse überprüft und schließlich 20 Merkmale als potenzielle Indikatoren selektiert. In ähnlicher Form wurde ebenfalls das zweite Beschreibungsmodell zur Darstellung des Anwendungskontextes der zu bewertenden Technologien in Teilkapitel 4.2 erarbeitet. So wurden auf Basis einer umfassenden Analyse wissenschaftlicher Publikationen sowie unter Berücksichtigung der allgemeinen Anforderungen an Indikatoren 15 Merkmale zur Beschreibung des Anwendungskontextes von Technologien für die Potenzial- und Risikobewertung identifiziert. Darüber hinaus wurde nach sorgfältiger Überprüfung alternativer Herangehensweisen ein Ansatz zur Beurteilung der unternehmensindividuellen Bedeutung von Anwendungen erarbeitet. Für die Beurteilung des Technologiepotenzials wurden im Rahmen der darauffolgenden Ausarbeitung des Erklärungsmodells sechs allgemeine Potenzialdimensionen deduziert (vgl. Teilkapitel 4.3). Um die Ermittlung und Quantifizierung des Technologiepotenzials zu ermöglichen, wurden anschließend Wirkbeziehungen zwischen den Potenzialdimensionen und den Technologieindikatoren abgeleitet und mithilfe der Methode des AHP quantifiziert. Ergänzend zum Technologiepotenzialmodell wurde in Teilkapitel 4.4 das Erklärungsmodell für die Ermittlung der potenzialbezogenen Risiken erarbeitet. Auf Basis einer umfassenden Literaturrecherche wurden insgesamt 1.043 mögliche Risikofaktoren identifiziert, welche mithilfe einer systematischen Analyse und Synthese auf 49 besonders relevante Faktoren reduziert und schließlich zu neun Teilrisiken aggregiert wurden. Zwischen diesen Teilrisiken und den Technologie- bzw. Anwendungsindikatoren wurden ebenfalls Wirkbeziehungen abgeleitet und mithilfe der Methode des AHP beziffert, um die Quantifizierung der Teilrisiken zu ermöglichen. Zur Ausgestaltung der erarbeiteten Teilmodelle zu einer durchgängigen Methodik wurde abschließend in Teilkapitel 4.5 ein Gestaltungsmodell für die Gewährleistung eines systematischen und reproduzierbaren Bewertungsvorgehens erarbeitet. Dieses besteht aus fünf Teilschritten und wurde i. A. a. den Problemlösungszyklus nach HABERFELLNER ET AL. konzipiert.

Die erarbeitete Methodik wurde in Kapitel 5 abschließend anhand eines Fallbeispiels aus der industriellen Praxis validiert. Diese Validierung erfolgte mit Vertretern der zentralen Innovationseinheit der GEA Group. Durch die Anwendung der Methodik anhand des Fallbeispiels konnten der grundsätzliche Mehrwert sowie die Erfüllung der inhaltlichen und formalen Anforderungen der Methodik bestätigt werden. Darüber hinaus wurden mögliche Weiterentwicklungs- und Optimierungsmöglichkeiten aufgezeigt, welche nachfolgend erläutert werden.

Durch die im Rahmen der vorliegenden Dissertation erarbeitete Methodik wird ein relevanter Beitrag zur frühzeitigen Priorisierung und Auswahl neuer Technologien geleistet. So wird durch die bereitgestellte Methodik die initiale Technologiebewertung grundlegend strukturiert sowie durch die simultane Beurteilung von Potenzialen und Risiken ganzheitlich gestaltet und auf diese Weise zu einer möglichst objektiven Entscheidungsfindung beigetragen. Zudem wird der Entscheidungsprozess durch die grafische Aufarbeitung und Aggregation der verfügbaren Informationen effektiv unterstützt.

Ergänzend zu dem durch die entwickelte Methode dargestellten Beitrag für die initiale Technologieauswahl können ausgehend von der durchgeführten Validierung konsekutive Forschungsaktivitäten abgeleitet werden. So kann zum einen die Handhabbarkeit der Methodik durch eine softwareseitige Umsetzung erhöht werden. Während für die Validierung ein einfaches Excel-Tool verwendet wurde, besteht durch die dezidierte softwareseitige Implementierung die Möglichkeit, den bestehenden manuellen Restaufwand weiter zu reduzieren. In diesem Zusammenhang besteht ggf. zudem die Möglichkeit, Teilaspekte der Informationsbeschaffung durch intelligente, wissensbasierte Systeme zu unterstützen und zu teilautomatisieren. Zum anderen können die analytisch-deduktiv ermittelten und im Zuge des Fallbeispiels validierten Wirkbeziehungen sowie Wirkstärken im Rahmen von weiterführenden umfassenden empirischen Studien überprüft und detailliert werden. Hierbei können ggf. branchenspezifische Charakteristika identifiziert und durch eine subsequente Überführung in die Methodik die Aussagekraft des Ergebnisses weiter gesteigert werden. Weitere konsekutive Forschungsaktivitäten können in der Adaption oder Ergänzung der identifizierten Potenzialdimensionen und Teilrisiken bestehen. Während die identifizierten technologie- und anwendungsbezogenen Indikatoren auf Basis der durchgeführten Literaturrecherche als weitestgehend konstant betrachtet werden können, sind die Potenziale und Risiken stark vom wirtschaftlichen und unternehmensstrategischen Kontext abhängig. Daher ist im Fall einer signifikanten Änderung dieser Rahmenbedingungen eine kritische Prüfung und ggf. eine Anpassung oder Ergänzung einzelner Potenzialdimensionen bzw. Teilrisiken notwendig. Eine solche Anpassung ist ebenfalls für den Fall einer Änderung des Betrachtungssubjekts der Methodik erforderlich. So werden durch die entwickelte Methodik gewinnorientierte produzierende Unternehmen adressiert. Jedoch kann eine potenzial- und risikobasierte Technologiebewertung ebenfalls aus institutioneller, industriepolitischer Sicht sinnvoll sein. In diesem Fall wäre jedoch eine Adaption hinsichtlich volkswirtschaftlicher Potenziale und Risiken erforderlich.

Literaturverzeichnis

[ABEL06] ABELE, T.: Verfahren für das Technologie-Roadmapping zur Unterstützung des strategischen Technologiemanagements. Heimsheim: Universität Stuttgart, 2006

[ABEL11] ABELE, E.; KUSKE, P.; LANG, H.: Schutz vor Produktpiraterie. Ein Handbuch Für Den Maschinen- und Anlagenbau. Berlin, Heidelberg: Springer Berlin Heidelberg, 2011

[AFZA17] AFZAL, M. A.: Risks in new product development (NPD) projects. Diss. Cranfield, 2017

[AHSE10] AHSEN, A.: Bewertung von Innovationen im Mittelstand. Berlin, Heidelberg: Springer Berlin Heidelberg, 2010

[ANDI18] ANDING, M.: Fachkräftemangel: Zur Lösung eines greifbaren Problems in digitalen Zeiten. In: Wirtschaftsinformatik & Management, 2018, Nr. 1, S. 14-21

[ANG08] ANG, S. H.: Competitive intensity and collaboration: impact on firm growth across technological environments. In: Strategic Management Journal. 29. Jg., 2008, Nr. 10, S. 1057-1075

[ANSO65] ANSOFF, H. I.: Corporate strategy. An analytic approach to business policy for growth and expansion. New York: McGraw-Hill, 1965

[ARAB19] ARABSHAHI, H.; FAZLOLLAHTABAR, H.: Risk analysis for innovative activities in production systems using product opportunity gap concept. In: The TQM Journal. 31. Jg., 2019, Nr. 6, S. 1028-1048

[AVEN07] AVEN, T.; VINNEM, J. E.: Risk Management. With Applications from the Offshore Petroleum Industry. London, Berlin, Heidelberg: Springer, 2007

[AVEN10] AVEN, T.: On how to define, understand and describe risk. In: Reliability Engineering & System Safety. 95. Jg., 2010, Nr. 6, S. 623-631

[AVEN12a] AVEN, T.: The risk concept—historical and recent development trends. In: Reliability Engineering & System Safety. 99. Jg., 2012, S. 33-44

[AVEN12b] AVEN, T.: Foundations of Risk Analysis. 2nd edition. Chichester: Wiley, 2012

[AVEN15] AVEN, T.: Risk analysis. 2nd edition. Chichester, West Sussex, United Kingdom: John Wiley & Sons, 2015

[BACC01] BACCARINI, D.; ARCHER, R.: The risk ranking of projects: a methodology. In: International Journal of Project Management. 19. Jg., 2001, Nr. 3, S. 139-145

[BACK18] BACKHAUS, K.; ERICHSON, B.; PLINKE, W.; WEIBER, R.: Multivariate Analysemethoden. Berlin, Heidelberg: Springer Berlin Heidelberg, 2018

[BACK19] BACKHAUS, K.: Produktvorteil oder Nutzenvorteil im Spannungsfeld zwischen Ingenieuren und Wirtschaftlern. In: Backhaus, K.; Buff, P. (Hrsg.): MarktLab 2.0. Berlin, Heidelberg: Springer Berlin Heidelberg, 2019, S. 7-17

[BAET74] BAETGE, J.: Betriebswirtschaftliche Systemtheorie. Regelungstheoretische Planungs-Überwachungsmodelle für Produktion, Lagerung und Absatz. Wiesbaden: VS Verlag für Sozialwissenschaften, 1974

[BAO19] BAO, C.; WU, D.; LI, J.: A Knowledge-Based Risk Measure From the Fuzzy Multicriteria Decision-Making Perspective. In: IEEE Transactions on Fuzzy Systems. 27. Jg., 2019, Nr. 5, S. 1126-1138

[BARR13] BARRAGÁN-OCAÑA, A.; ZUBIETA-GARCÍA, J.: Critical Factors toward Successful R & D Projects in Public Research Centers. In: Journal of applied research and technology. 11. Jg., 2013, Nr. 6, S. 866-875

[BAUE03] BAUERNHANSL, T.: Bewertung von Synergiepotenzialen im Maschinenbau. Wiesbaden: Deutscher Universitätsverlag, 2003

[BEA17] BEA, F. X.; HAAS, J.: Strategisches Management. 9., überarbeitete Auflage. Konstanz, München: UVK Verlagsgesellschaft mbH; Lucius, 2017

[BECK77] BECKMANN, J.: Anleitung zur Technologie. Göttingen, 1777

[BEIS06] BEISE, M.: Die Lead-Markt-Strategie. Das Geheimnis weltweit erfolgreicher Innovationen. Berlin, Heidelberg: Springer-Verlag Berlin Heidelberg, 2006

[BELD18] BELDAD, A. D.; HEGNER, S. M.: Expanding the Technology Acceptance Model with the Inclusion of Trust, Social Influence, and Health Valuation to Determine the Predictors of German Users' Willingness to Continue using a Fitness App: A Structural Equation Modeling Approach. In: International Journal of Human–Computer Interaction. 34. Jg., 2018, Nr. 9, S. 882-893

[BELL19] BELLET, T.; CUNNEEN, M.; MULLINS, M.; MURPHY, F.; PÜTZ, F.; SPICKERMANN, F.; BRAENDLE, C.; BAUMANN, M. F.: From semi to fully autonomous vehicles: New emerging risks and ethico-legal challenges for human-machine interactions. In: Transportation Research Part F: Traffic Psychology and Behaviour. 63. Jg., 2019, S. 153-164

[BENA06] Benaroch; Lichtenstein; Robinson: Real Options in Information Technology Risk Management: An Empirical Validation of Risk-Option Relationships. In: MIS Quarterly. 30. Jg., 2006, Nr. 4, S. 827

[BERG02] BERGLUND, H.; HELLSTROM, T.: Enacting risk in independent technological innovation. In: International Journal of Risk Assessment and Management. 3. Jg., 2002, 2/3/4, S. 205

[BERS80] BERSCHIN, H. H.: Kennzahlen für die betriebliche Praxis. Wiesbaden: Gabler Verlag, 1980

[BILL03] BILLING, F.: Koordination in radikalen Innovationsvorhaben. Wiesbaden: Deutscher Universitätsverlag, 2003

[BIND96] BINDER, V. A.; KANTOWSKY, J.: Technologiepotentiale. Neuausrichtung der Gestaltungsfelder des Strategischen Technologiemanagements. Wiesbaden, s.l.: Deutscher Universitätsverlag, 1996

[BLAN18] BLANKE-ROESER, C.: 3D-Druck als Herausforderung für das deutsche und europäische Patentrecht – Rechtlicher Rahmen und Chancen für Rechteinhaber. In: Redlich, T.; Moritz, M.; Wulfsberg, J. P. (Hrsg.): Interdisziplinäre Perspektiven zur Zukunft der Wertschöpfung. Wiesbaden: Springer Fachmedien Wiesbaden, 2018, S. 135-146

[BLEI04] BLEICHER, K.: Das Konzept integriertes Management. Visionen - Missionen - Programme. 7., überarb. und erw. Aufl. Frankfurt/Main, New York: Campus Verlag, 2004

[BODE18] BODEN, A.; LIEGL, M.; BÜSCHER, M.: Ethische, rechtliche und soziale Implikationen (ELSI). In: Reuter, C. (Hrsg.): Sicherheitskritische Mensch-Computer-Interaktion. Interaktive Technologien und soziale Medien im Krisen- und Sicherheitsmanagement. Wiesbaden: Springer Vieweg, 2018, S. 163-182

[BOMH19] BOMHARD, D.: Rechtliche Aspekte. In: Bomhard, D. (Hrsg.): Automatisierung und Entkollektivierung betrieblicher Arbeitsorganisation. Wiesbaden: Springer Fachmedien Wiesbaden, 2019, S. 37-103

[BRAC80] BRACKER, J.: The Historical Development of the Strategic Management Concept. In: Academy of Management Review. 5. Jg., 1980, Nr. 2, S. 219-224

[BRAN00] BRANDKAMP, M.: Technologien für innovative Unternehmensgründungen. Wiesbaden: Deutscher Universitätsverlag, 2000

[BROC09] BROCKE, J. vom; SIMONS, A.; NIEHAVES, B.; RIEMER, K.; PLATTFAUT, R.; CLEVEN, A.: Reconstructing the Giant: On the Importance of Rigour in Documenting the Literature Search Process. In: European Conference on Information Systems (ECIS), 2009, S. 1-14

[BROC10] BROCKHOFF, K.: Forschung und Entwicklung. Planung und Kontrolle. Walter de Gruyter, 2010

[BRUN91] BRUNS, M.: Systemtechnik. Ingenieurwissenschaftliche Methodik zur interdisziplinären Systementwicklung. Berlin, Heidelberg: Springer Berlin Heidelberg, 1991

[BUCH20] BUCHHOLTZ, G.: Artificial Intelligence and Legal Tech: Challenges to the Rule of Law. In: Wischmeyer, T.; Rademacher, T. (Hrsg.): Regulating Artificial Intelligence. Cham: Springer International Publishing, 2020, S. 175-198

[BULL18] BULLINGER, H.-J.; BAUER, W.; RÜGER, M.: Geschäftsmodell-Innovationen richtig umsetzen, 2018

[BULL94] BULLINGER, H.-J.: Einführung in das Technologiemanagement. Wiesbaden: Vieweg+Teubner Verlag, 1994

[BULL99] BULLINGER, H.-J.: Technologiemanagement. In: Eversheim, W.; Schuh, G. (Hrsg.): Produktion und Management. Berlin: Springer, 1999

[BÜRG00] BÜRGEL, H. D.; ACKEL-ZAKOUR, R.: Die Bedeutung des Managements von Risiken für das strategische Forschungs- und Entwicklungs-Portfolio. In: Häfliger, G. E.; Meier, J. D. (Hrsg.): Aktuelle Tendenzen im Innovationsmanagement. Heidelberg: Springer, 2000, S. 55-70

[BURZ19] BURZAN, N.: Indikatoren. In: Baur, N.; Blasius, J. (Hrsg.): Handbuch Methoden der empirischen Sozialforschung. Wiesbaden: Springer Fachmedien Wiesbaden, 2019, S. 1029-1036

[CHAN62] CHANDLER, A. D.: Strategy and structure. Chapters in the history of the industrial enterprise. Cambridge, Mass.: MIT Press, 1962

[CHAU17] CHAUHAN, A. S.; YADAV, O. P.; RATHORE, A. P. S.; SONI, G.: Analysis of risk sources in new product development process using fuzzy failure mode analysis. In: 2017 IEEE International Conference on Industrial Engineering and Engineering Management (IEEM). Singapore, 10.12.2017. Piscataway, NJ: IEEE, 2017, S. 1198-1202

[CHEN10] CHEN, Y.; ZHAO, M.: The Research of Product Innovation Project Risk Evaluation Method Based on Neural Network. In: 2010 International Conference on Multimedia Technology (ICMT). Ningbo, China, 29.10.2010. Piscataway, NJ: IEEE, 2010, S. 1-4

[CHEN17] CHEN, C.; XU, X.; ARPAN, L.: Between the technology acceptance model and sustainable energy technology acceptance model: Investigating smart meter acceptance in the United States. In: Energy Research & Social Science. 25. Jg., 2017, S. 93-104

[CHIE07] CHIESA, V.: R&D Strategy and Organisation. Managing technical change in dynamic contexts. Reprinted. London: Imperial College Press, 2007

[CHIN09] CHIN, K.-S.; TANG, D.-W.; YANG, J.-B.; WONG, S. Y.; WANG, H.: Assessing new product development project risk by Bayesian network with a systematic probability generation methodology. In: Expert Systems with Applications. 36. Jg., 2009, Nr. 6, S. 9879-9890

[COOP07a] COOPER, R.: Managing technology development projects. In: IEEE Engineering Management Review. 35. Jg., 2007, Nr. 1, S. 67

[COOP07b] COOPER, R. G.; KLEINSCHMIDT, E. J.: Winning Businesses in Product Development. In: Research-Technology Management. 50. Jg., 2007, Nr. 3, S. 52-66

[COOP17] COOPER, R. G.: Idea-to-Launch Gating Systems: Better, Faster, and More Agile. In: Research-Technology Management. 60. Jg., 2017, Nr. 1, S. 48-52

[COOP88] COOPER, H. M.: Organizing knowledge syntheses: A taxonomy of literature reviews. In: Knowledge in Society. 1. Jg., 1988, Nr. 1, S. 104-126

[CORR17] CORRALES, M.; DJEMAME, K.: A Brokering Framework for Assessing Legal Risks in Big Data and the Cloud. In: Corrales, M.; Fenwick, M.; Forgó, N. (Hrsg.): New Technology, Big Data and the Law. Singapore: Springer Singapore, 2017, S. 187-222

[CORR19] CORRALES, M.; FENWICK, M.; HAAPIO, H.: Digital Technologies, Legal Design and the Future of the Legal Profession. In: Corrales, M.; Fenwick, M.; Haapio, H. (Hrsg.): Legal Tech, Smart Contracts and Blockchain. Singapore: Springer Singapore, 2019, S. 1-15

[CORS16] CORSTEN, H.; GÖSSINGER, R.; MÜLLER-SEITZ, G.; SCHNEIDER, H.: Grundlagen des Technologie- und Innovationsmanagements. 2., überarbeitete und erweiterte Auflage. München: Verlag Franz Vahlen GmbH, 2016

[COTT13] COTTIN, C.; DÖHLER, S.: Risikoanalyse. Wiesbaden: Springer Fachmedien Wiesbaden, 2013

[DANN01] DANNEELS, E.: Product innovativeness from the firm's perspective: its dimensions and their relation with project selection and performance. In: Journal of Product Innovation Management. 18. Jg., 2001, Nr. 6, S. 357-373

[DAVI03] DAVIS, C. R.: Calculated Risk. In: IEEE Engineering Management Review. 31. Jg., 2003, Nr. 1, S. 38

[DENZ18] DENZIN, N. K.; LINCOLN, Y. S. (HRSG.): The SAGE handbook of qualitative research. Fifth edition. Los Angeles, London, New Delhi, Singapore, Washington DC, Melbourne: SAGE, 2018

[DILL15] DILLERUP, R.; KAPPLER, D.: Analyse über das Zusammenwirken von Innovationsrisiken. In: Controller Magazin. 40. Jg., 2015, Nr. 6, S. 10

[DIN18] DIN ISO Deutsches Institut für Normung e. V. 31000:2018-10 (2018-10). Risikomanagement - Leitlinien

[DOMB16] DOMBROWSKI, U.; KARL, A.: Systematic Improvement of Supplier Integration within the Product Development Process. In: Procedia CIRP. 57. Jg., 2016, S. 392-397

[DUDE10] Duden, Fremdwörterbuch. Auf der Grundlage der neuen amtlichen Rechtschreibregeln. 10. Auflage. Mannheim: Dudenverl., 2010

[DUDE15] Dudenredaktion (Hrsg.): Duden, Deutsches Universalwörterbuch. [das umfassende Bedeutungswörterbuch der deutschen Gegenwartssprache]. 8., überarb. und erw. Aufl. Berlin: Dudenverl., 2015

[DUDE18] Dudenredaktion: „Methodik" Duden online. URL: https://www.duden.de/node/96411/revision/96447 [Stand: 13.10.2020]

[DUDE21] Dudenredaktion: „Technologie" Duden online. URL: https://www.duden.de/synonyme/Technologie#close-cite [Stand: 2021-04-17]

[DUNN15] DUNNE, N.: Competition Law and Economic Regulation. Making and Managing Markets. Cambridge: Cambridge University Press, 2015

[DURA05] DURAND, T.: The Strategic Management of Technology and Innovation. In: Durand, T. (Hrsg.): Bringing technology and innovation into the boardroom. Strategy, innovation and competences for business value. [Nachdr.]. Basingstoke: Palgrave Macmillan, 2005

[DZIM15] DZIMINSKI, B.; GLEESON, N. C.: Legal Aspects of Cloud Accountability. In: Felici, M.; Fernández-Gago, C. (Hrsg.): Accountability and Security in the Cloud. Cham: Springer International Publishing, 2015, S. 226-247

[EBER14] EBERT, C.: Risikomanagement kompakt. Risiken und Unsicherheiten bewerten und beherrschen. 2., überarb. u. erw. Aufl. 2014. Berlin: Springer Berlin, 2014

[EHRL12] EHRLICH, M.: Personalwachstum als ein unterschätzter Risikofaktor für die Innovations- und Wettbewerbsfähigkeit von KMU. In: Anlauft, W.; Hartwich, H. D.; Singe, I.; Thieme, C. (Hrsg.): Innovation durch Kompetenz und "gute Arbeit". Management, Betriebsrat und Beschäftigte als Akteure moderner Innovationsstrategien. Baden-Baden: Nomos, 2012, S. 53-62

[EHRL17] EHRLENSPIEL, K.; MEERKAMM, H.: Integrierte Produktentwicklung. Denkabläufe, Methodeneinsatz, Zusammenarbeit. 6., vollständig überarbeitete und erweiterte Auflage. München, Wien: Hanser, 2017

[EHRL20] EHRLENSPIEL, K.; KIEWERT, A.; LINDEMANN, U.; MÖRTL, M.: Kostengünstig Entwickeln und Konstruieren. Kostenmanagement bei der integrierten Produktentwicklung. Berlin, Heidelberg: Springer Berlin Heidelberg, 2020

[ENGE20] ENGELMANN, W.; HUPFFER, H. M.; HOHENDORFF, R. von: Potential Legal Avenues for Managing the Environmental Risks of Nanotechnology. In: Amaral Junior, A. d.; Almeida, L. d.; Klein Vieira, L. (Hrsg.): Sustainable Consumption. Cham: Springer International Publishing, 2020, S. 479-494

[EPPL09] EPPLER, M. J.; PLATTS, K. W.: Visual Strategizing. In: Long Range Planning. 42. Jg., 2009, Nr. 1, S. 42-74

[ERNE19] ERNER, M.; HAMMER, S.: Strategisches Management 4.0. In: Erner, M. (Hrsg.): Management 4.0 – Unternehmensführung im digitalen Zeitalter. Berlin, Heidelberg: Springer Berlin Heidelberg, 2019, S. 123-170

[ERNS07] ERNST, H.: Management der Neuproduktentwicklung. In: Albers, S.; Herrmann, A. (Hrsg.): Handbuch Produktmanagement. Strategieentwicklung - Produktplanung - Organisation - Kontrolle. 3., überarb. und erw. Aufl. Wiesbaden: Gabler Verlag, 2007, S. 421-444

[EURO19] What are Technology Readiness Levels (TRLs) and to which Horizon 2020 call topics are they applicable? European Commission. URL: https://ec.europa.eu/info/funding-tenders/opportunities/portal/screen/support/faq/2890 [Stand: 13.02.2021]

[EWAL89] EWALD, A.: Organisation des strategischen Technologie-Managements. Stufenkonzept zur Implementierung einer integrierten Technologie- und Marktplanung. Berlin: Schmidt, 1989

[FEAT16] FEATHERMAN, M. S.; HAJLI, N.: Self-Service Technologies and e-Services Risks in Social Commerce Era. In: Journal of Business Ethics. 139. Jg., 2016, Nr. 2, S. 251-269

[FELD07] FELDMANN, C.: Strategisches Technologiemanagement. Eine empirische Untersuchung am Beispiel des deutschen Pharma-Marktes 1990 - 2010. 1. Aufl. Wiesbaden: Deutscher Universitäts-Verlag, 2007

[FELD13] FELDHUSEN, J.; GROTE, K.-H.; NAGARAJAH, A.; PAHL, G.; BEITZ†, W.; WARTZACK, S.: Vorgehen bei einzelnen Schritten des Produktentstehungsprozesses. In: Feldhusen, J.; Grote, K.-H.; Pahl, G.; Beitz, W. (Hrsg.): Pahl/Beitz Konstruktionslehre. Methoden und Anwendung erfolgreicher Produktentwicklung. 8., vollständig überarbeitete Auflage. Berlin, Heidelberg: Springer Vieweg, 2013, S. 291-409

[FILL20] FILL, H.-G.; MEIER, A.: Rechtliche Fragen. In: Fill, H.-G.; Meier, A. (Hrsg.): Blockchain kompakt. Wiesbaden: Springer Fachmedien Wiesbaden, 2020, S. 119-132

[FLOR03] FLORICEL, S.; ST-PIERRE, J.: Evaluating risk in the innovation projects of small firms. In: ASAC. 2018. Jg., 2003, S. 1-14

[FORD16] FORDE, A. N.; FOX, M. S.: A proposed approach for idea selection in front end of innovation activities. In: Technology Innovation Management Review. 6. Jg., 2016, Nr. 8, S. 48-55

[FOST86] FOSTER, R. N.: Innovation. Wiesbaden: Gabler Verlag, 1986

[FUCH73] FUCHS, H.: Systemtheorie und Organisation. Die Theorie offener Systeme als Grundlage zur Erforschung und Gestaltung betrieblicher Systeme. Wiesbaden, s.l.: Gabler Verlag, 1973

[GÄLW05] GÄLWEILER, A.; MALIK, F.: Strategische Unternehmensführung. 3. Auflage. Frankfurt, New York: Campus Verlag, 2005

[GARC02] GARCIA, R.; CALANTONE, R.: A critical look at technological innovation typology and innovativeness terminology: a literature review. In: Journal of Product Innovation Management. 19. Jg., 2002, Nr. 2, S. 110-132

[GARZ18] GARZA-REYES, J. A.; KUMAR, V.; MARTINEZ-COVARRUBIAS, J. L.; LIM, M. K.: Managing Innovation and Operations in the 21st Century. Boca Raton: CRC Press, 2018

[GASS06] GASSMANN, O.; KOBE, C. (HRSG.): Management von Innovation und Risiko. Berlin: Springer Berlin Heidelberg, 2006

[GASS14] GASSMANN, O.; SCHWEITZER, F.: Managing the Unmanageable: The Fuzzy Front End of Innovation. In: Gassmann, O.; Schweitzer, F. (Hrsg.): Management of the Fuzzy Front End of Innovation. Cham: Springer International Publishing, 2014, S. 3-14

[GAUS18] GAUSEMEIER, J.; DUMITRESCU, R.; ECHTERFELD, J.; PFÄNDER, T.; STEFFEN, D.; THIELEMANN, F.: Innovationen für die Märkte von morgen. Strategische Planung von Produkten, Dienstleistungen und Geschäftsmodellen. München: Hanser, 2018

[GEA21] GEA Group Aktiengesellschaft: Geschäftsbericht 2020. Düsseldorf, 2021

[GERP05] GERPOTT, T. J.: Strategisches Technologie-- und Innovationsmanagement. 2., überarbeitete und erweiterte Auflage. Stuttgart Germany: Schäffer-Poeschel Verlag, 2005

[GERY04] GERYBADZE, A.: Technologie- und Innovationsmanagement. Strategie, Organisation und Implementierung. München: Vahlen, 2004

[GIRA18] GIRASA, R.: Legal Issues of Digital Technology. In: Girasa, R. (Hrsg.): Regulation of Cryptocurrencies and Blockchain Technologies. Cham: Springer International Publishing, 2018, S. 57-69

[GLAD14] GLADEN, W.: Performance Measurement. Wiesbaden: Springer Fachmedien Wiesbaden, 2014

[GLAS19] GLASER, C.: Millersche Zahl. In: Glaser, C. (Hrsg.): Risiko im Management. 100 Fehler, Irrtümer, Verzerrungen und wie man sie vermeidet. Wiesbaden Germany: Springer Gabler, 2019, S. 53-56

[GLÄß18] GLÄß, R.: Gesellschaftspolitische und rechtliche Aspekte. In: Gläß, R. (Hrsg.): Künstliche Intelligenz im Handel 1 – Überblick. Wiesbaden: Springer Fachmedien Wiesbaden, 2018, S. 19-22

[GOCH20] GOCHERMANN, J.: Technologiemanagement. Wiesbaden: Springer Fachmedien Wiesbaden, 2020

[GOMA18] GOMAN, M.: Towards unambiguous IT risk definition. In: Central European Cybersecurity Conference 2018. Ljubljana, Slovenia, 15.11.2018 - 16.11.2018. New York, NY, USA: ACM, 2018, S. 1-6

[GOME07] GOMERINGER, A.: Eine integrative, prognosebasierte Vorgehensweise zur strategischen Technologieplanung für Produkte, 2007

[GOMM16] GOMMEL, H.: Transparenz über den Innovationsprozess mithilfe der Wertstromanalyse. In: Abele, T. (Hrsg.): Die frühe Phase des Innovationsprozesses. Wiesbaden: Springer Fachmedien Wiesbaden, 2016, S. 143-161

[GOOG21] Google: Creating a Culture of Innovation - Google Workspace. URL: https://workspace.google.com/intl/en_uk/learn-more/creating_a_culture_of_innovation.html [Stand: 09.04.2021]

[GRAE17] GRAETZ, G.; FRANKS, D. M.: Social Risk and Business Risk in Mining Projects. In: O'Callaghan, T.; Graetz, G. (Hrsg.): Mining in the Asia-Pacific. Risks, Challenges and Opportunities. Cham: Springer International Publishing, 2017, S. 65-83

[GRAN07] GRANIG, P.: Innovationsbewertung. Potentialprognose und -steuerung durch Ertrags- und Risikosimulation. Wiesbaden: Deutscher Universitäts-Verlag, 2007

[GRAN13] GRANER, M.: Der Einsatz von Methoden in Produktentwicklungsprojekten. Wiesbaden: Springer Fachmedien Wiesbaden, 2013

[GRAW17] GRAW, M.: Instrument zur Steigerung des branchenübergreifenden Verwertungspotenzials von Fertigungstechnologien. 1. Auflage, 2017

[GROO20] GROOT, J. I. M. de; SCHWEIGER, E.; SCHUBERT, I.: Social Influence, Risk and Benefit Perceptions, and the Acceptability of Risky Energy Technologies: An Explanatory Model of Nuclear Power Versus Shale Gas. In: Risk analysis : an official publication of the Society for Risk Analysis. 40. Jg., 2020, Nr. 6, S. 1226-1243

[GROS07] GROSFELD-NIR, A.; RONEN, B.; KOZLOVSKY, N.: The Pareto managerial principle. In: International Journal of Production Research. 45. Jg., 2007, Nr. 10, S. 2317-2325

[GROß14] GROßKLAUS, R. H. G.: Von der Produktidee zum Markterfolg. Innovationen planen, einführen und erfolgreich managen. 2. Aufl. Wiesbaden: Springer Gabler, 2014

[GRUN15] GRUNWALD, A.: Gesellschaftliche Risikokonstellation für autonomes Fahren – Analyse, Einordnung und Bewertung. In: Maurer, M.; Gerdes, J. C.; Lenz, B.; Winner, H. (Hrsg.): Autonomes Fahren. Berlin, Heidelberg: Springer Berlin Heidelberg, 2015, S. 661-685

[GRUN19] GRUNWALD, A.: Das Akzeptanzproblem als Folge nicht adäquater Systemgrenzen in der technischen Entwicklung und Planung. In: Knodt, M.; Fraune, C.; Gölz, S.; Langer, K. (Hrsg.): Akzeptanz und politische Partizipation in der Energietransformation. Gesellschaftliche Herausforderungen jenseits von Technik und Ressourcenausstattung. 1. Auflage 2019. Wiesbaden: Springer Fachmedien Wiesbaden GmbH; Springer VS, 2019, S. 29-43

[GUBA94] GUBA, E.; LINCOLN, Y. S.: Competing paradigms in qualitative research. In: Denzin, N. K.; Lincoln, Y. S. (Hrsg.): Handbook of qualitative research. 2nd ed. Thousand Oaks: Sage Publications, Inc., 1994, S. 105-117

[GUDE07] GUDEHUS, T.: Dynamische Märkte. Praxis, Strategien und Nutzen für Wirtschaft und Gesellschaft ; mit 32 Tabellen. Berlin: Springer, 2007

[GUSE20] GUSENBAUER, M.; HADDAWAY, N. R.: Which academic search systems are suitable for systematic reviews or meta-analyses? Evaluating retrieval qualities of Google Scholar, PubMed, and 26 other resources. In: Research synthesis methods. 11. Jg., 2020, Nr. 2, S. 181-217

[GUTS07] GUTSCHE, J.; HAHN, C.; KROSTITZ, I.: Deutsche Telekom AG: Mit Serviceversprechen zum Erfolg. In: Albers, S.; Herrmann, A. (Hrsg.): Handbuch Produktmanagement. Strategieentwicklung - Produktplanung - Organisation - Kontrolle. 3., überarb. und erw. Aufl. Wiesbaden: Gabler Verlag, 2007, S. 1069-1088

[HAAG09] HAAG, C.: Werthaltigkeitsprüfung technologiebasierter immaterieller Vermögenswerte. 1. Aufl. Aachen: Apprimus-Verl., 2009

[HAAG11] HAAG, C.; SCHUH, G.; KREYSA, J.; SCHMELTER, K.: Technologiebewertung. In: Schuh, G.; Klappert, S. (Hrsg.): Technologiemanagement. Technologiemanagement. 2., neu bearb. u. erw. Aufl. Berlin, Heidelberg: Springer Berlin Heidelberg, 2011, S. 309-366

[HABE19] HABERFELLNER, R.; WECK, O. L. de; FRICKE, E.; VÖSSNER, S.: Systems engineering. Fundamentals and applications. Cham: Springer International Publishing; Birkhäuser, 2019

[HAHN00] HAHNER, C. A.: Bewertung von Innovationsideen mit Hilfe von Lebenszyklusaufwand. Diss. Universität Stuttgart, 2000

[HALL02] HALL, K.: Ganzheitliche Technologiebewertung. Ein Modell zur Bewertung unterschiedlicher Produktionstechnologien. Wiesbaden: Deutscher Universitätsverlag, 2002

[HART08] HARTMANN, M.: Technologie-Kostenanalyse. In: Mohnkopf, H.; Hartmann, M. (Hrsg.): Innovationserfolgsrechnung. Innovationsmanagement und Schutzrechtsbewertung, Technologieportfolio, Target-Costing, Investitionskalküle und Bilanzierung von FuE-Aktivitäten. 1. Aufl. s.l.: Springer-Verlag, 2008, S. 291-303

[HART15] HARTSCHEN, M.; SCHERER, J.; BRÜGGER, C.: Innovationsmanagement. Die 6 Phasen von der Idee zur Umsetzung. 3. Aufl. Offenbach: Gabal, 2015

[HAUS05] HAUSCHILDT, J.: Dimensionen der Innovation. In: Albers, S.; Gassmann, O. (Hrsg.): Handbuch Technologie- und Innovationsmanagement. Strategie - Umsetzung - Controlling. Wiesbaden, s.l.: Gabler Verlag, 2005, S. 23-39

[HAUS16] HAUSCHILDT, J.; SALOMO, S.; SCHULTZ, C.; KOCK, A.: Innovationsmanagement. 6., vollständig aktualisierte und überarbeitete Auflage. München: Franz Vahlen, 2016

[HAYN95] HAYNES, J.: Risk as an Economic Factor. In: The Quarterly Journal of Economics. 9. Jg., 1895, Nr. 4, S. 409-448

[HEES09] HEESEN, M.: Innovationsportfoliomanagement. Bewertung von Innovationsprojekten in kleinen und mittelgrossen Unternehmen der Automobilzulieferindustrie. Wiesbaden: Springer Gabler, 2009

[HEGA11] HEGARTY, M.: The cognitive science of visual-spatial displays: implications for design. In: Topics in cognitive science. 3. Jg., 2011, Nr. 3, S. 446-474

[HENZ80] HENZLER, H.: Strategisches Marketing als Impulsgeber der 80er Jahre. In: Haunschild, H.-H. (Hrsg.): Neue Technologien - neue Märkte. Ausgewählte Beiträge. Wiesbaden: Gabler Verlag, 1980, S. 70-86

[HERR13] HERRMANN, A.; HUBER, F.: Produktmanagement. Grundlagen - Methoden - Beispiele. 3., vollst. überarb. u. erw. Aufl. Wiesbaden: Springer Gabler, 2013

[HEYE17] HEYEN, D. A.; BROHMANN, B.: Konzepte grundlegenden gesellschaftlichen Wandels und seiner Gestaltung Richtung Nachhaltigkeit – ein Überblick über die aktuelle Transformationsliteratur. In: Rückert-John, J.; Schäfer, M. (Hrsg.): Governance für eine Gesellschaftstransformation. Herausforderungen des Wandels in Richtung nachhaltige Entwicklung. 1. Auflage 2017. Wiesbaden: Springer VS, 2017, S. 69-86

[HILG08] HILGERS, D.: Performance Management. Wiesbaden: Gabler, 2008

[HIMM05] HIMMEL, H.; MUSSLER, S.: Finanzielle Patentbewertung. In: ifo Schnelldienst. 58. Jg., 2005, Nr. 7, S. 26-31

[HO19] HO, S. S.; LEONG, A. D.; LOOI, J.; CHEN, L.; PANG, N.; TANDOC, E.: Science Literacy or Value Predisposition? A Meta-Analysis of Factors Predicting Public Perceptions of Benefits, Risks, and Acceptance of Nuclear Energy. In: Environmental Communication. 13. Jg., 2019, Nr. 4, S. 457-471

[HOFE19] HOFER, A.; SCHNELL, J.; BECK, B.; REINHART, G.: Potential-based Technology Planning for Production Companies. In: Procedia CIRP. 81. Jg., 2019, Nr. 4, S. 1400-1405

[HOFM18] HOFMANN, J. M.; ROßNAGEL, A.: Rechtsverträgliche Gestaltung von Cloud-Services. In: Krcmar, H.; Eckert, C.; Roßnagel, A.; Sunyaev, A.; Wiesche, M. (Hrsg.): Management sicherer Cloud-Services. Wiesbaden: Springer Fachmedien Wiesbaden, 2018, S. 25-57

[HOLT04] HOLTON, G. A.: Defining Risk. In: Financial Analysts Journal. 60. Jg., 2004, Nr. 6, S. 19-25

[HOMB20] HOMBURG, C.: Marketingmanagement. Wiesbaden: Springer Fachmedien Wiesbaden, 2020

[HORN17] HORNUNG, G.: Rechtliche Herausforderungen der Industrie 4.0. In: Obermaier, R. (Hrsg.): Industrie 4.0 als unternehmerische Gestaltungsaufgabe. Wiesbaden: Springer Fachmedien Wiesbaden, 2017, S. 69-81

[HORN18] HORNUNG, G.; HERFURTH, C.: Datenschutz bei Big Data Rechtliche und politische Implikationen. In: König, C.; Schröder, J.; Wiegand, E. (Hrsg.): Big Data. Wiesbaden: Springer Fachmedien Wiesbaden, 2018, S. 149-183

[HORO17] HOROZ, S.: Verfahren zur Potenzial- und Risikoanalyse und monetären Bewertung patentrelevanter Innovationsvorhaben. Diss. Technischen Universität Kaiserslautern Kaiserslautern, 2017

[HORS03] HORSCH, J.: Innovations- und Projektmanagement. Von der strategischen Konzeption bis zur operativen Umsetzung. Wiesbaden, s.l.: Gabler Verlag, 2003

[HSU03] HSU, Y.-G.; TZENG, G.-H.; SHYU, J. Z.: Fuzzy multiple criteria selection of government-sponsored frontier technology R&D projects. In: R&D Management. 33. Jg., 2003, Nr. 5, S. 539-551

[HUAN18] HUANG, H.-M.; LIAW, S.-S.: An Analysis of Learners' Intentions Toward Virtual Reality Learning Based on Constructivist and Technology Acceptance Approaches. In: The International Review of Research in Open and Distributed Learning. 19. Jg., 2018, Nr. 1

[HUBE19] HUBERT, M.; BLUT, M.; BROCK, C.; ZHANG, R. W.; KOCH, V.; RIEDL, R.: The influence of acceptance and adoption drivers on smart home usage. In: European Journal of Marketing. 53. Jg., 2019, Nr. 6, S. 1073-1098

[HUNG14] HUNGENBERG, H.: Strategisches Management in Unternehmen. Wiesbaden: Springer Fachmedien Wiesbaden, 2014

[IENC16] IENCA, M.; JOTTERAND, F.; VICĂ, C.; ELGER, B.: Social and Assistive Robotics in Dementia Care: Ethical Recommendations for Research and Practice. In: International Journal of Social Robotics. 8. Jg., 2016, Nr. 4, S. 565-573

[JABL00] JABLONSKI, T.: Technologiebewertung von kleinen und mittleren Unternehmen bei öffentlicher Förderung. In: Everling, O.; Riedel, S.-M.; Weimerskirch, P. (Hrsg.): Technology-Rating. Neue Entscheidungshilfen für Hightech-Investoren. Wiesbaden: Springer Gabler, 2000, S. 139-157

[JACO19] JACOBS, J. V.; HETTINGER, L. J.; HUANG, Y.-H.; JEFFRIES, S.; LESCH, M. F.; SIMMONS, L. A.; VERMA, S. K.; WILLETTS, J. L.: Employee acceptance of wearable technology in the workplace. In: Applied ergonomics. 78. Jg., 2019, S. 148-156

[JAHN10] JAHN, T.: Portfolio- und Reifegradmanagement für Innovationsprojekte zur Multiprojektsteuerung in der frühen Phase der Produktentwicklung. Stuttgart: Institut für Konstruktionstechnik und Technisches Design, 2010

[JALO11] JALONEN, H.: The uncertainty of innovation: a systematic review of the literature. In: Journal of Management Research. 2012. Jg., 2011, Vol. 4, No. 1, S. 1-48

[JANG17] JANG, H. J.; WOO, H.-G.; LEE, C.: Hawkes process-based technology impact analysis. In: Journal of Informetrics. 11. Jg., 2017, Nr. 2, S. 511-529

[JIAN01] JIANG, J. J.; KLEIN, G.; DISCENZA, R.: Information System Success as Impacted by Risks and Development Strategies. In: IEEE Transactions on Engineering Management. 48. Jg., 2001, Nr. 1, S. 46-55

[JIAN15] JIANG, W.; CHAI, H.: A risk management methodology for R&D Project risk based on AHP and fuzzy comprehensive evaluation method. In: 2015 IEEE International Conference on Industrial Engineering and Engineering Management (IEEM). Singapore, Singapore, 06.12.2015. Piscataway, NJ: IEEE, 2015, S. 320-324

[JOLL03] JOLLY, D. R.: The issue of weightings in technology portfolio management. In: Technovation. 23. Jg., 2003, Nr. 5, S. 383-391

[JOLL12] JOLLY, D. R.: Development of a two-dimensional scale for evaluating technologies in high-tech companies: An empirical examination. In: Journal of Engineering and Technology Management. 29. Jg., 2012, Nr. 2, S. 307-329

[KAPL81] KAPLAN, S.; GARRICK, B. J.: On The Quantitative Definition of Risk. In: Risk Analysis. 1. Jg., 1981, Nr. 1, S. 11-27

[KASA07] KASAP, D.; ASYALI, I. S.; ELCI, K.: Risk Management in R&D Projects. In: PICMET '07 - 2007 Portland International Conference on Management of Engineering & Technology. Portland, OR, USA, 05.08.2007 - 09.08.2007. Piscataway, NJ: IEEE, 2007, S. 2287-2290

[KEEN19] KEENAN, J.; KEMP, D.; OWEN, J.: Corporate responsibility and the social risk of new mining technologies. In: Corporate Social Responsibility and Environmental Management. 26. Jg., 2019, Nr. 4, S. 752-760

[KEIZ09] KEIZER, J.; HALMAN, J.: Risks in major innovation projects, a multiple case study within a world's leading company in the fast moving consumer goods. In: International Journal of Technology Management. 48. Jg., 2009, S. 499-517

[KESS18] KESSEL, C.; BODUNGEN, B. von: Germany's New Road Traffic Law—Legal Risks and Ramifications for the Design of Human-Machine Interaction in Automated Vehicles. In: Zachäus, C.; Müller, B.; Meyer, G. (Hrsg.): Advanced Microsystems for Automotive Applications 2017. Cham: Springer International Publishing, 2018, S. 227-236

[KIM14] KIM, Y.; VONORTAS, N. S.: Managing risk in the formative years: Evidence from young enterprises in Europe. In: Technovation. 34. Jg., 2014, Nr. 8, S. 454-465

[KIRC20] KIRCHNER, E.: Produktqualität sicherstellen. In: Kirchner, E. (Hrsg.): Werkzeuge und Methoden der Produktentwicklung. Berlin, Heidelberg: Springer Berlin Heidelberg, 2020, S. 189-232

[KLAP06] KLAPPERT, S.: Systembildendes Technologie-Controlling. Aachen: Shaker, 2006

[KLAP11a] KLAPPERT, S.; SCHUH, G.; MÖLLER, H.; NOLLAU, S.: Technologieentwicklung. In: Schuh, G.; Klappert, S. (Hrsg.): Technologiemanagement. Technologiemanagement. 2., neu bearb. u. erw. Aufl. Berlin, Heidelberg: Springer Berlin Heidelberg, 2011, S. 223-239

[KLAP11b] KLAPPERT, S.; SCHUH, G.; AGHASSI, S.: Einleitung und Abgrenzung. In: Schuh, G.; Klappert, S. (Hrsg.): Technologiemanagement. Technologiemanagement. 2., neu bearb. u. erw. Aufl. Berlin, Heidelberg: Springer Berlin Heidelberg, 2011, S. 5-10

[KLUG11] KLUGE, F.; SEEBOLD, E.: Kluge - etymologisches Wörterbuch der deutschen Sprache. 25., durchges. und erw. Aufl. Berlin, Boston, Mass.: De Gruyter, 2011

[KNIG21] KNIGHT, F. H.: Risk, uncertainty and profit. Boston, New York: Houghton Mifflin, 1921

[KNOC05] KNOCHE, K.: Generisches Modell zur Beschreibung von Fertigungstechnologien. Aachen: Shaker, 2005

[KOER16] KOERBER, F.; RITTWEGER, R.: Vermarktung der Innovation. In: Rogowski, W. (Hrsg.): Business Planning im Gesundheitswesen. Wiesbaden: Springer Fachmedien Wiesbaden, 2016, S. 263-276

[KOSS06] KOSSLYN, S. M.: Graph Design for the Eye and Mind. Oxford University Press, 2006

[KRÖL07] KRÖLL, M.: Methode zur Technologiebewertung für eine ergebnisorientierte Produktentwicklung. Heimsheim: Jost-Jetter, 2007

[KUBI76] KUBICEK, H.: Heuristische Bezugsrahmen und heuristisch angelegte Forschungsdesign als Elemente einer Konstruktionsstrategie empirischer Forschung. Berlin: Inst. für Unternehmungsführung im Fachbereich Wirtschaftswiss. d. Freien Univ, 1976

[KUHN07] KUHN, J.: Markteinführung neuer Produkte. Wiesbaden: DUV, 2007

[KÜHN19] KÜHNAPFEL, J. B.: Nutzwertanalysen in Marketing und Vertrieb. Wiesbaden: Springer Fachmedien Wiesbaden, 2019

[KUPF20] KUPFER, S.: Investition in Innovation. Dynamische Investitionsstrategien bei technologischem Fortschritt und unter Unsicherheit. 1st ed. 2020, 2020

[KÜPP05] KÜPPER, H.-U.: Controlling. Konzeption, Aufgaben, Instrumente. 4., überarb. Aufl. Stuttgart: Schäffer-Poeschel, 2005

[KÜPP13] KÜPPER, H.-U.; FRIEDL, G.; HOFMANN, C.; HOFMANN, Y.; PEDELL, B.: Controlling. Konzeption, Aufgaben, Instrumente. 6., überarbeitete Auflage. Stuttgart: Schäffer-Poeschel Verlag für Wirtschaft Steuern Recht GmbH, 2013

[LAKE07] LAKEMOND, N.; JOHANSSON, G.; MAGNUSSON, T.; SAFSTEN, K.: Interfaces between technology development, product development and production: critical factors and a conceptual model. In: International Journal of Technology Intelligence and Planning. 3. Jg., 2007, Nr. 4, S. 317

[LEED19] LEEDY, P. D.; ORMROD, J. E.; JOHNSON, L. R.: Practical research. Planning and design. Twelfth edition. NY NY: Pearson, 2019

[LEHN08] LEHNER, F.; WILDNER, S.; SCHOLZ, M.: Wirtschaftsinformatik. München: Carl Hanser Verlag GmbH & Co. KG, 2008

[LEIF01] LEIFER, R.; O'CONNOR, G. C.; RICE, M.: Implementing radical innovation in mature firms: The role of hubs. In: Academy of Management Perspectives. 15. Jg., 2001, Nr. 3, S. 102-113

[LENZ15] LENZ, B.; FRAEDRICH, E.: Gesellschaftliche und individuelle Akzeptanz des autonomen Fahrens. In: Maurer, M.; Gerdes, J. C.; Lenz, B.; Winner, H. (Hrsg.): Autonomes Fahren. Berlin, Heidelberg: Springer Berlin Heidelberg, 2015, S. 639-660

[LEVY06] LEVY, Y.; ELLIS, T. J.: A Systems Approach to Conduct an Effective Literature Review in Support of Information Systems Research. In: Informing Science: The International Journal of an Emerging Transdiscipline. 9. Jg., 2006, S. 181-212

[LI20] LI, L.; LI, X.; CHEN, Q.: Risk Evaluation of Technology Innovation Project on Aspect of Life Cycle Based on Multi-dimensional Extensible Matter-Element Model. In: Xu, J.; Duca, G.; Ahmed, S. E.; García Márquez, F. P.; Hajiyev, A. (Hrsg.): Proceedings of the Fourteenth International Conference on Management Science and Engineering Management. Cham: Springer International Publishing, 2020, S. 561-574

[LINK15] LINK, A. N.; WRIGHT, M.: On the Failure of R&D Projects. In: IEEE Transactions on Engineering Management. 62. Jg., 2015, Nr. 4, S. 442-448

[LIPI20] LIPINSKY, D. A.; MAGAMEDOV, G. B.; SULEIMANOV, B. B.; MUSATKINA, A. A.: The Problems of Legal Regulation of Economic Security in the Context of Development of the Digital Economy. In: Popkova, E. G.; Vodenko, K. V. (Hrsg.): Public Administration and Regional Management in Russia. Cham: Springer International Publishing, 2020, S. 469-476

[LIPP20] LIPPOLD, D.: Die 75 wichtigsten Management- und Beratungstools. Von der BCG-Matrix zu den agilen Tools. 1. Aufl. Berlin, Boston: De Gruyter Oldenbourg, 2020

[LIU12] LIU, X. W.; LIU, X. Y.: A Study on Risk Assessment of the Commercial Development Stage of New Product in Manufacturing Enterprises. In: Applied Mechanics and Materials. 248. Jg., 2012, S. 495-498

[LIU19] LIU, P.; YANG, R.; XU, Z.: Public Acceptance of Fully Automated Driving: Effects of Social Trust and Risk/Benefit Perceptions. In: Risk analysis : an official publication of the Society for Risk Analysis. 39. Jg., 2019, Nr. 2, S. 326-341

[LOMB17] LOMBARDO, C. T.; MCCARTHY, B.; RYAN, E.; CONNORS, M. K.: Product roadmaps relaunched. How to set direction while embracing uncertainty. Beijing: O'Reilly Media, 2017

[LOWR76] LOWRANCE, W. W.: Of acceptable risk. Science and the determination of safety. Los Altos, Calif.: Kaufmann, 1976

[LUHM05] LUHMANN, N.: Soziologische Aufklärung 2. Wiesbaden: VS Verlag für Sozialwissenschaften, 2005

[LUST18] LUSTGARTEN, S. D.; ELHAI, J. D.: Technology use in mental health practice and research: Legal and ethical risks. In: Clinical Psychology: Science and Practice. 25. Jg., 2018, Nr. 2

[LYNC06] LYNCH, R.: Corporate strategy. 4. ed. Harlow: FT/Prentice Hall, 2006

[MAGN14] MAGNUSSON, P. R.; NETZ, J.; WÄSTLUND, E.: Exploring holistic intuitive idea screening in the light of formal criteria. In: Technovation. 34. Jg., 2014, 5-6, S. 315-326

[MAMU14] MAMUN, A. Al; RAHMAN, M. K.; ROBEL, S. D.: A Critical Review of Consumers' Sensitivity to Price: Managerial and Theoretical Issues. In: Journal of International Business and Economics. 2. Jg., 2014, Nr. 2, S. 1-9

[MANG19] MANGELSDORF, A.: Normen und Standards recherchieren und analysieren. In: Mangelsdorf, A.; Weiler, P. (Hrsg.): Normen und Standards für die digitale Transformation. De Gruyter, 2019, S. 8-17

[MANK04] MANKINS, J. C.: Technology Readiness Levels, 2004

[MARA17] MARACKE, C.: Autonomes Fahren - ein Einblick in die rechtlichen Rahmenbedingungen. In: Wirtschaftsinformatik & Management. 9. Jg., 2017, Nr. 3, S. 62-68

[MASI14] MASING, W.: Das Unternehmen im Wettbewerb. In: Pfeifer, T.; Schmitt, R. (Hrsg.): Masing Handbuch Qualitätsmanagement. 1. Aufl. s.l.: Carl Hanser Fachbuchverlag, 2014, S. 3-14

[MASI15] MASIOR, J.; SCHIMPF, S.: Informationsspeicherung und Kommunikation. In: Warschat, J. (Hrsg.): Technologien frühzeitig erkennen, Nutzenpotenziale systematisch bewerten. Stuttgart: Fraunhofer-Verl., 2015, S. 62-69

[MATU13] MATUSZEK, G.: Management der Nachhaltigkeit. Wiesbaden: Springer Fachmedien Wiesbaden, 2013

[MERZ11] MERZ, M.: Entwicklung einer indikatorenbasierten Methodik zur Vulnerabilitätsanalyse für die Bewertung von Risiken in der industriellen Produktion. s.l.: KIT Scientific Publishing, 2011

[MEZQ19] MEZQUITA, Y.; VALDEOLMILLOS, D.; GONZÁLEZ-BRIONES, A.; PRIETO, J.; CORCHADO, J. M.: Legal Aspects and Emerging Risks in the Use of Smart Contracts Based on Blockchain. In: Uden, L.; Ting, I.-H.; Corchado, J. M. (Hrsg.): Knowledge Management in Organizations. Cham: Springer International Publishing, 2019, S. 525-535

[MILE16] MILES, I. D.; SARITAS, O.; SOKOLOV, A.: Foresight for science, technology and innovation. 1st edition. Switzerland: Springer, 2016

[MILL56] MILLER, G. A.: The magical number seven, plus or minus two: some limits on our capacity for processing information. In: Psychological Review. 63. Jg., 1956, Nr. 2, S. 81-97

[MIOR14] MIORANDO, R. F.; RIBEIRO, J. L. D.; CORTIMIGLIA, M. N.: An economic–probabilistic model for risk analysis in technological innovation projects. In: Technovation. 34. Jg., 2014, Nr. 8, S. 485-498

[MITT09] MITTELSTAEDT, A.: Strategisches IP-Management - mehr als nur Patente. Geistiges Eigentum schützen und als Wettbewerbsvorsprung nutzen. 1. Aufl. Wiesbaden: Gabler Verlag / GWV Fachverlage GmbH Wiesbaden, 2009

[MOIV18] MOIVRE, A. de: The Doctrine of Chances: or, A Method of Calculating the Probability of Events in Play. London: W. Pearson, 1718

[MORA19] MORA SANCHEZ, D. O.: Corporate Social Responsibility Challenges and Risks of Industry 4.0 technologies: A review: Smart SysTech. European Conference on Smart Objects, Systems and Technologies : June 04- 05, 2019, Fraunhofer Institute for Factory Operation and Automation IFF Magedeburg, Germany, 2019

[MORT16] MORT, M.; MARY ROBERTS, C.; FURBO, M. K.; WILKINSON, J.; MACKENZIE, A.: Biosensing: how citizens' views illuminate emerging health and social risks. In: Health, Risk & Society. 17. Jg., 2016, 7-8, S. 605-623

[MU09] MU, J.; PENG, G.; MACLACHLAN, D. L.: Effect of risk management strategy on NPD performance. In: Technovation. 29. Jg., 2009, Nr. 3, S. 170-180

[MÜLL16] MÜLLER-STEWENS, G.; LECHNER, C.: Strategisches Management. Wie strategische Initiativen zum Wandel führen. 5., überarb. Aufl. Stuttgart: Schäffer-Poeschel, 2016

[MUND09a] MUNDA, G.; NARDO, M.; SAISANA, M.; SREBOTNJAK, T.: Measuring uncertainties in composite indicators of sustainability. In: International Journal of Environmental Technology and Management. 11. Jg., 2009, 1/2/3, S. 7

[MUND09b] MUNDA, G.; NARDO, M.: Noncompensatory/nonlinear composite indicators for ranking countries: a defensible setting. In: Applied Economics. 41. Jg., 2009, Nr. 12, S. 1513-1523

[MURR11] MURRAY, S. L.; GRANTHAM, K.; DAMLE, S. B.: Development of a Generic Risk Matrix to Manage Project Risks. In: Journal of Industrial and Systems Engineering. 5. Jg., 2011, Nr. 1, S. 35-51

[NAMB16] NAMBU, T.: Legal regulations and public policies for next-generation robots in Japan. In: AI & SOCIETY. 31. Jg., 2016, Nr. 4, S. 483-500

[NATI87] National Research Council: Management of Technology: The Hidden Competitive Advantage. Washington, D.C.: National Academies Press, 1987

[NEEM11] NEEMANN, C. W.; SCHUH, G.: Technologieschutz. In: Schuh, G.; Klappert, S. (Hrsg.): Technologiemanagement. Technologiemanagement. 2., neu bearb. u. erw. Aufl. Berlin, Heidelberg: Springer Berlin Heidelberg, 2011, S. 283-307

[NITZ08] NITZSCH, R. von: Entscheidungslehre. Wie Menschen entscheiden und wie sie entscheiden sollten. 5. Aufl. Aachen: Wiss.-Verl. Mainz, 2008

[NITZ19] NITZSCH, R. von: Entscheidungslehre. 10. Auflage. Aachen: Druck und Verlagshaus Mainz GmbH Aachen, 2019

[NURM18] NURMI, J.; NIEMELÄ, M. S.: PESTEL Analysis of Hacktivism Campaign Motivations. In: Gruschka, N. (Hrsg.): Secure IT Systems. 23rd Nordic Conference, NordSec 2018, Oslo, Norway, November 28-30, 2018, Proceedings. Cham: Springer International Publishing, 2018, S. 323-335

[OCON13] O'CONNOR, G. C.; RICE, M. P.: A Comprehensive Model of Uncertainty Associated with Radical Innovation. In: Journal of Product Innovation Management. 30. Jg., 2013, Nr. 2, S. 2-18

[OEHM16] OEHMEN, J.: Risiko- und Chancenmanagement in der Produktentwicklung. In: Lindemann, U. (Hrsg.): Handbuch Produktentwicklung. München: Hanser, 2016, S. 59-98

[OPRE15] OPRESNIK, M. O.; RENNHAK, C.: Allgemeine Betriebswirtschaftslehre. Grundlagen unternehmerischer Funktionen. 2. Aufl. Berlin, Heidelberg: Springer Berlin Heidelberg, 2015

[OTIE16] OTIENO, G. A.; LOOSEN, A. E.: An analysis of key environmental and social risks in the development of concentrated solar power projects. In: SOLARPACES 2015: International Conference on Concentrating Solar Power and Chemical Energy Systems. Cape Town, South Africa, 13–16 October 2015. Melville, New York: AIP Publishing, 2016

[PAEZ18] PAEZ, M.; TOBITSCH, K.: The Industrial Internet of Things: Risks, Liabilities, and Emerging Legal Issues: N.Y.L. Sch. L. Rev., S. 217-247

[PANN03] PANNE, G. van der; BEERS, C. van; KLEINKNECHT, A.: Success and Failure of Innovation: A Literature Review. In: International Journal of Innovation Management. 07. Jg., 2003, Nr. 03, S. 309-338

[PATZ82] PATZAK, G.: Systemtechnik — Planung komplexer innovativer Systeme. Berlin, Heidelberg: Springer Berlin Heidelberg, 1982

[PEIF92] PEIFFER, S.: Technologie-Frühaufklärung. Identifikation und Bewertung zukünftiger Technologien in der strategischen Unternehmensplanung. Hamburg: Steuer- und Wirtschaftsverl., 1992

[PERL07] PERL, E.: Innovations- und Technologiemanagement. In: Strebel, H. (Hrsg.): Innovations- und Technologiemanagement. 2. Aufl. Wien: Facultas.wuv, 2007, S. 17-52

[PFEI91] PFEIFFER, W.; METZE, G.; SCHNEIDER, W.; AMLER, R.: Technologie-Portfolio zum Management strategischer Zukunftgeschäftsfelder. 6., durchges. Aufl. Göttingen: Vandenhoeck & Ruprecht, 1991

[PFOH88] PFOHL, H.-C.: Strategische Kontrolle. In: Henzler, H. A. (Hrsg.): Handbuch Strategische Führung. Wiesbaden, s.l.: Gabler Verlag, 1988, S. 801-824

[POHL96] POHL, A.: Leapfrogging bei technologischen Innovationen. Wiesbaden: Gabler Verlag, 1996

[PÖLL21] PÖLLMANN, L.: Kulturmarketing. Wiesbaden: Springer Fachmedien Wiesbaden, 2021

[PORS14] PORST, R.: Fragebogen. Wiesbaden: Springer Fachmedien Wiesbaden, 2014

[PORT13] PORTER, M. E.: Wettbewerbsstrategie. Methoden zur Analyse von Branchen und Konkurrenten = (Competitive strategy). 12., aktualisierte und erweiterte Aufl. Frankfurt am Main: Campus Verlag, 2013

[PORT14] PORTER, M. E.: Wettbewerbsvorteile. Spitzenleistungen erreichen und behaupten. 8., durchgesehen Auflage. Frankfurt am Main, New York: Campus Verlag, 2014

[PORT98] PORTER, M. E.: Competitive strategy. Techniques for analyzing industries and competitors ; with a new introduction. New York, NY: Free Press, 1998

[PROB91] PROBST, G. J. B.; GOMEZ, P.: Vernetztes Denken. Wiesbaden: Gabler Verlag, 1991

[PÜMP86a] PÜMPIN, C.: Management strategischer Erfolgspositionen. D. SEP-Konzept als Grundlage wirkungsvoller Unternehmungsführung. 3., überarb. Aufl. Bern: Haupt, 1986

[PÜMP92b] PÜMPIN, C.: Strategische Erfolgspositionen. Methodik der dynamischen strategischen Unternehmensführung. Bern: Haupt, 1992

[PÜMP92] PÜMPIN, C.: Das Dynamik-Prinzip. Zukunftsorientierungen für Unternehmer und Manager. 2. Aufl. Düsseldorf: ECON-Taschenbuch-Verl., 1992

[RACH13] RACHFALL, T.; RACHFALL, K.: Strategische Kennzahlen in dynamischen Märkten. In: Controlling & Management Review. 57. Jg., 2013, Nr. 6, S. 60-67

[RAMB18] RAMB, B.-T.; KLODT, H.; WOHLTMANN, H.-W.; MECKE, I.: Gabler Wirtschaftslexikon. Stichwort: Regulierung. URL: https://wirtschaftslexikon.gabler.de/definition/regulierung-46038/version-269324 [Stand: 07.03.2021]

[RATC18] RATCLIFFE, S.: "Roy Amara". In: Ratcliffe, S. (Hrsg.): Oxford Essential Quotations. Over 12600 quotations. 6th edition. Oxford: Oxford University Press, 2018. URL: https://www.oxfordreference.com/view/10.1093/acref/9780191866692.001.0001/q-oro-ed6-00018679 [Stand: 29.09.2021]

[RECK19] RECK, F.; FLIASTER, A.; SALDERN, F. von: Der Blick fürs Ganze. In: Becker, W.; Eierle, B.; Fliaster, A.; Ivens, B.; Leischnig, A.; Pflaum, A.; Sucky, E. (Hrsg.): Geschäftsmodelle in der digitalen Welt. Wiesbaden: Springer Fachmedien Wiesbaden, 2019, S. 633-656

[REIM13] REIM, W.; PARIDA, V.; LINDSTRÖM, J.: Risks for Functional Products – Empirical Insights from Two Swedish Manufacturing Companies. In: Procedia CIRP. 11. Jg., 2013, S. 340-345

[RING15] RINGEL, M.; TAYLOR, A.; ZABLIT, H.: The Most Innovative Companies 2015. Four Factors That Differntiate Leaders Boston Consulting Group. URL: https://media-publications.bcg.com/MIC/BCG-Most-Innovative-Companies-2015.pdf [Stand: 10.03.2020]

[ROGE03] ROGERS, E. M.: Diffusion of innovations. 5. Aufl. New York, NY: Free Press, 2003

[ROME18] ROMEIKE, F.: Risikomanagement. Wiesbaden: Springer Fachmedien Wiesbaden, 2018

[ROPO09] ROPOHL, G.: Allgemeine Technologie: eine Systemtheorie der Technik. 3., überarbeitete Auflage. s.l.: KIT Scientific Publishing, 2009

[ROWL04] ROWLEY, J.; SLACK, F.: Conducting a literature review. In: Management Research News. 27. Jg., 2004, Nr. 6, S. 31-39

[ROY18] ROY, S. K.; BALAJI, M. S.; QUAZI, A.; QUADDUS, M.: Predictors of customer acceptance of and resistance to smart technologies in the retail sector. In: Journal of Retailing and Consumer Services. 42. Jg., 2018, S. 147-160

[RÜEG20] RÜEGG-STÜRM, J.; GRAND, S.: Das St. Galler Management-Modell. Management in einer komplexen Welt. 2., überarbeitete Auflage. Bern: Haupt Verlag, 2020

[RUMM14] RUMMEL, S.: Eine bewertungsbasierte Vorgehensweise zur Tauglichkeitsprüfung von Technologiekonzepten in der Technologieentwicklung. Stuttgart: Fraunhofer Verlag, 2014

[SAAT12a] SAATY, T. L.: Decision making for leaders. The analytic hierarchy process for decisions in a complex world. 3. ed., 5 print. Pittsburgh, Pa.: RWS Publ, 2012

[SAAT12b] SAATY, T. L.; VARGAS, L. G.: Models, Methods, Concepts & Applications of the Analytic Hierarchy Process. Boston, MA: Springer US, 2012

[SAIS16] SAISANA, M.; TARANTOLA, S.: State-of-the-art report on current methodologies and practices for composite indicator development, 2016

[SCHI15] SCHIMPF, S.; RUMMEL, S.: Bewertung von technologischen Entwicklungen. In: Warschat, J. (Hrsg.): Technologien frühzeitig erkennen, Nutzenpotenziale systematisch bewerten. Stuttgart: Fraunhofer-Verl., 2015

[SCHI16] SCHIMPF, S.; HEUBACH, D.; RUMMEL, S.: Technologieentwicklung als Innovationstreiber in bestehenden und disruptiven Märkten – von der Beobachtung zur Umsetzung. In: Abele, T. (Hrsg.): Die frühe Phase des Innovationsprozesses. Wiesbaden: Springer Fachmedien Wiesbaden, 2016, S. 31-49

[SCHI17] SCHILLING, M. A.: Strategic management of technological innovation. Fifth edition. New York, NY: McGraw-Hill Education, 2017

[SCHM01] SCHMELZER, H. J.: Methoden der Risikoanalyse und -überwachung in Entwicklungsprojekten. In: Gassmann, O.; Kobe, C.; Voit, E. (Hrsg.): High-Risk-Projekte. Berlin, Heidelberg: Springer Berlin Heidelberg, 2001, S. 169-190

[SCHM14] SCHMITZ, C.; LEE, Y.-C.; LILIEN, G. L.: Cross-Selling Performance in Complex Selling Contexts: An Examination of Supervisory- and Compensation-Based Controls. In: Journal of Marketing. 78. Jg., 2014, Nr. 3, S. 1-19

[SCHM15] SCHMITT, R.; PFEIFER, T.: Qualitätsmanagement. Strategien, Methoden, Techniken. 5., überarbeitete Auflage. München, Wien: Hanser, 2015

[SCHM85] SCHMIDT, B.: Systemanalyse und Modellaufbau. 1. Jg., 1985

[SCHN15] SCHNEIDER, D. J.: Einführung in das Technologie-Marketing. München: De Gruyter Oldenbourg, 2015

[SCHÖ06] SCHÖNING, S.: Potenzialbasierte Bewertung neuer Technologien. Aachen: Shaker, 2006

[SCHÖ18a] SCHÖNBOHM, A.: Flexibilität und Unabhängigkeit – Rahmenbedingungen für eine gesellschaftliche Cyber-Sicherheit. In: Bär, C.; Grädler, T.; Mayr, R. (Hrsg.): Digitalisierung im Spannungsfeld von Politik, Wirtschaft, Wissenschaft und Recht, 1. Band: Politik und Wirtschaft. Berlin: Springer Gabler, 2018, S. 429-439

[SCHÖ18b] SCHÖNMANN, A.; DOBLER, R.; HOFER, A.; REINHART, G.: Planung und Bewertung von Produktionstechnologien. In: ZWF Zeitschrift für wirtschaftlichen Fabrikbetrieb. 113. Jg., 2018, 1-2, S. 7-11

[SCHR20] SCHRAMM-KLEIN, H.: Konfiguration und Koordination des internationalen Vertriebs. In: Binckebanck, L.; Hölter, A.-K.; Tiffert, A. (Hrsg.): Führung von Vertriebsorganisationen. Wiesbaden: Springer Fachmedien Wiesbaden, 2020, S. 195-211

[SCHU02a] SCHULTZ, A.: Methode zur integrierten ökologischen und ökonomischen Bewertung von Produktionsprozessen und-technologien. Diss. Otto-von-Guericke-Universität Magdeburg, 2002

[SCHU02b] SCHUH, G.: Referenzstrategien in einer vernetzten Welt. In: Milberg, J.; Schuh, G. (Hrsg.): Erfolg in Netzwerken. Berlin, Heidelberg: Springer Berlin Heidelberg, 2002, S. 17-31

[SCHU11a] SCHULTE-GEHRMANN, A.-L.; KLAPPERT, S.; SCHUH, G.; HOPPE, M.: Technologiestrategie. In: Schuh, G.; Klappert, S. (Hrsg.): Technologiemanagement. Technologiemanagement. 2., neu bearb. u. erw. Aufl. Berlin, Heidelberg: Springer Berlin Heidelberg, 2011, S. 55-88

[SCHU11b] SCHUH, G.; KLAPPERT, S.; MOLL, T.: Ordnungsrahmen Technologiemanagement. In: Schuh, G.; Klappert, S. (Hrsg.): Technologiemanagement. Technologiemanagement. 2., neu bearb. u. erw. Aufl. Berlin, Heidelberg: Springer Berlin Heidelberg, 2011, S. 11-31

[SCHU11c] SCHUH, G.; KLAPPERT, S.; ORILSKI, S.: Technologieplanung. In: Schuh, G.; Klappert, S. (Hrsg.): Technologiemanagement. Technologiemanagement. 2., neu bearb. u. erw. Aufl. Berlin, Heidelberg: Springer Berlin Heidelberg, 2011, S. 171-222

[SCHU11d] SCHUH, G.; DRESCHER, T.; BECKERMANN, S.; SCHMELTER, K.: Technologieverwertung. In: Schuh, G.; Klappert, S. (Hrsg.): Technologiemanagement. Technologiemanagement. 2., neu bearb. u. erw. Aufl. Berlin, Heidelberg: Springer Berlin Heidelberg, 2011, S. 241-282

[SCHU11e] SCHUH, G.; KAMPKER, A.; STICH, V.; KUHLMANN, K.: Prozessmanagement. In: Schuh, G.; Kampker, A. (Hrsg.): Strategie und Management produziernder Unternehmen. Handbuch Produktion und Management 1. 2., vollst. neu bearb. und erw. Aufl. Berlin, Heidelberg: Springer Berlin Heidelberg, 2011, S. 327-382

[SCHU11f] SCHUH, G.; KLAPPERT, S.; SCHUBERT, J.; NOLLAU, S.: Grundlagen zum Technologiemanagement. In: Schuh, G.; Klappert, S. (Hrsg.): Technologiemanagement. Technologiemanagement. 2., neu bearb. u. erw. Aufl. Berlin, Heidelberg: Springer Berlin Heidelberg, 2011, S. 33-54

[SCHU12a] SCHUH, G.; LENDERS, M.; NUßBAUM, C.: Produktarchitekturgestaltung. In: Schuh, G. (Hrsg.): Innovationsmanagement. Handbuch Produktion und Management 3. 2., vollst. neu bearb. und erw. Aufl. Berlin, Heidelberg: Springer, 2012, S. 115-160

[SCHU12b] SCHUH, G.; EVERSHEIM, W.; LENDERS, M.: Produktplanung. In: Schuh, G. (Hrsg.): Innovationsmanagement. Handbuch Produktion und Management 3. 2., vollst. neu bearb. und erw. Aufl. Berlin, Heidelberg: Springer, 2012, S. 57-113

[SCHU17] SCHUH, G.; WELLENSIEK, M.; KÖNIG, C.; ZELLER, P.: Das Technologiemanagement erfolgreich gestalten. In: ZWF Zeitschrift für wirtschaftlichen Fabrikbetrieb. 112. Jg., 2017, Nr. 5, S. 275-278

[SCHU19] SCHUH, G.; SCHOLZ, P.: Risiko- und Potenzialbewertung in den frühen Phasen des Innovationsprozesses. In: 15. Symposium für Vorausschau und Technologieplanung. Berlin, 21. - 22.11.2019. Paderborn: Universität Paderborn Heinz Nixdorf Institut, 2019, S. 381-397

[SCHU20] SCHUH, G.; SCHOLZ, P.; SEICHTER, S.: Identification of Indicators for the Assessment of Technological Risks within Technology Selection. In: 2020 61st International Scientific Conference on Information Technology and Management Science of Riga Technical University (ITMS). Riga, Latvia, 10/15/2020 - 10/16/2020. Piscataway, NJ: IEEE, 2020, S. 1-8

[SCHU21] SCHUH, G.; SCHOLZ, P.; KRECH, M.: Systematization of Technological and Economic Risks for the Selection of new Technologies. In: Journal of Production Systems and Logistics, 2021, Nr. 1, S. 1-12

[SCHW91] SCHWEITZER, M.; KÜPPER, H.-U.: Systeme der Kostenrechnung. 5. Aufl. Landsberg/Lech: Verl. Moderne Industrie, 1991

[SEIB98] SEIBERT, S.: Technisches Management. Innovationsmanagement, Projektmanagement, Qualitätsmanagement. Stuttgart: Teubner, 1998

[SHIN18] SHIN, J.; LEE, S.; YOON, B.: Identification and Prioritisation of Risk Factors in R&D Projects Based on an R&D Process Model. In: Sustainability. 10. Jg., 2018, Nr. 4, S. 1-18

[SOHN03] SOHN, S. Y.; MOON, T. H.: Structural equation model for predicting technology commercialization success index (TCSI). In: Technological Forecasting and Social Change. 70. Jg., 2003, Nr. 9, S. 885-899

[SOMM85] SOMMERLATTE, T.; DESCHAMPS, J.-P.: Der strategische Einsatz von Technologien Konzepte und Methoden zur Einbeziehung von Technologien in die Strategieentwicklung des Unternehmens. In: Arthur D. Little International (Hrsg.): Management im Zeitalter der Strategischen Führung. Wiesbaden: Gabler Verlag, 1985, S. 37-76

[SPAN20] SPANAGEL, F. F.; BELOZEROVA, O. A.; KOT, M. K.: Analysis of Legal and Economic Risks for Entrepreneurs in Digital Economy. In: Ashmarina, S. I.; Vochozka, M.; Mantulenko, V. V. (Hrsg.): Digital Age: Chances, Challenges and Future. Cham: Springer International Publishing, 2020, S. 548-556

[SPAT09] SPATH, D.; ARDILIO, A.; LAIB, S.: The potential of emerging technologies: Strategy-planning for technology-providers throughout an application-radar. In: Technology. Portland, OR, USA, 8/2/2009 - 8/6/2009. IEEE, 2009, S. 462-477

[SPEC02a] SPECHT, D.; MÖHRLE, M. G. (HRSG.): Gabler Lexikon Technologie Management. Wiesbaden: Gabler Verlag, 2002

[SPEC02b] SPECHT, G.; BECKMANN, C.; AMELINGMEYER, J.: F&E-Management. Kompetenz im Innovationsmanagement. 2. Aufl. Stuttgart: Schäffer-Poeschel, 2002

[SPIE18] SPIEGEL, J. S.: The Ethics of Virtual Reality Technology: Social Hazards and Public Policy Recommendations. In: Science and engineering ethics. 24. Jg., 2018, Nr. 5, S. 1537-1550

[SPUR12] SPUR, G.; EßER, G.; BRYKCZYNSKI, G.: Risikomanagement produktionstechnischer Innovationen. In: ZWF Zeitschrift für wirtschaftlichen Fabrikbetrieb. 107. Jg., 2012, 7-8, S. 485-488

[SPUR98] SPUR, G.: Technologie und Management. Zum Selbstverständnis der Technikwissenschaften. München: Hanser, 1998

[STAC73] STACHOWIAK, H.: Allgemeine Modelltheorie. Vienna: Springer Vienna, 1973

[STEI08] STEINHOFF, F.: Der Innovationsgrad in der Erfolgsfaktorenforschung – Einflussfaktor oder Kontingenzfaktor. In: Mohnkopf, H.; Hartmann, M. (Hrsg.): Innovationserfolgsrechnung. Innovationsmanagement und Schutzrechtsbewertung, Technologieportfolio, Target-Costing, Investitionskalküle und Bilanzierung von FuE-Aktivitäten. 1. Aufl. s.l.: Springer-Verlag, 2008, S. 3-19

[STEI18] STEIER, A.; DUISBERG, A.: Datenschutz und rechtlicher Rahmen. In: Digitale Welt. 2. Jg., 2018, Nr. 4, S. 45-48

[STEI88] STEIN, H.-G.: Kostenführerschaft als strategische Erfolgsposition. In: Henzler, H. A. (Hrsg.): Handbuch Strategische Führung. Wiesbaden, s.l.: Gabler Verlag, 1988, S. 397-426

[STER09] STERMAN, J. D.: Business dynamics. Systems thinking and modeling for a complex world. [Nachdr.]. Boston: Irwin/McGraw-Hill, 2009

[STEU17] STEUERNAGEL, A.: Strategische Unternehmenssteuerung im digitalen Zeitalter. Wiesbaden: Springer Fachmedien Wiesbaden, 2017

[STYL20] STYLIDIS, K.; WICKMAN, C.; SÖDERBERG, R.: Perceived quality of products: a framework and attributes ranking method. In: Journal of Engineering Design. 31. Jg., 2020, Nr. 1, S. 37-67

[SUAR07] SUAREZ, F. F.; LANZOLLA, G.: The Role of Environmental Dynamics in Building a First Mover Advantage Theory. In: Academy of Management Review. 32. Jg., 2007, Nr. 2, S. 377-392

[SUAR95] SUAREZ, F. F.; UTTERBACK, J. M.: Dominant Designs and the Survival of Firms. In: Strategic Management Journal. 16. Jg., 1995, Nr. 6, S. 415-430

[SUKH18] SUKHOV, A.: The role of perceived comprehension in idea evaluation. In: Creativity and Innovation Management. 27. Jg., 2018, Nr. 2, S. 183-195

[TAHE18] TAHERDOOST, H.: Development of an adoption model to assess user acceptance of e-service technology: E-Service Technology Acceptance Model. In: Behaviour & Information Technology. 37. Jg., 2018, Nr. 2, S. 173-197

[TERN16] TERNÈS, A.; RUNGE, C. A.: Reputationsmanagement. Employer Branding. Wiesbaden: Springer Gabler, 2016

[THAM13] THAMHAIN, H.: Managing Risks in Complex Projects. In: Project Management Journal. 44. Jg., 2013, Nr. 2, S. 20-35

[THAM14] THAMHAIN, H. J.: Assessing the Effectiveness of Quantitative and Qualitative Methods for R&D Project Proposal Evaluations. In: Engineering Management Journal. 26. Jg., 2014, Nr. 3, S. 3-12

[THEO16] THEOBALD, E.: Vorgehensweise bei der strategischen Marktanalyse, 2016

[THOM20] THOMMEN, J.-P.; ACHLEITNER, A.-K.; GILBERT, D. U.; HACHMEISTER, D.; JARCHOW, S.; KAISER, G.: Allgemeine Betriebswirtschaftslehre. Umfassende Einführung aus managementorientierter Sicht. 9., vollst. überarb. Auflage 2020. Wiesbaden: Springer Fachmedien Wiesbaden, 2020

[TRAP20] TRAPP, S.; WARSCHAT, J.: Potenzialanalyse komplexer Technologien mit Technologienetzen. In: ZWF Zeitschrift für wirtschaftlichen Fabrikbetrieb. 115. Jg., 2020, Nr. 4, S. 200-209

[TRIE13] TRIER, M.; BOBRIK, A.; NEUMANN, N.; WYSSUSSEK, B.: Systemtheorie und Modell. In: Krallmann, H.; Bobrik, A.; Levina, O. (Hrsg.): Systemanalyse im Unternehmen. Prozessorientierte Methoden der Wirtschaftsinformatik. 6., überarb. und erw. Aufl. München: Oldenbourg, 2013, S. 41-72

[TRIP13] TRIPATHY, S.; SAHU, S.; RAY, P. K.: Interpretive structural modelling for critical success factors of R&D performance in Indian manufacturing firms. In: Journal of Modelling in Management. 8. Jg., 2013, Nr. 2, S. 212-240

[TSCH98] TSCHIRKY, H.: Konzept und Aufgaben des Integrierten Technologie-Managements. In: Tschirky, H.; Koruna, S. (Hrsg.): Technologie-Management. Idee und Praxis. Zürich: Orell Füssli Verl. Industrielle Organisation, 1998, 193-392

[ULRI76] ULRICH, P.; HILL, W.: Wissenschaftstheoretische Grundlagen der Betriebswirtschaftslehre (Teil I). In: Wirtschaftswissenschaftliches Studium : WiSt : Zeitschrift für Studium und Forschung. 5. Jg., 1976, Nr. 7, 304-309

[ULRI81] ULRICH, H.: Die Betriebswirtschaftslehre als anwendungsorientierte Sozialwissenschaft. In: Sandig, C.; Geist, M. N.; Köhler, R. (Hrsg.): Die Führung des Betriebes. Herrn Professor Dr. Dr. h.c. Curt Sandig zu seinem 80. Geburtstag gewidmet. Stuttgart: Poeschel, 1981

[ULRI84] ULRICH, H.: Management. Hrsg. von Thomas Dyllick u. Gilbert J. B. Probst. Bern & Stuttgart: Haupt, 1984

[UNIT08] United Nations secretariat of the International Strategy for Disaster Reduction (UN/ISDR): Indicators of Progress: Guidance on Measuring the Reduction of Disaster Risks and the Implementation of the Hyogo Framework for Action. Geneva, Switzerland, 2008

[UNTI09] UNTIEDT, D.: Technologie Rating. Modell zur Bewertung der technologischen Leistungsfähigkeit produzierender Unternehmen. Aachen: Apprimus-Verl., 2009

[UTTE75] UTTERBACK, J. M.; ABERNATHY, W. J.: A dynamic model of process and product innovation. In: Omega. 3. Jg., 1975, Nr. 6, S. 639-656

[UTTE78] UTTERBACK, J. M.; ABERNATHY, W. J.: Patterns of industrial innovation. In: Technology Review. 60. Jg., 1978, Nr. 7

[VAHS05] VAHS, D.; BURMESTER, R.: Innovationsmanagement. Von der Produktidee zur erfolgreichen Vermarktung. 3. Aufl. Stuttgart: Schäffer-Poeschel, 2005

[VDI00] VDI VDI Verein Deutscher Ingeneure 3780 (2000-09). VDI 3780

[VORB14] VORBACH, S.: Technologiemanagement. In: Granig, P. (Hrsg.): Innovationsstrategien. Von Produkten und Dienstleistungen zu Geschäftsmodellinnovationen. Wiesbaden: Springer Gabler, 2014, S. 201-215

[WAGN20] WAGNER, J.: Legal Tech und Legal Robots. Der Wandel im Rechtswesen durch neue Technologien und Künstliche Intelligenz. 2nd ed. 2020. Wiesbaden: Springer Fachmedien Wiesbaden; Imprint: Springer Gabler, 2020

[WAIT15] WAITZINGER, S. M.: Ein Vorgehensmodell zur Risikoidentifikation in der Entwicklung technologiegetriebener Geschäftsmodelle. Stuttgart: Universitätsbibliothek der Universität Stuttgart, 2015

[WALS20] WALSH, G.; DESENISS, A.; KILIAN, T.: Strategisches Marketing. In: Walsh, G.; Deseniss, A.; Kilian, T. (Hrsg.): Marketing. Berlin, Heidelberg: Springer Berlin Heidelberg, 2020, S. 143-243

[WANG20] WANG, Z.: Personal Information Security Risks and Legal Prevention from the Perspective of Network Security. In: Xu, Z.; Parizi, R. M.; Hammoudeh, M.; Loyola-González, O. (Hrsg.): Cyber Security Intelligence and Analytics. Cham: Springer International Publishing, 2020, S. 113-117

[WARS15] WARSCHAT, J. (HRSG.): Technologien frühzeitig erkennen, Nutzenpotenziale systematisch bewerten. Stuttgart: Fraunhofer-Verl., 2015

[WEBE18] WEBER, W.; KABST, R.; BAUM, M.: Einführung in die Betriebswirtschaftslehre. 10. Aufl. Wiesbaden: Springer Fachmedien Wiesbaden, 2018

[WEBS02] WEBSTER, J.; WATSON, R. T.: Analyzing the Past to Prepare for the Future: Writing a Literature Review. In: MIS Quarterly. 26. Jg., 2002, Nr. 2, S. 13-23

[WEID17] WEIDNER, G. E.: Qualitätsmanagement. Kompaktes Wissen, konkrete Umsetzung, praktische Arbeitshilfen. 2., überarbeitete Auflage. München: Hanser, 2017

[WELG17] WELGE, M. K.; AL-LAHAM, A.; EULERICH, M.: Strategisches Management. Grundlagen - Prozess - Implementierung. 7., überarbeitete und aktualisierte Auflage. Wiesbaden: Springer Fachmedien Wiesbaden, 2017

[WELG99] WELGE, M. K.; AL-LAHAM, A.: Strategisches Management. Wiesbaden: Gabler Verlag, 1999

[WELL11] WELLENSIEK, M.; SCHUH, G.; HACKER, P. A.; SAXLER, J.: Technologiefrüherkennung. In: Schuh, G.; Klappert, S. (Hrsg.): Technologiemanagement. Technologiemanagement. 2., neu bearb. u. erw. Aufl. Berlin, Heidelberg: Springer Berlin Heidelberg, 2011, S. 89-169

[WERN02] WERNER, B. M.: Messung und Bewertung der Leistung von Forschung und Entwicklung im Innovationsprozeß. Diss. Technische Universität Darmstadt, 2002

[WIEG19] WIEGERLING, K.; HEIL, R.: Gesellschaftliche und ethische Folgen der digitalen Transformation des Gesundheitswesens. In: Haring, R. (Hrsg.): Gesundheit digital. Perspektiven zur Digitalisierung im Gesundheitswesen. Berlin, Heidelberg: Springer Berlin Heidelberg, 2019, S. 213-227

[WILD03] WILDEMANN, H.: Handlungsorientiertes Monitoring des Erfolgs von F & E-Projekten. In: ZWF Zeitschrift für wirtschaftlichen Fabrikbetrieb. 98. Jg., 2003, Nr. 4, S. 134-140

[WINK15] WINKLE, T.: Entwicklungs- und Freigabeprozess automatisierter Fahrzeuge: Berücksichtigung technischer, rechtlicher und ökonomischer Risiken. In: Maurer, M.; Gerdes, J. C.; Lenz, B.; Winner, H. (Hrsg.): Autonomes Fahren. Berlin, Heidelberg: Springer Berlin Heidelberg, 2015, S. 611-635

[WINT14] WINTER, S.: Management von Lieferanteninnovationen. Eine gestaltungsorientierte Untersuchung über das Einbringen und die Bewertung. Wiesbaden: Springer Gabler, 2014

[WINZ16] WINZER, P.: Das Systems Engineering (SE) – altes Denken in neuem Gewand. In: Winzer, P. (Hrsg.): Generic Systems Engineering. Berlin, Heidelberg: Springer Berlin Heidelberg, 2016, S. 1-73

[WIßL06] WIßLER, F. E.: Ein Verfahren zur Bewertung technischer Risiken in der Phase der Entwicklung komplexer Serienprodukte. Stuttgart, Heimsheim: Univ; Jost-Jetter, 2006

[WOIS15] WOISETSCHLÄGER, D. M.: Marktauswirkungen des automatisierten Fahrens. In: Maurer, M.; Gerdes, J. C.; Lenz, B.; Winner, H. (Hrsg.): Autonomes Fahren. Berlin, Heidelberg: Springer Berlin Heidelberg, 2015, S. 709-732

[WOLF94] WOLFRUM, B.: Strategisches Technologiemanagement. 2., überarb. Aufl. Wiesbaden: Gabler, 1994

[WÖRD20] WÖRDENWEBER, B.; EGGERT, M.; GRÖßER, A.: Technologie- und Innovationsmanagement im Unternehmen. 4. Aufl. Berlin, Heidelberg: Springer Berlin Heidelberg, 2020

[WU14] WU, J.; WU, Z.: Integrated risk management and product innovation in China: The moderating role of board of directors. In: Technovation. 34. Jg., 2014, Nr. 8, S. 466-476

[WÜND13] WÜNDERLICH, N. V.; WANGENHEIM, F. V.; BITNER, M. J.: High Tech and High Touch. In: Journal of Service Research. 16. Jg., 2013, Nr. 1, S. 3-20

[XIAO18] XIAO, Q.: A matter-element method for risk identification of technology innovation. In: International Journal of System Assurance Engineering and Management. 9. Jg., 2018, Nr. 3, S. 716-728

[ZAHN95] ZAHN, E.: Gegenstand und Zweck des Technologiemanagements. In: Zahn, E. (Hrsg.): Handbuch Technologiemanagement. Stuttgart: Schäffer-Poeschel, 1995, S. 3-32

[ZHU06] ZHU, K.; KRAEMER, K. L.; XU, S.: The Process of Innovation Assimilation by Firms in Different Countries: A Technology Diffusion Perspective on E-Business. In: Management Science. 52. Jg., 2006, Nr. 10, S. 1557-1576

[ZHU11] ZHU, W.; XU, X. E.: Second-Mover Advantages with Asymmetric Costs and Information Updates: A Product Life Cycle Perspective. In: Managerial and Decision Economics. 32. Jg., 2011, Nr. 8, S. 527-533

[ZHU16] ZHU, D.; WANG, X.: Technological innovation, fuzzy grey evaluation and risk assessment: A perspective on Chinese enterprises: Proceedings of the 28th Chinese Control and Decision Conference (2016 CCDC). 28-30 May 2015, Yinchuan, China. Piscataway, NJ: IEEE, 2016, S. 6780-6784

[ZÖRG83] ZÖRGIEBEL, W. W.: Technologie in der Wettbewerbsstrategie. Strategische Auswirkungen technolog. Entscheidungen untersucht am Beispiel d. Werkzeugmaschinenindustrie. Von Wilhelm W. Zörgiebel. Berlin: E. Schmidt, 1983

[ZWEC09] ZWECK, A.: Foresight, Technologiefrüherkennung und Technikfolgenabsch ätzung. In: Popp, R.; Schüll, E. (Hrsg.): Zukunftsforschung und Zukunftsgestaltung. Berlin, Heidelberg: Springer Berlin Heidelberg, 2009, S. 195-206

Veröffentlichungen des Autors im Themenfeld

[SCHU19] SCHUH, G.; SCHOLZ, P.: Risiko- und Potenzialbewertung in den frühen Phasen des Innovationsprozesses. In: 15. Symposium für Vorausschau und Technologieplanung. Berlin, 21. - 22.11.2019. Paderborn: Universität Paderborn Heinz Nixdorf Institut, 2019, S. 381-397

[SCHU20] SCHUH, G.; SCHOLZ, P.; ANDO, Y. M.-S.: Assessing the application based utility potential of new technologies. In: 2020 IEEE Technology & Engineering Management Conference (TEMSCON). Novi, MI, USA, 03.06.2020 - 06.06.2020. Piscataway, NJ: IEEE, 2020, S. 1-8

[SCHU20a] SCHUH, G.; SCHOLZ, P.; SEICHTER, S.: Identification of Indicators for the Assessment of Technological Risks within Technology Selection. In: 2020 61st International Scientific Conference on Information Technology and Management Science of Riga Technical University (ITMS). Riga, Latvia, 15.10.2020 – 16.10.2020. IEEE, 2020, S. 1-8

[SCHU21] SCHUH, G.; SCHOLZ, P.; KRECH, M.: Systematization of Technological and Economic Risks for the Selection of new Technologies. In: Journal of Production Systems and Logistics, 2021, Nr. 1, S. 1-12

[SCHU22] SCHUH, G.; SCHOLZ, P.; LATZ, T.: Ermittlung des strategischen Potenzials von Technologien für produzierende Unternehmen. In: 16. Symposium für Vorausschau und Technologieplanung. Berlin, 12. - 13.05.2022. Paderborn: Universität Paderborn Heinz Nixdorf Institut, 2022, S. 471-491

A. Anhang

A.1 Quellenbezug und Beschreibung der Technologiemerkmale

Tabelle A-1: Technologiemerkmale mit Quellenbezug

Technologiemerkmal	Originalbezeichnung	Quelle
Anwendungsbedeutung	Technology is critical	[CHIE07, S. 64 f.]
	Grad des Produktbezugs	[GERP05, S. 27]
	Branchenbezug	[SCHI15, S. 54]
	Haupt-, Neben- und Hilfstechnologien	[SPUR98, S. 97]
	Bedeutung für das Unternehmen	[PERL07, S. 51]
	Bedeutung in Produkten	[ZAHN95, S. 6 f.]
Anwendungsbreite	Anwendungsbreite	[BULL94, S. 97]
	Range of applications	[CHIE07, S. 64]
	Anwendungsbreite	[GERP05, S. 27]
	Span of applications opened by technology	[JOLL03, S. 386]
	Flexibilität	[KRÖL07, S. 33]
	Anwendungsbreite	[PEIF92, S. 39]
	Branchenbezug	[SCHI15, S. 54]
	Anwendungsbreite	[SEIB98, S. 154]
	Allgemeine oder spezielle Technologie	[SPUR98, S. 89]
	Anwendungsbreite	[WOLF94, S. 4]
	Anwendungsbreite	[ZAHN95, S. 7]
Entwicklungsaufwand	Investment to develop and exploit	[CHIE07, S. 65 f.]
	F&E-Aufwände	[KRÖL07, S. 33]
	Aufwand zur Weiterentwicklung	[SEIB98, S. 154]

Technologiemerkmal	Originalbezeichnung	Quelle
Erfolgswahrscheinlichkeit	Umsetzbarkeit	[KRÖL07, S. 33]
	Risiko des Scheiterns der Entwicklung	[SEIB98, S. 154]
	Erfolgswahrscheinlichkeit	[WOLF94, S. 155]
Externe Akzeptanz	Market reaction	[JOLL03, S. 389]
F&E Intensität	F&E Intensität	[SCHI15, S. 54]
	Innovationsorientierung	[SPUR98, S. 87]
F&E Ressourcen	Value of laboratories and equipment	[JOLL03, S. 389]
	F&E Ressourcen	[SEIB98, S. 154]
	Ressourcen und Potentiale zur Umsetzung	[WOLF94, S. 156]
Funktionalität	Funktionalität	[KRÖL07, S. 33]
	Funktion	[SCHI15, S. 54]
	Funktionsfähigkeit	[VDI00, S. 13]
Gegenstand	Einsatzgebiete	[BULL94, S. 97]
	Einsatzgebiet	[GERP05, S. 26]
	Technologische Eigenschaft oder Disziplin	[SCHI15, S. 55]
	Objektorientierung	[SPUR98, S. 87]
	Gegenstandsbereich	[PERL07, S. 38 f.]
	Funktion	[ZAHN95, S. 11]
Interdependenz	Beziehung	[BULL94, S. 97]
	Interdependenz	[GERP05, S. 26]
	Interdependenzen	[SCHI15, S. 54]
	Integrations- oder Singulärtechnologie	[SPUR98, S. 89]
	Vernetzung	[PERL07, S. 46]
Kompatibilität	Kompatible vs. inkompatible Technologien	[GERP05, S. 26]
	Kompatibilität	[WOLF94, S. 155]
Kompetenzen	Firm's technological capabilities	[CHIE07, S. 65]
	Experience accumulated in the field	[JOLL03, S. 389]
	Mitarbeiterqualifikation	[KRÖL07, S. 33]
	Beherrschungsgrad	[SEIB98, S. 154]

Technologiemerkmal	Originalbezeichnung	Quelle
Kompetenzen	Erfahrungen	[WOLF94, S. 156]
Komplementär-technologien	Availability of another technology	[CHIE07, S. 69]
	Komplementärtechnologien	[GERP05, S. 26]
	Komplementärtechnologien	[SEIB98, S. 155]
	Komplementärtechnologien	[SPUR98, S. 88]
	Komplementärtechnologien	[WOLF94, S. 156]
	Komplementärtechnologien	[ZAHN95, S. 11]
Komplexität	Product complexity	[CHIE07, S. 67]
	Schwierigkeitsgrad	[PEIF92, S. 38]
	Komplexität	[ZAHN95, S. 7]
Konkurrenz-technologien	Konkurrenztechnologien	[BULL94, S. 97]
	Substituting products	[CHIE07, S. 65]
	Konkurrenztechnologien	[GERP05, S. 26]
	Threat of substitution technologies	[JOLL03, S. 388]
	Substitutionstechnologien	[SEIB98, S. 154]
	Konkurrenztechnologien	[SPUR98, S. 88]
	Substituierbarkeit	[PERL07, S. 45]
	Konkurrenztechnologie	[ZAHN95, S. 7]
Lebenszyklusphase	Lebenszyklusphase	[BULL94, S. 116]
	Lebenszyklusphase	[GERP05, S. 26]
	Position of the technology in its life-cycle	[JOLL03, S. 388]
	Lebenszyklusphase	[SCHI15, S. 55]
	Technologielebenszyklen	[ZAHN95, S. 12]
Leistungsdifferenz	Distance of the level of performance	[CHIE07, S. 65]
	Performance gap vis-à-vis	[JOLL03, S. 387]
	Relative technologische Leistungsfähigkeit	[WOLF94, S. 156]
Leistungsreserve	Potential for progress	[JOLL03, S. 388]
	Weiterentwicklungspotential	[SEIB98, S. 154]
	Potenzial und Reifegrad	[PERL07, S. 44]

Technologiemerkmal	Originalbezeichnung	Quelle
Leistungsreserve	Technologisches Potential	[WOLF94, S. 102]
Marktdurchdringung	Standards	[CHIE07, S. 68]
	Dominant design	[JOLL03, S. 388]
Nähe zum Kerngeschäft	Distance to the company's core business	[JOLL03, S. 389]
Neuheitsgrad	Pioneering radical new products	[CHIE07, S. 68]
	Innovationsgrad	[PERL07, S. 40 f.]
Öffentl. Unterstützung	Public support for development	[JOLL03, S. 388]
Reifegrad	Entwicklungsstadium	[PEIF92, S. 39]
	Reifegrad	[SCHI15, S. 57]
Robustheit	Robustheit	[KRÖL07, S. 33]
Schützbarkeit	Secrecy	[CHIE07, S. 66]
	Rechtliche Schützbarkeit	[GERP05, S. 27]
	Barriers to copy or imitation	[JOLL03, S. 387]
	Patente und andere Schutzrechte	[WOLF94, S. 156]
Sicherheit	Sicherheit	[VDI00, S. 16]
Sichtbarkeit	Sichtbarkeit	[SCHI15, S. 55]
Strategie-Fit	Strategische Bedeutung im Unternehmen	[SCHI15, S. 55]
	Strategische Unterstützung	[SEIB98, S. 155]
Umweltverträglichkeit	Ökologische Unbedenklichkeit	[KRÖL07, S. 33]
	Langfristwirkung	[SCHI15, S. 54]
	Umweltqualität	[VDI00, S. 19]
Wettbewerbswirkung	Impact of technology on competitive issues	[JOLL03, S. 386]
	Wettbewerbswirkung	[PEIF92, S. 37]

Tabelle A-2: Beschreibung der Technologiemerkmale

Technologiemerkmal	Kurzbeschreibung
Anwendungsbedeutung	Relevanz einer Technologie für die jeweilige Anwendung [GERY04, S. 127]
Anwendungsbreite	Anzahl und Umfang möglicher Anwendungsfälle der jeweiligen Technologie [GOCH20, S. 23; JOLL03, S. 386 f.]
Entwicklungsaufwand	Notwendige personelle, finanzielle und zeitliche Aufwendungen für einen angestrebten Entwicklungsfortschritt [CHIE07, S. 65 f.; KRÖL07, S. 33]
Leistungsreserve	Differenz zwischen dem aktuellen Leistungsniveau und der physikalischen oder wirtschaftlichen Leistungsgrenze einer Technologie [PERL07, S. 46]
Erfolgswahrscheinlichkeit	Wahrscheinlichkeit, dass ein angestrebtes Entwicklungsziel erreicht werden kann [SEIB98, S. 154]
Externe Akzeptanz	Akzeptanz einer Technologie in Markt und Gesellschaft [JOLL03, S. 389]
F&E Intensität	Verhältnis der F&E-Ausgaben für eine Technologie zu dem mit der Technologie erzielten Umsatz [SCHI15, S. 54 f.]
F&E Ressourcen	Vorhandene bzw. zugängliche Erfahrungen, Mittel und Fähigkeiten mit Bedeutung für die Entwicklung der Technologie [WOLF94, S. 174]
Funktionalität	Brauchbarkeit und wirtschaftliche Verwendbarkeit einer Technologie für eine definierte Applikation [VDI00, S. 13]
Gegenstand	Art des Einsatzgebietes bzw. der Funktion der Technologie, u. a. Produkt- und Prozesstechnologien [GERP05, S. 26]
Interdependenzen	Umfang und Stärke bestehender Abhängigkeiten und Beziehungen zu anderen Technologien [GERP05, S. 26]
Kompatibilität	Anschlussfähigkeit an Vorläufertechnologien und Verwendbarkeit in größeren Systemen [GERP05, S. 26]
Komplementärtechnologien	Vorhandensein von erforderlichen, ergänzenden Technologien für die Leistungserbringung im Anwendungskontext [SCHU11f, S. 36]
Komplexität	Anzahl der Elemente eines Systems sowie Anzahl und Verschiedenartigkeit der zwischen diesen Elementen bestehenden Beziehungen [LUHM05, S. 257; PERL07, S. 35]
Konkurrenztechnologien	Anzahl möglicher Konkurrenztechnologien im Anwendungskontext [GOCH20, S. 31]

Technologiemerkmal	Kurzbeschreibung
Lebenszyklusphase	Position einer Technologie im Lebenszyklus nach A. D. Little
Leistungsdifferenz	Entwicklungsvorsprung oder -rückstand gegenüber dem angestrebten Leistungsniveau bzw. dem aktuellen Stand der Technik [CHIE07, S. 65]
Marktdurchdringung	Verbreitung einer Technologie in einem bestimmten Markt oder Anwendungsfeld [CHIE07, S. 68]
Nähe zum Kerngeschäft	Übereinstimmung des Anwendungsspektrums einer Technologie mit den bestehenden Applikationen des Unternehmens [JOLL03, S. 389]
Neuheitsgrad	Wahrgenommene Ähnlichkeit zu oder Entfernung von einer schon existenten Technologie [BILL03, S. 18]
Öffentliche Unterstützung	Öffentliche Unterstützung für die Technologieentwicklung [JOLL03, S. 388]
Reifegrad	Entwicklungsstufe einer Technologie vom Forschungsstadium bis zur Anwendung in realer Umgebung [SCHI15, S. 60]
Robustheit	Konstanz der Leistungserbringung und Leistungsgüte, unabhängig von äußeren Einflüssen [KRÖL07, S. 97 f.]
Schützbarkeit	Bestehende Möglichkeiten zur Absicherung der Technologie gegen Kopie oder Imitation durch Wettbewerber [CHIE07, S. 66 – 68]
Sicherheit	Abwesenheit von Gefahren für Gesundheit und Leben sowie Vermeidung von Sachschäden bei der Entwicklung und Nutzung der Technologien [VDI00, S. 15 f.]
Sichtbarkeit	Grad der Wahrnehmbarkeit einer Technologie für den Kunden [SCHI15, S. 55]
Strategie-Fit	Übereinstimmung der Technologiemerkmale mit den strategischen Zielen des Unternehmens [SEIB98, S. 155]
Umweltverträglichkeit	Sparsamer Umgang mit natürlichen Ressourcen und ökologische Unbedenklichkeit im Sinne der Minimierung von Emissionen, Immissionen und Deponaten sowie Recyclingfähigkeit [VDI00, S. 20]
Vorhandene Kompetenzen	Intern vorhandene oder extern zugängliche Fähigkeiten und Kompetenzen eine Technologie betreffend [CHIE07, S. 65]
Wettbewerbswirkung	Beitrag einer Technologie zur Kostensenkung oder Differenzierung gegenüber Wettbewerbern [PORT14, S. 33]
Wirtschaftlichkeit	Wirtschaftlicher Nutzen einer Technologie für das Unternehmen oder die Kunden des Unternehmens [KRÖL07, S. 33]

von \ auf	Anwendungsbedeutung	Anwendungsbreite	Entwicklungsaufwand	Entwicklungspotenzial	F&E Ressourcen	Gegenstand	Interdependenzen	Kompatibilität	Komplementärtechnologien	Komplexität	Konkurrenztechnologien	Lebenszyklusphase	Leistungsdifferenz	Marktdurchdringung	Nähe zum Kerngeschäft	Neuheitsgrad	Öffentliche Unterstützung	Reifegrad	Robustheit	Schützbarkeit	Sicherheit	Sichtbarkeit	Umweltverträglichkeit	Vorhandene Kompetenzen	Aktivsumme
Anwendungsbedeutung		0	0	0	0	0	0	0	0	0	0	0	0	0	0	0	0	0	0	0	0	0	0	0	0
Anwendungsbreite	0		0	0	0	0	0	0	0	0	0	0	0	0	0	0	0	0	0	0	0	0	0	0	0
Entwicklungsaufwand	0	0		0	0	0	0	0	0	0	0	0	0	0	0	0	0	0	0	0	0	0	0	0	0
Entwicklungspotenzial	0	0	0		0	0	0	0	0	0	0	0	0	0	0	0	0	0	0	0	0	0	0	0	0
F&E Ressourcen	0	0	2	0		0	0	0	0	0	0	0	0	0	0	0	0	0	0	0	0	0	0	0	2
Gegenstand	0	0	0	0	0		0	0	0	0	0	0	0	0	0	0	0	0	0	0	0	2	0	0	2
Interdependenzen	0	0	1	0	0	0		0	0	2	0	0	0	0	0	0	0	0	0	0	0	0	0	0	3
Kompatibilität	0	1	2	0	0	0	0		0	0	0	0	0	0	0	0	0	0	0	0	0	0	0	0	3
Komplementärtechnologien	0	0	2	0	0	0	0	0		0	0	0	0	0	0	0	0	0	0	0	0	0	0	2	4
Komplexität	0	0	3	0	0	0	0	0	0		0	0	0	0	0	0	0	0	0	2	0	0	0	0	5
Konkurrenztechnologien	0	0	0	0	0	0	0	0	0	0		0	0	0	0	0	0	0	0	0	0	0	0	0	0
Lebenszyklusphase	0	0	2	0	0	0	0	0	0	0	0		0	0	0	0	0	0	0	0	0	0	0	2	4
Leistungsdifferenz	0	0	2	0	0	0	0	0	0	0	0	0		0	0	0	0	0	0	0	0	0	0	0	2
Marktdurchdringung	0	0	0	0	0	0	0	0	0	0	0	3	0		0	2	0	0	0	0	0	0	0	0	5
Nähe zum Kerngeschäft	0	0	0	0	0	0	0	0	0	0	0	0	0	0		0	0	0	0	0	0	0	0	2	2
Neuheitsgrad	0	0	0	0	0	0	0	0	0	0	0	3	0	2	0		0	0	0	1	0	0	0	1	7
Öffentliche Unterstützung	0	0	0	0	0	0	0	0	0	0	0	0	0	0	0	0		0	0	0	0	0	0	0	0
Reifegrad	0	0	2	0	0	0	0	0	0	0	0	2	0	1	0	1	0		0	0	0	0	0	2	8
Robustheit	0	0	0	0	0	0	0	0	0	0	0	0	0	0	0	0	1	0		0	0	0	0	0	1
Schützbarkeit	0	0	0	0	0	0	0	0	0	0	0	0	0	0	0	0	0	0	0		0	0	0	0	0
Sicherheit	0	0	0	0	0	0	0	0	0	0	0	0	0	0	0	0	1	0	0	0		0	0	0	1
Sichtbarkeit	0	0	0	0	0	0	0	0	0	0	0	0	0	0	0	0	0	0	0	0	0		0	0	0
Umweltverträglichkeit	0	0	0	0	0	0	0	0	0	0	0	0	0	0	0	0	1	0	0	0	0	0		0	1
Vorhandene Kompetenzen	0	0	1	0	0	0	0	0	0	0	0	0	0	0	0	0	0	0	0	0	0	0	0		1
Passivsumme	0	1	16	0	0	0	0	0	0	2	0	8	0	3	0	3	3	0	0	3	0	2	0	9	

Einflussstärke: 0: Kein oder äußerst geringer Einfluss; 1: Geringer Einfluss; 2: Starker Einfluss; 3: Sehr starker Einfluss

Abbildung A-1: Einflussmatrix zu Technologiemerkmalen

A.2 Referenzen der Anwendungsmerkmale

Tabelle A-3: Referenzen der Anwendungsmerkmale

Anwendungsmerkmal	Originalbezeichnung	Quelle
Anzahl der Stakeholder	Number of competitors	[JOLL12, S. 323]
	Stakeholder	[MILE16, S. 246]
Dominant Design	Dominant design	[JOLL12, S. 322]
	Dominant design	[SCHI17, S. 61]
	Dominanz	[WARS15, S. 56]
Marktbarrieren	Markteintrittsbarrieren	[BEIS06, S. 170]
	Barriers to entry	[PORT98, S. 7]
	Politik und Gesetze	[WÖRD20, S. 20]
Marktdynamik	Marktentwicklung	[GOME07, S. 108]
	Marktzyklen	[WÖRD20, S. 20]
	Trends	[KRÖL07, S. 33]
	Trends durch relevante Akteure	[ZWEC09, S. 198]
	Zykluszeit	[HALL02, S. 85]
Marktposition	Market share	[MILE16, S. 116]
	Marktabdeckung	[GOME07, S. 73]
	Positionierung am Markt	[RUMM14, S. 169]
	Verhandlungsstärke der Abnehmer	[HALL02, S. 17]
	Verhandlungsstärke der Lieferanten	[HALL02, S. 16]
Marktregulation	Marktregulierung	[WÖRD20, S. 20]
	Rechtliche Genehmigung	[HALL02, S. 111]
Marktstruktur	Struktur der Marktteilnehmer	[GOME07, S. 72]
	Industrial structure	[MILE16, S. 64]
	Markets	[MILE16, S. 64]
	Wettbewerbsstruktur	[WÖRD20, S. 20]
Marktvolumen	Market potential	[SOHN03, S. 889]
	Market volume	[JOLL12, S. 312]

Anwendungsmerkmal	Originalbezeichnung	Quelle
Marktvolumen	Marktgröße	[WÖRD20, S. 20]
	Marktgröße	[BEIS06, S. 170]
	Marktvolumen	[GOME07, S. 72]
	Marktvolumen	[RUMM14, S. 169]
	Marktvolumen	[WARS15, S. 56]
Marktwachstum	Erwartetes Marktwachstum	[RUMM14, S. 169]
	Marktwachstum	[BEIS06, S. 170]
	Marktwachstum	[WÖRD20, S. 20]
	Wachstumsraten des Marktvolumens	[GOME07, S. 72]
Preissensitivität	Improvement in the price competence	[SOHN03, S. 889]
	Produktpreis	[HALL02, S. 111]
Reaktivität	(Re-)Aktionsgeschwindigkeit	[ABEL06, S. 84]
	Geschwindigkeit der techn. Realisierung	[GOME07, S. 120]
	Market reaction to the company's design	[JOLL12, S. 324]
	Realisierungsgeschwindigkeit	[GOCH20, S. 24]
Relevanz des Markt-eintrittszeitpunkts	Forschungs- und Entwicklungsdauer	[KRÖL07, S. 33]
	Innovationstiming	[GOME07, S. 33]
	Time to market	[RUMM14, S. 169]
	Timetable relative to competition	[JOLL12, S. 324]
	Timing von Innovation und Invention	[ABEL06, S. 28]
	Zeitpunkt	[GOCH20, S. 12]
	Zeitpunkt des Eintritts	[ABEL06, S. 28]
Sozioökol. Anforderungen	Materialrückführung	[HALL02, S. 111]
	Mehrwert für Sozialgemeinschaft	[WÖRD20, S. 112]
	Ökologische Unbedenklichkeit	[KRÖL07, S. 33]
	Policy milieu and socio-economic culture	[MILE16, S. 25]
	Recyclingfähigkeit	[KRÖL07, S. 33]
	Societal stakes	[JOLL12, S. 322]
	Sozioökonomische Trends	[ZWEC09, S. 198]

Anwendungsmerkmal	Originalbezeichnung	Quelle
Sozioökol. Anforderungen	Umwelt- und Ressourcenschonung	[WÖRD20, S. 112]
Technologieaffinität	Market sensitivity to technical factors	[JOLL12, S. 312]
	Öffentliche Zukunftsaufgeschlossenheit	[ZWEC09, S. 198]
Wettbewerbsintensität	Competitors' level of involvement	[JOLL12, S. 312]
	Wettbewerbsintensität	[ANG08, S. 1057]
	Wettbewerb	[BEIS06, S. 170]
	Wettbewerbsstärke	[RUMM14, S. 169]

A.3 Gewichtung der Indikatoren des Technologiepotenzials

Tabelle A-4: Random Consistency Index (RI) nach SAATY UND VARGAS [SAAT12b, S. 9]

N	1	2	3	4	5	6	7	8	9	10
RI	0	0	0,52	0,89	1,11	1,25	1,35	1,40	1,45	1,49

Matrix	Anwendungs-breite	Leistungsreserve	Nähe zum Kerngeschäft	Interdepen-denzen	Kompatibilität	Komplementär-technologien	Neuheitsgrad	Gewichtung (Haupteigenvektor)
Anwendungs-breite	1	5	5	5	3	1	5	31,3%
Leistungsreserve	1/5	1	1	1	1/3	1/5	1	5,7%
Nähe zum Kerngeschäft	1/5	1	1	1	1/3	1/5	1	5,7%
Interdepen-denzen	1/5	1	1	1	1/3	1/5	1	5,7%
Kompatibilität	1/3	3	3	3	1	1/3	3	14,7%
Komplementär-technologien	1	5	5	5	3	1	5	31,3%
Neuheitsgrad	1/5	1	1	1	1/3	1/5	1	5,7%

Konsistenz: CR: 0,7%

Abbildung A-2: Gewichtung der Indikatoren des Synergiepotenzials

Matrix	Anwendungs-breite	Leistungsreserve	Komplexität	Reifegrad	F&E Ressourcen	Neuheitsgrad	Gewichtung (Haupteigenvektor)
Anwendungs-breite	1	1/3	1	3	3	3	18,6%
Leistungsreserve	3	1	3	5	5	5	42,3%
Komplexität	1	1/3	1	3	3	3	18,6%
Reifegrad	1/3	1/5	1/3	1	1	1	6,8%
F&E Ressourcen	1/3	1/5	1/3	1	1	1	6,8%
Neuheitsgrad	1/3	1/5	1/3	1	1	1	6,8%

Konsistenz: CR: 0,9%

Abbildung A-3: Gewichtung der Indikatoren des Entwicklungspotenzials

Matrix	Anwendungs-breite	Komplexität	Nähe zum Kerngeschäft	F&E Ressourcen	Interdepen-denzen	Komplementär-technologien	Robustheit	Gewichtung (Haupteigenvektor)
Anwendungs-breite	1	2	5	5	5	3	3	34,1%
Komplexität	1/2	1	4	4	4	2	2	22,4%
Nähe zum Kerngeschäft	1/5	1/4	1	1	1	1/3	1/3	5,3%
F&E Ressourcen	1/5	1/4	1	1	1	1/3	1/3	5,3%
Interdepen-denzen	1/5	1/4	1	1	1	1/3	1/3	5,3%
Komplementär-technologien	1/3	1/2	3	3	3	1	1	13,8%
Robustheit	1/3	1/2	3	3	3	1	1	13,8%

Konsistenz: CR: 1,0%

Abbildung A-4: Gewichtung der Indikatoren des Kostensenkungspotenzials

Matrix	Anwendungs-breite	Leistungs-differenz	Robustheit	Sicherheit	Sichtbarkeit	Gewichtung (Haupteigenvektor)
Reifegrad	1	1/5	1/5	1/5	1	5,9%
Leistungs-differenz	5	1	1	1	5	29,4%
Robustheit	5	1	1	1	5	29,4%
Sicherheit	5	1	1	1	5	29,4%
Sichtbarkeit	1	1/5	1/5	1/5	1	5,9%

Konsistenz: CR: 0,0%

Abbildung A-5: Gewichtung der Indikatoren des Qualitätspotenzials

Matrix	Öffentliche Unterstützung	Umwelt-verträglichkeit	Sicherheit	Sichtbarkeit	Gewichtung (Haupteigenvektor)
Öffentliche Unterstützung	1	1/2	1/2	1	16,7%
Umwelt-verträglichkeit	2	1	1	2	33,3%
Sicherheit	2	1	1	2	33,3%
Sichtbarkeit	1	1/2	1/2	1	16,7%

Konsistenz: CR: 0,0%

Abbildung A-6: Gewichtung der Indikatoren des Imagepotenzials

Matrix	Anwendungs-breite	Leistungsreserve	Schützbarkeit	Komplementär-technologien	Leistungs-differenz	Neuheitsgrad	Sichtbarkeit	Gewichtung (Haupteigenvektor)
Anwendungs-breite	1	3	3	1	1/3	1/3	1	11,2%
Leistungsreserve	1/3	1	1	1/3	1/5	1/5	1/3	4,5%
Schützbarkeit	1/3	1	1	1/3	1/5	1/5	1/3	4,5%
Komplementär-technologien	1	3	3	1	1/3	1/3	1	11,2%
Leistungs-differenz	3	5	5	3	1	1	3	28,7%
Neuheitsgrad	3	5	5	3	1	1	3	28,7%
Sichtbarkeit	1	3	3	1	1/3	1/3	1	11,2%

Konsistenz: CR: 1,1%

Abbildung A-7: Gewichtung der Indikatoren des Innovationspotenzials

A.4 Synthese der Risikofaktoren

Tabelle A-5: Pareto-Analyse der identifizierten Risikofaktoren

Risikofaktor	# Quellen	Relative kumulierte Häufigkeit
Wissen & Erfahrung	35	4,3%
Technische Machbarkeit	24	7,3%
Anforderungsdynamik	21	9,9%
Wertermittlung	20	12,4%
Gesundheit & Sicherheit	19	14,8%
Marktkenntnis	19	17,1%
Regulatorischer Umfang	19	19,5%
Entwicklungsvorsprung	18	21,7%
Rechtliche Rahmenbedingungen	18	24,0%
Verfügbares Budget	18	26,2%
Anforderungsklarheit	17	28,3%
F&E Ressourcen	17	30,4%
Anforderungsniveau	16	32,4%
Image & Vertrauen	16	34,4%
unklare Haftungsregelung	16	36,4%
Wahrgenommener Nutzen	16	38,4%
Datenschutzanforderungen	15	40,2%
Marktgröße	15	42,1%
Rohmaterialverfügbarkeit	15	44,0%
Know-how Schutz	14	45,7%
Prozessbeherrschung	14	47,5%
Substitute	14	49,2%
Entwicklungskosten	12	50,7%
Imitierbarkeit	12	52,2%
Nachhaltigkeit	12	53,7%
Technologiekomplexität	12	55,2%
Wettbewerbsstärke	12	56,6%
Datensicherheit	11	58,0%
Entwicklungsaufwand	11	59,4%
Entwicklungsdynamik	11	60,7%
Interoperabilität	10	62,0%
Kundenerfahrungen	10	63,2%
Produktionsressourcen	10	64,5%
Adaptionsgeschwindigkeit	9	65,6%

Risikofaktor	# Quellen	Relative kumulierte Häufigkeit
Markteintrittszeitpunkt	9	66,7%
Marktposition	9	67,8%
Schutzrechtstatus	9	68,9%
Soziale Verwerfungen	9	70,1%
Technologieabhängigkeiten	9	71,2%
Finanzierungsquellen	8	72,2%
Politische Unterstützung	8	73,2%
Einschränkung & Abhängigkeit	7	74,0%
Entwicklungsmöglichkeiten	7	74,9%
Entwicklungspartner	7	75,8%
Fehlende Branchenstandards	7	76,6%
Marktdynamik	7	77,5%
Wahrgenommenes Risiko	7	78,4%
Gesellschaftliche Grundeinstellung	7	79,3%
Beschaffungspreissteigerung	6	80,0%
Herstellkosten	6	80,7%
Interesse	6	81,5%
Markwachstum	6	82,2%
Produktlebenszyklus	6	83,0%
Benutzerfreundlichkeit	5	83,6%
Verkaufspreis	5	84,2%
Fehlende Vertragsstandards	4	84,7%
Marktakzeptanz	4	85,2%
Skalierbarkeit	4	85,7%
Unklare Eigentums- und Nutzungsrechte	4	86,2%
Zutrittsbarrieren	4	86,7%
Bestehende Rechtstreitigkeiten	3	87,1%
Preisentwicklung	3	87,5%
Technologiezugang/Diskriminierung	3	87,8%
Transparenz	3	88,2%
Validierungskomplexität	3	88,6%
Verfügbare Entwicklungszeit	3	88,9%
Zeitverzug	3	89,3%
Importbeschränkungen	2	89,6%
Individueller Nutzen	2	89,8%
Key-Customer	2	90,1%
Kosten	2	90,3%
Lieferantenqualität	2	90,6%

Risikofaktor	# Quellen	Relative kumulierte Häufigkeit
Lokale Beeinträchtigung	2	90,8%
Marge	2	91,1%
Marktbekanntheit	2	91,3%
Markteigenschaften	2	91,6%
Persönliche Werte	2	91,8%
Portfolio-Fit	2	92,0%
Technologiedynamik	2	92,3%
Technologieoffenheit	2	92,5%
Umsatz	2	92,8%
Validierungsmöglichkeiten	2	93,0%
Vertragliche Bindung	2	93,3%
Vertragskomplexität	2	93,5%
Wettbewerbskenntnis	2	93,8%
Wettbewerbsstruktur	2	94,0%
Zuverlässigkeit	2	94,3%
Änderung der vertraglichen Bindung	1	94,4%
Aufwand	1	94,5%
Betrug	1	94,7%
Fehlende Versicherung	1	94,8%
Flächenverfügbarkeit	1	94,9%
Flexibilität	1	95,0%
Geschwindigkeit des Wandels	1	95,2%
implizites Wissen	1	95,3%
Informationsaustausch	1	95,4%
IT-Verfügbarkeit	1	95,5%
Kaufanreize	1	95,7%
Klare Verantwortlichkeiten	1	95,8%
Kontrolle	1	95,9%
Kundenbudget	1	96,0%
Kundenloyalität	1	96,1%
Kundenstruktur	1	96,3%
Kundensupport	1	96,4%
Kundenzufriedenheit	1	96,5%
Lieferantenkapazität	1	96,6%
Lieferzeiten	1	96,8%
Marktphasenlänge	1	96,9%
Markttyp	1	97,0%
Marktwiderstand	1	97,1%

Risikofaktor	# Quellen	Relative kumulierte Häufigkeit
Mitarbeitererfahrung	1	97,3%
Negatives Ereignis	1	97,4%
Persönliche Betroffenheit	1	97,5%
Preiskampf	1	97,6%
Preisniveau	1	97,8%
Produktionszyklus	1	97,9%
Prozessalternativen	1	98,0%
Saisonabhängigkeit	1	98,1%
Schädigung von Kulturgütern	1	98,3%
Schlechte Zusammenarbeit	1	98,4%
Stakeholdereinbezug	1	98,5%
Steuern	1	98,6%
Technologiedominanz	1	98,8%
Unklarer Kompetenzbedarf	1	98,9%
Unternehmensgröße	1	99,0%
Vertriebskosten	1	99,1%
Vorsprung der Konkurrenz	1	99,3%
Wartungskosten	1	99,4%
Wettbewerbsbarrieren	1	99,5%
Wohlstandsgefährdung	1	99,6%
Zahlungsbereitschaft	1	99,8%
Zeitverlust	1	99,9%
Zulassungsdauer	1	100,0%

A.5 Identifizierte Risikofaktoren mit Quellenzuordnung

Tabelle A-6: Risikofaktoren mit Quellenbezug

Risikofaktor	Quelle
Adaptions-geschwindigkeit	[BENA06, S. 833]
	[BÜRG00, S. 63]
	[GRAN07, S. 137]
	[GROß14, S. 169]
	[HIMM05, S. 30]
	[HORO17, S. 86]
	[LI20, S. 565]
	[WINT14, S. 127]
	[ZHU16, S. 6781]
Anforderungs-dynamik	[AFZA17, S. 70]
	[BENA06, S. 833]
	[BÜRG00, S. 63]
	[EBER14, S. 24]
	[GRAN07, S. 137]
	[HORO17, S. 106]
	[HUBE19, S. 1091]
	[JACO19, S. 152]
	[KASA07, S. 2288]
	[KEIZ09, S. 509]
	[LI20, S. 565]
	[MIOR14, S. 486]
	[MU09, S. 173]
	[MURR11, S. 40]
	[TAHE18, S. 189]
	[THAM13, S. 25]
	[WAIT15, S. 151]
	[WINT14, S. 127]
	[WU14, S. 468]
	[XIAO18, S. 718]
	[ZHU16, S. 6781]
Anforderungs-klarheit	[AFZA17, S. 70]
	[BACC01, S. 143]
	[BARR13, S. 872]
	[GRAN07, S. 137]
	[HORO17, S. 86]
	[JALO11, S. 33]
	[KIM14, S. 456]
	[LEIF01, S. 103]
	[MIOR14, S. 486]
	[MURR11, S. 40]
	[OCON13, S. 11]
	[OEHM16, S. 69]
	[RING15, S. 8]
	[SPEC02b, S. 30]
	[TRIP13, S. 223]
	[WAIT15, S. 150]
	[WU14, S. 468]
Anforderungs-niveau	[BACC01, S. 143]
	[GROß14, S. 169]
	[HORO17, S. 101]
	[JABL00, S. 149]
	[KEIZ09, S. 509]
	[LEIF01, S. 103]
	[LI20, S. 565]
	[LIU12, S. 496]
	[OEHM16, S. 69]
	[SCHM01, S. 170]
	[SPUR12, S. 487]
	[VAHS05, S. 190]
	[WAIT15, S. 150]
	[WERN02, S. 333]
	[WILD03, S. 135]
	[WINT14, S. 127]
Datenschutzanf.	[BODE18, S. 172]

Risikofaktor	Quelle
Datenschutzanf.	[BUCH20, S. 188]
	[CORR19, S. 10]
	[DZIM15, S. 242]
	[GLÄß18, S. 22]
	[HOFM18, S. 52]
	[HORN17, S. 75]
	[HORN17, S. 79]
	[HORN18, S. 150]
	[HORN18, S. 173]
	[LUST18, S. 6]
	[MARA17, S. 67]
	[PAEZ18, S. 225]
	[STEI18, S. 47]
	[WAGN20, S. 108]
	[WANG20, S. 117]
	[WINK15, S. 632]
Datensicherheit	[CHEN17, S. 101]
	[FEAT16, S. 253]
	[GRUN15, S. 681]
	[IENC16, S. 569]
	[KEEN19, S. 759]
	[LENZ15, S. 651]
	[MORA19, S. 50]
	[MORT16, S. 618]
	[SCHÖ18a, S. 435]
	[SPIE18, S. 1540]
	[TAHE18, S. 189]
Einschränkungen & Abhängigkeiten	[GRAE17, S. 71]
	[GRUN15, S. 681]
	[GRUN19, S. 31]
	[IENC16, S. 570]
	[LENZ15, S. 646]
	[SPIE18, S. 1541]
	[WIEG19, S. 223]
Entwicklungsaufw.	[FLOR03, S. 8]

Risikofaktor	Quelle
Entwicklungsaufw.	[HEES09, S. 200]
	[HIMM05, S. 30]
	[JIAN15, S. 321]
	[MIOR14, S. 486]
	[OCON13, S. 12]
	[RING15, S. 8]
	[TRIP13, S. 223]
	[VAHS05, S. 190]
	[WAIT15, S. 150]
	[WINT14, S. 127]
Entwicklungs-dynamik	[AHSE10, S. 53]
	[BÜRG00, S. 63]
	[FLOR03, S. 8]
	[HEES09, S. 200]
	[HSU03, S. 545]
	[OCON13, S. 12]
	[OEHM16, S. 69]
	[PANN03, S. 312]
	[THAM13, S. 25]
	[XIAO18, S. 718]
	[ZHU06, S. 1574]
Entwicklungskosten	[AFZA17, S. 70]
	[AHSE10, S. 53]
	[ARAB19, S. 1038]
	[CHAU17, S. 1199]
	[GROß14, S. 170]
	[HEES09, S. 200]
	[HORS03, S. 161]
	[KUHN07, S. 41]
	[LEIF01, S. 103]
	[LI20, S. 565]
	[MIOR14, S. 486]
	[VAHS05, S. 190]
Entwicklungs-möglichkeit	[HORO17, S. 104]
	[JABL00, S. 149]

Risikofaktor	Quelle
Entwicklungs-möglichkeit	[JIAN15, S. 321]
	[SCHI15, S. 56]
	[SPEC02b, S. 27]
	[WU14, S. 468]
	[XIAO18, S. 718]
Entwicklungspartner	[BACC01, S. 143]
	[LEIF01, S. 103]
	[MURR11, S. 40]
	[OEHM16, S. 69]
	[TRIP13, S. 223]
	[WAIT15, S. 150 f.]
	[ZHU16, S. 6781]
Entwicklungs-vorsprung	[GRAN07, S. 137]
	[GROß14, S. 169]
	[HORO17, S. 86]
	[HSU03, S. 545]
	[KUHN07, S. 41]
	[LI20, S. 565]
	[MIOR14, S. 486]
	[MURR11, S. 40]
	[PANN03, S. 312]
	[ROGE03, S. 229]
	[SCHI15, S. 56]
	[SCHM01, S. 177]
	[SHIN18, S. 8]
	[VAHS05, S. 190]
	[WERN02, S. 333]
	[WILD03, S. 135]
	[WINT14, S. 127]
	[ZHU16, S. 6781]
F&E Ressourcen	[AFZA17, S. 70]
	[ARAB19, S. 1038]
	[BARR13, S. 872]
	[BÜRG00, S. 63]
	[CHEN10, S. 2]

Risikofaktor	Quelle
F&E Ressourcen	[CHIN09, S. 9882]
	[GRAN07, S. 136]
	[HORO17, S. 107]
	[JIAN15, S. 321]
	[LAKE07, S. 320]
	[MIOR14, S. 486]
	[OEHM16, S. 69]
	[REIM13, S. 343]
	[SCHI15, S. 56]
	[SCHM01, S. 176]
	[SHIN18, S. 8]
	[WIßL06, S. 25]
Fehlende Branchenstandards	[CORR17, S. 202 f.]
	[DZIM15, S. 242]
	[HIMM05, S. 30]
	[HORN18, S. 166]
	[NAMB16, S. 488]
	[PAEZ18, S. 226]
	[WINK15, S. 616]
Finanzierungs-quellen	[BARR13, S. 872]
	[JIAN15, S. 321]
	[KIM14, S. 456]
	[OCON13, S. 12]
	[OEHM16, S. 69]
	[SCHI15, S. 57]
	[WAIT15, S. 150 f.]
	[ZHU16, S. 6781]
Gesellschaftliche Grundeinstellung	[AFZA17, S. 70]
	[BÜRG00, S. 63]
	[GROO20, S. 1229]
	[HORS03, S. 161]
	[KUHN07, S. 41]
	[SCHI15, S. 56]
Gesundheit & Sicherheit	[BACC01, S. 143]
	[FEAT16, S. 253]

Risikofaktor	Quelle
Gesundheit & Sicherheit	[GRAE17, S. 71]
	[HIMM05, S. 30]
	[HORO17, S. 102]
	[HSU03, S. 545]
	[HUBE19, S. 1090]
	[IENC16, S. 570]
	[JABL00, S. 149]
	[JACO19, S. 152]
	[KEIZ09, S. 508 f.]
	[KUHN07, S. 41]
	[LENZ15, S. 651]
	[MIOR14, S. 486]
	[MORA19, S. 50]
	[OTIE16, S. 4]
	[SPIE18, S. 1538 f.]
	[VAHS05, S. 190]
	[WAIT15, S. 150]
Image & Vertrauen	[AFZA17, S. 70]
	[BELD18, S. 890]
	[BUCH20, S. 181]
	[CHEN17, S. 101]
	[FEAT16, S. 253]
	[GROß14, S. 169]
	[GRUN15, S. 681]
	[HO19, S. 459]
	[KEEN19, S. 759]
	[LENZ15, S. 646]
	[LI20, S. 565]
	[LIU19, S. 334]
	[MORT16, S. 616 f.]
	[ROY18, S. 156]
	[TAHE18, S. 189]
	[ZHU16, S. 6781]
Imitierbarkeit	[BACC01, S. 143]
	[BLAN18, S. 142]
	[BRAN00, S. 56]

Risikofaktor	Quelle
Imitierbarkeit	[CORR17, S. 203]
	[HIMM05, S. 30]
	[JABL00, S. 149]
	[LIU12, S. 496]
	[PAEZ18, S. 229]
	[SPEC02b, S. 30]
	[SPUR12, S. 487]
	[WINT14, S. 127]
	[ZHU16, S. 6781]
Interoperabilität	[ARAB19, S. 1037]
	[DAVI03, S. 76]
	[EBER14, S. 23]
	[HEYE17, S. 73]
	[HIMM05, S. 30]
	[MIOR14, S. 486]
	[PANN03, S. 312]
	[ROGE03, S. 240]
	[VAHS05, S. 190]
	[ZHU16, S. 6781]
Know-how Schutz	[ARAB19, S. 1038]
	[BLAN18, S. 142]
	[CHAU17, S. 1199]
	[CORR17, S. 203]
	[FLOR03, S. 8]
	[HIMM05, S. 30]
	[HSU03, S. 545]
	[JIAN15, S. 321]
	[OEHM16, S. 69]
	[STEI18, S. 46]
	[WAGN20, S. 110]
	[WAIT15, S. 150 f.]
	[WU14, S. 468]
	[XIAO18, S. 718]
Kundenerfahrung	[BACC01, S. 143]
	[DAVI03, S. 76]
	[GROO20, S. 1230]

Risikofaktor	Quelle
Kundenerfahrung	[GRUN15, S. 676]
	[HEYE17, S. 73]
	[HO19, S. 459]
	[HORO17, S. 106]
	[LENZ15, S. 646 f.]
	[ROY18, S. 156]
	[ZHU06, S. 1574]
Marktdynamik	[AFZA17, S. 70]
	[BRAN00, S. 63]
	[CHAU17, S. 1199]
	[HIMM05, S. 30]
	[LIU12, S. 495]
	[SPEC02b, S. 27]
	[WU14, S. 468]
Markteintritts-zeitpunkt	[ARAB19, S. 1037]
	[BÜRG00, S. 63]
	[HORS03, S. 161]
	[KASA07, S. 2288]
	[PANN03, S. 312]
	[SCHM01, S. 177]
	[SPEC02b, S. 30]
	[VAHS05, S. 190]
	[WINT14, S. 127]
Marktgröße	[BENA06, S. 833]
	[CHAU17, S. 1199]
	[GROß14, S. 169]
	[HIMM05, S. 30]
	[HORO17, S. 107]
	[HSU03, S. 545]
	[JABL00, S. 149]
	[LI20, S. 565]
	[LIU12, S. 495]
	[SCHI15, S. 56]
	[SCHM01, S. 177]
	[VAHS05, S. 190]
	[WERN02, S. 333]

Risikofaktor	Quelle
Marktgröße	[WINT14, S. 127]
	[ZHU16, S. 6781]
Marktkenntnis	[AFZA17, S. 70]
	[ARAB19, S. 1037]
	[BARR13, S. 872]
	[BENA06, S. 833]
	[BÜRG00, S. 63]
	[FLOR03, S. 8]
	[GRAN07, S. 137]
	[HORO17, S. 86]
	[JALO11, S. 33]
	[KIM14, S. 456]
	[LI20, S. 565]
	[MIOR14, S. 486]
	[MU09, S. 173]
	[OCON13, S. 11]
	[TRIP13, S. 223]
	[VAHS05, S. 390]
	[WAIT15, S. 150]
	[WERN02, S. 333]
	[ZHU16, S. 6781]
Marktposition	[DAVI03, S. 76]
	[HEES09, S. 199]
	[JALO11, S. 33]
	[JIAN15, S. 321]
	[LI20, S. 565]
	[LIU12, S. 495 f.]
	[TRIP13, S. 223]
	[VAHS05, S. 190]
	[WINT14, S. 127]
Nachhaltigkeit	[GRAE17, S. 71]
	[GRUN19, S. 32]
	[HORO17, S. 103]
	[HSU03, S. 545]
	[JABL00, S. 149]
	[KEIZ09, S. 508 f.]

Risikofaktor	Quelle
Nachhaltigkeit	[LENZ15, S. 651]
	[MURR11, S. 40]
	[OTIE16, S. 4]
	[THAM13, S. 25]
	[VAHS05, S. 190]
	[WINT14, S. 127]
Politische Unterstützung	[HSU03, S. 545]
	[JIAN15, S. 321]
	[KASA07, S. 2288]
	[LI20, S. 565]
	[LIU12, S. 496]
	[WU14, S. 468]
	[XIAO18, S. 718]
	[ZHU16, S. 6781]
Produktions-ressourcen	[ARAB19, S. 1037]
	[BACC01, S. 143]
	[CHEN10, S. 2]
	[GROß14, S. 169 f.]
	[HORO17, S. 102]
	[JABL00, S. 149]
	[KEIZ09, S. 508 f.]
	[LAKE07, S. 320]
	[LI20, S. 565]
	[ZHU16, S. 6781]
Prozessbeherrschung	[BÜRG00, S. 63]
	[CHIN09, S. 9882]
	[DAVI03, S. 75]
	[EHRL12, S. 54]
	[FLOR03, S. 8]
	[GROß14, S. 171]
	[HIMM05, S. 30]
	[JIAN15, S. 321]
	[KEIZ09, S. 507 f.]
	[KIM14, S. 456]
	[SCHM01, S. 177]
	[VAHS05, S. 190]

Risikofaktor	Quelle
Prozessbeherrschung	[WAIT15, S. 150]
	[WIßL06, S. 25]
Rechtliche Rahmenbedingungen	[BOMH19, S. 37]
	[CORR19, S. 6]
	[ENGE20, S. 481]
	[FILL20, S. 130]
	[GIRA18, S. 63]
	[HOFM18, S. 50]
	[HORN17, S. 76]
	[HORN18, S. 155]
	[HORS03, S. 161]
	[JALO11, S. 33]
	[LENZ15, S. 652]
	[LIPI20, S. 471]
	[LUST18, S. 4]
	[MARA17, S. 64]
	[MEZQ19, S. 529]
	[NAMB16, S. 488]
	[PAEZ18, S. 220]
	[SPAN20, S. 549]
Regulatorischer Umfang	[ARAB19, S. 1038]
	[BENA06, S. 833]
	[BÜRG00, S. 63]
	[CHAU17, S. 1199]
	[CORR19, S. 6]
	[FILL20, S. 129]
	[FLOR03, S. 8]
	[GROß14, S. 171]
	[HORO17, S. 103]
	[HORS03, S. 160]
	[KASA07, S. 2288]
	[MURR11, S. 40]
	[OEHM16, S. 69]
	[SCHI15, S. 56]
	[THAM13, S. 25]
	[VAHS05, S. 390]

Risikofaktor	Quelle
Regulatorischer Umfang	[WAIT15, S. 151]
	[WINK15, S. 617]
	[WINT14, S. 127]
Rohmaterialverf.	[AFZA17, S. 70]
	[CHAU17, S. 1199]
	[CHIN09, S. 9882]
	[EBER14, S. 23 f.]
	[HORS03, S. 160]
	[JABL00, S. 149]
	[KEIZ09, S. 507 f.]
	[LI20, S. 565]
	[LIU12, S. 496]
	[MURR11, S. 40]
	[OEHM16, S. 69]
	[REIM13, S. 344]
	[SPUR12, S. 487]
	[WAIT15, S. 150]
	[WU14, S. 468]
Schutzrechtstatus	[EBER14, S. 23]
	[GROß14, S. 170 f.]
	[HEES09, S. 199]
	[HIMM05, S. 30]
	[HORO17, S. 99]
	[JABL00, S. 149]
	[KASA07, S. 2288]
	[SCHI15, S. 57]
	[WINT14, S. 127]
Soziale Verwerfungen	[BELD18, S. 890]
	[FEAT16, S. 253]
	[GRAE17, S. 71]
	[IENC16, S. 571]
	[KEEN19, S. 758]
	[LENZ15, S. 651]
	[MORA19, S. 49]
	[OTIE16, S. 4]
	[WINT14, S. 127]

Risikofaktor	Quelle
Substitute	[ARAB19, S. 1037]
	[BENA06, S. 834]
	[BRAN00, S. 56]
	[BÜRG00, S. 63]
	[CHAU17, S. 1199]
	[EBER14, S. 24]
	[GRAN07, S. 136]
	[GROß14, S. 169 f.]
	[HIMM05, S. 30]
	[HORO17, S. 86]
	[LIU12, S. 495]
	[WAIT15, S. 150]
	[WINT14, S. 127]
	[WU14, S. 468]
Technische Machbarkeit	[ARAB19, S. 1037]
	[BENA06, S. 833 f.]
	[EBER14, S. 23]
	[FLOR03, S. 8]
	[GRAN07, S. 136]
	[HAHN00, S. 28]
	[HIMM05, S. 30]
	[HORO17, S. 86]
	[HSU03, S. 545]
	[JABL00, S. 149]
	[JIAN15, S. 321]
	[KASA07, S. 2288]
	[KEIZ09, S. 508]
	[LEIF01, S. 103]
	[LI20, S. 565]
	[MURR11, S. 40]
	[REIM13, S. 344]
	[SHIN18, S. 8]
	[SPEC02b, S. 30]
	[VAHS05, S. 190]
	[WILD03, S. 135]
	[WINT14, S. 127]

Risikofaktor	Quelle
Technische Machbarkeit	[WIßL06, S. 25]
	[WU14, S. 468]
Technologie-abhängigkeiten	[ARAB19, S. 1037]
	[HORO17, S. 107]
	[HSU03, S. 545]
	[LI20, S. 565]
	[MIOR14, S. 486]
	[SCHI15, S. 56]
	[SCHM01, S. 176]
	[WAIT15, S. 150]
	[WU14, S. 468]
Technologie-komplexität	[CHIN09, S. 9882]
	[HORO17, S. 101]
	[JIAN01, S. 50]
	[JIAN15, S. 321]
	[KIM14, S. 456]
	[LI20, S. 565]
	[MIOR14, S. 486]
	[ROGE03, S. 257]
	[SPEC02b, S. 27]
	[THAM13, S. 25]
	[VAHS05, S. 377]
	[ZHU16, S. 6781]
Unklare Haftungs-bedingungen	[BELL19, S. 163]
	[CORR17, S. 205]
	[DZIM15, S. 242]
	[GLÄß18, S. 22]
	[HORN17, S. 73]
	[HORN18, S. 157]
	[KASA07, S. 2288]
	[KESS18, S. 233]
	[MARA17, S. 64]
	[MEZQ19, S. 531]
	[NAMB16, S. 486]
	[PAEZ18, S. 226]
	[STEI18, S. 47]
Unklare Haftungs-bedingungen	[WAGN20, S. 111]
	[WAIT15, S. 151]
	[WINK15, S. 618]
Verfügbares Budget	[AFZA17, S. 70]
	[BACC01, S. 143]
	[BENA06, S. 833]
	[COOP07b, S. 57]
	[EBER14, S. 24]
	[FLOR03, S. 8]
	[LIU12, S. 496]
	[MIOR14, S. 486]
	[MURR11, S. 40]
	[OCON13, S. 12]
	[OEHM16, S. 69]
	[REIM13, S. 343]
	[SCHI15, S. 56]
	[SCHM01, S. 177]
	[TRIP13, S. 223]
	[WAIT15, S. 150]
	[WU14, S. 468]
	[XIAO18, S. 718]
Wahrgen. Nutzen	[BELD18, S. 889]
	[CHEN17, S. 100]
	[FEAT16, S. 253]
	[GROO20, S. 1228]
	[GRUN15, S. 682]
	[HO19, S. 459]
	[HSU03, S. 545]
	[HUAN18, S. 106]
	[HUBE19, S. 1090]
	[IENC16, S. 570]
	[LENZ15, S. 651]
	[LIU12, S. 496]
	[LIU19, S. 334]
	[MIOR14, S. 486]
	[REIM13, S. 344]

Risikofaktor	Quelle
Wahrgen. Nutzen	[SCHI15, S. 56]
Wahrgen. Risiko	[CHEN17, S. 100]
	[GROO20, S. 1228]
	[GRUN15, S. 680]
	[GRUN19, S. 32]
	[HO19, S. 460]
	[LIU19, S. 334]
	[MU09, S. 173]
Wertvermittlung	[BARR13, S. 872]
	[BRAN00, S. 60]
	[CHAU17, S. 1199]
	[CHEN10, S. 2]
	[DAVI03, S. 75]
	[FLOR03, S. 8]
	[JABL00, S. 149]
	[KASA07, S. 2288]
	[LEIF01, S. 103]
	[LI20, S. 565]
	[LIU12, S. 496]
	[OCON13, S. 11]
	[PANN03, S. 312]
	[SPEC02b, S. 30]
	[THAM13, S. 25]
	[VAHS05, S. 190]
	[WAIT15, S. 150]
	[WINT14, S. 127]
	[XIAO18, S. 718]
	[ZHU16, S. 6781]
Wettbewerbsstärke	[ARAB19, S. 1037]
	[CHAU17, S. 1199]
	[HORO17, S. 106]
	[KIM14, S. 456]
	[LI20, S. 565]
	[PANN03, S. 312]
	[SCHM01, S. 177]
	[VAHS05, S. 190]

Risikofaktor	Quelle
Wettbewerbsstärke	[WAIT15, S. 151]
	[WERN02, S. 333]
	[WINT14, S. 127]
	[ZHU16, S. 6781]
Wissen & Erfahrung	[AHSE10, S. 53]
	[ARAB19, S. 1037]
	[BARR13, S. 872]
	[BERG02, S. 211]
	[CHAU17, S. 1199]
	[CHIN09, S. 9882]
	[COOP07b, S. 57]
	[DAVI03, S. 76]
	[DILL15, S. 10]
	[EBER14, S. 23]
	[EHRL12, S. 54]
	[GRAN07, S. 136]
	[GROß14, S. 169]
	[HEES09, S. 200]
	[HORO17, S. 107]
	[HSU03, S. 545]
	[JABL00, S. 149]
	[JALO11, S. 33]
	[JIAN01, S. 50]
	[JIAN15, S. 321]
	[KIM14, S. 456]
	[LEIF01, S. 103]
	[MU09, S. 171]
	[OCON13, S. 11 f.]
	[OEHM16, S. 69]
	[REIM13, S. 343]
	[SCHI15, S. 56]
	[SCHM01, S. 176]
	[SHIN18, S. 8]
	[TRIP13, S. 223]
	[VAHS05, S. 190]
	[WERN02, S. 333]

Risikofaktor	Quelle
Wissen & Erfahrung	[WINT14, S. 127] [ZHU16, S. 6781]

A.6 Zuordnung der Risikofaktoren zu den Teilrisiken

Tabelle A-7: Risikofaktoren des Entwicklungsrisikos

Risikofaktor	Kurzbeschreibung
Anforderungsklarheit	Klarheit und Beständigkeit der Anforderungen an das Entwicklungsvorhaben
Anforderungsniveau	Anforderungen an die geplante Technologieentwicklung und -implementierung bspw. hinsichtlich Qualität und Leistung
Entwicklungsaufwand	Umfang der erforderlichen Entwicklung zur Erreichung des angestrebten Leistungs- und Qualitätsniveaus
Entwicklungspartner	Verfügbarkeit geeigneter Entwicklungspartner
F&E Ressourcen	Verfügbarkeit geeigneter F&E Ressourcen für die Umsetzung der geplanten Technologieentwicklung
Technische Machbarkeit	Grundsätzliche technische Umsetzbarkeit der angestrebten Entwicklung bspw. aufgrund physikalischer Grenzen
Technologieabhängigkeiten	Bestehende Abhängigkeiten der Technologie bezogen auf komplementäre Güter und Technologien
Technologiekomplexität	Relative Komplexität der jeweiligen Technologie
Wissen & Erfahrung	Im Unternehmen vorhandene Erfahrungen bzw. zugängliches Wissen bezogen auf die jeweilige Technologie

Tabelle A-8: Risikofaktoren des Umsetzungsrisikos

Risikofaktor	Kurzbeschreibung
Interoperabilität	Integrierbarkeit der Technologie in bestehende Produkte und Prozesse
Produktionsressourcen	Verfügbarkeit erforderlicher Produktionsmittel für die Herstellung und/oder Nutzung der Technologie
Prozessbeherrschung	Grad der Beherrschung erforderlicher Prozesse zur Verwendung der Technologie in Produkten und Prozessen
Rohmaterialverfügbarkeit	Verfügbarkeit von Ausgangsmaterialien im erforderlichen Umfang und Güte für die Umsetzung der Technologie

Tabelle A-9: Risikofaktoren des Substitutionsrisikos

Risikofaktor	Kurzbeschreibung
Entwicklungsdynamik	Geschwindigkeit und Diskontinuität des technischen Entwicklungsfortschritts in einem Anwendungsfeld
Substitute	Anzahl möglicher Konkurrenztechnologien in einem Anwendungsfeld
Entwicklungsvorsprung	Entwicklungsvorsprung der jeweiligen Technologie im Vergleich zu Alternativ- respektive Konkurrenztechnologien
Entwicklungsmöglichkeit	Differenz zwischen dem aktuellen Leistungsniveau und der physikalischen oder wirtschaftlichen Leistungsgrenze einer Technologie [PERL07, S. 46]

Tabelle A-10: Risikofaktoren des Imitationsrisikos

Risikofaktor	Kurzbeschreibung
Adaptionsgeschwindigkeit	Geschwindigkeit, mit der Wettbewerber auf technologische Neuerungen reagieren und diese adaptieren können
Imitierbarkeit	Nicht-rechtliche Möglichkeiten zur Vorbeugung von Imitation, bspw. durch technische Imitationsbarrieren
Know-how Schutz	Möglichkeiten zum Schutz bzw. Verlustgefahr des der Technologie zugrundeliegenden Know-how
Schutzrechtstatus	Möglichkeit und Status des rechtlichen Technologieschutzes durch Patente oder Gebrauchsmuster

Tabelle A-11: Risikofaktoren des Finanzierungsrisikos

Risikofaktor	Kurzbeschreibung
Entwicklungskosten	Erwartete Kosten für die Entwicklung, Umsetzung und Verwertung der Technologie
Finanzierungsquellen	Verfügbare externe Finanzierungsquellen des Unternehmens, wie bspw. staatliche Förderung oder Risikokapital
Verfügbares Budget	Verfügbare finanzielle Mittel des Unternehmens

Tabelle A-12: Risikofaktoren des Marktrisikos

Risikofaktor	Kurzbeschreibung
Marktdynamik	Volatilität und Geschwindigkeit der Veränderung des Zielmarktes bspw. aufgrund neuer Konkurrenten
Markteintrittszeitpunkt	Zeitpunkt der Technologieeinführung im Vergleich zu Wettbewerbern
Marktgröße	Größe des angestrebten Zielmarkts der neuen Technologie
Marktkenntnis	Kenntnis des angestrebten Zielmarkts der neuen Technologie
Marktposition	Wettbewerbsposition des Unternehmens im angestrebten Zielmarkt der neuen Technologie
Wertvermittlung	Bestehende Fähigkeiten und Ressourcen des Unternehmens für die Vermarktung der neuen Technologie
Wettbewerbsstärke	Stärke des Wettbewerbs im angestrebten Zielmarkt der neuen Technologie

Tabelle A-13: Risikofaktoren des Zulassungsrisikos

Risikofaktor	Kurzbeschreibung
Datenschutzanforderungen	Datenschutzanforderungen mit Bedeutung für den Einsatz der jeweiligen Technologie
Politische Unterstützung	Grad der politischen Unterstützung einer neuen technologischen Entwicklung
Regulatorischer Umfang	Umfang bestehender branchenspezifischer Zulassungsanforderungen für den Einsatz neuer Technologien

Tabelle A-14: Risikofaktoren des Rechtsrisikos

Risikofaktor	Kurzbeschreibung
Fehlende Branchenstandards	Fehlende Industrie- oder Branchenstandards für die Technologie bzw. deren Verwendung
Rechtliche Rahmenbedingungen	Rechtliche Rahmenbedingungen, denen eine Technologie genügen muss
Unklare Haftungsregeln	Unklare Regelungen zur Verantwortung bzw. Haftung im Fall von Personen- und Sachschäden

Tabelle A-15: Risikofaktoren des Akzeptanzrisikos

Risikofaktor	Kurzbeschreibung
Anforderungsdynamik	Volatilität, mit der sich die Kundenanforderungen in einem Anwendungsfeld ändern
Datensicherheit	Sicherheit der technologieseitig verwendeten und generierten Daten
Einschränkung & Abhängigkeit	Durch die Nutzung der Technologie entstehende Abhängigkeiten und Einschränkungen für den Nutzer
Gesellschaftliche Grundeinstellung	Grundsätzliche gesellschaftliche Einstellung gegenüber der Technologie
Gesundheit & Sicherheit	Sicherheit der Technologie hinsichtlich Personen- und Sachschäden sowie Gesundheitsverträglichkeit der Technologie selbst sowie entstehender Pro- und verwendeter Edukte
Image & Vertrauen	Bestehendes Image und Vertrauen in den Technologieanbieter
Kundenerfahrungen	Bestehende Vorerfahrungen des Kunden mit der Technologie
Soziale Verwerfungen	Aus dem Einsatz der Technologe folgende soziale Verwerfungen, wie bspw. Arbeitslosigkeit
Nachhaltigkeit	Umweltverträglichkeit der Technologie während der Erstellung und Nutzung
Wahrgenommener Nutzen	Durch den Kunden oder Nutzer der Technologie wahrgenommener Nutzen
Wahrgenommenes Risiko	Durch den Kunden oder Nutzer der Technologie wahrgenommenes Risiko im Umgang mit der Technologie

A.7 Gewichtung der Indikatoren für die Teilrisiken

Matrix	F&E Ressourcen	Interdepen-denzen	Komplementär-technologien	Kompatibilität	Komplexität	Leistungs-differenz	Marktdynamik	Nähe zum Kerngeschäft	Neuheitsgrad	Reifegrad	Leistungsreserve	Gewichtung (Haupteigenvektor)
F&E Ressourcen	1	2	1	2	2	2	2	3	1	1/2	3	12,6%
Interdepen-denzen	1/2	1	1/2	1	1	1	1	2	1/2	1/3	2	6,8%
Kompatibilität	1	2	1	2	2	2	2	3	1	1/2	3	12,6%
Komplementär-technologien	1/2	1	1/2	1	1	1	1	2	1/2	1/3	2	6,8%
Komplexität	1/2	1	1/2	1	1	1	1	2	1/2	1/3	2	6,8%
Leistungs-differenz	1/2	1	1/2	1	1	1	1	2	1/2	1/3	2	6,8%
Marktdynamik	1/2	1	1/2	1	1	1	1	2	1/2	1/3	2	6,8%
Nähe zum Kerngeschäft	1/3	1/2	1/3	1/2	1/2	1/2	1/2	1	1/3	1/4	1	3,8%
Neuheitsgrad	1	2	1	2	2	2	2	3	1	1/2	3	12,6%
Reifegrad	2	3	2	3	3	3	3	4	2	1	4	20,6%
Leistungsreserve	1/3	1/2	1/3	1/2	1/2	1/2	1/2	1	1/3	1/4	1	3,8%

Konsistenz: CR: 0,3%

Abbildung A-8: Gewichtung der Indikatoren des Entwicklungsrisikos

Matrix	Kompatibilität	Komplexität	Nähe zum Kerngeschäft	Neuheitsgrad	Reifegrad	Gewichtung (Haupteigenvektor)
Kompatibilität	1	1	1/3	1/3	3	12,9%
Komplexität	1	1	1/3	1/3	3	12,9%
Nähe zum Kerngeschäft	3	3	1	1	5	34,3%
Neuheitsgrad	3	3	1	1	5	34,3%
Reifegrad	1/3	1/3	1/5	1/5	1	5,6%

Konsistenz: CR: 1,2%

Abbildung A-9: Gewichtung der Indikatoren des Umsetzungsrisikos

Matrix	Konkurrenz-technologien	Leistungs-differenz	Leistungsreserve	Marktdynamik	Markteintritts-barrieren	Marktregulierung	Marktstruktur	Reaktivität	Wettbewerbs-intensität	Gewichtung (Haupteigenvektor)
Konkurrenz-technologien	1	1	1	1	4	1	4	1/2	1	12,0%
Leistungs-differenz	1	1	1	1	4	1	4	1/2	1	12,0%
Leistungsreserve	1	1	1	1	4	1	4	1/2	1	12,0%
Marktdynamik	1	1	1	1	4	1	4	1/2	1	12,0%
Markteintritts-barrieren	1/4	1/4	1/4	1/4	1	1/4	1	1/5	1/4	3,2%
Marktregulierung	1	1	1	1	4	1	4	1/2	1	12,0%
Marktstruktur	1/4	1/4	1/4	1/4	1	1/4	1	1/5	1/4	3,2%
Reaktivität	2	2	2	2	5	2	5	1	2	21,6%
Wettbewerbs-intensität	1	1	1	1	4	1	4	1/2	1	12,0%

Konsistenz: CR: 0,3%

Abbildung A-10: Gewichtung der Indikatoren des Substitutionsrisikos

Matrix	Gegenstand	Komplexität	Neuheitsgrad	Schützbarkeit	Markteintritts-barrieren	Marktstruktur	Reaktivität	Wettbewerbs-intensität	Gewichtung (Haupteigenvektor)
Gegenstand	1	1	3	1/4	3	3	1	1	12,3%
Komplexität	1	1	3	1/4	3	3	1	1	12,3%
Neuheitsgrad	1/3	1/3	1	1/5	1	1	1/3	1/3	4,6%
Schützbarkeit	4	4	5	1	5	5	4	4	37,0%
Markteintritts-barrieren	1/3	1/3	1	1/5	1	1	1/3	1/3	4,6%
Marktstruktur	1/3	1/3	1	1/5	1	1	1/3	1/3	4,6%
Reaktivität	1	1	3	1/4	3	3	1	1	12,3%
Wettbewerbs-intensität	1	1	3	1/4	3	3	1	1	12,3%

Konsistenz: CR: 1,5%

Abbildung A-11: Gewichtung der Indikatoren des Imitationsrisikos

Matrix	Komplexität	Leistungs-differenz	Nähe zum Kerngeschäft	Neuheitsgrad	Öffentliche Unterstützung	Reifegrad	Umwelt-verträglichkeit	Reaktivität	Wettbewerbs-intensität	Gewichtung (Haupteigenvektor)
Komplexität	1	1	1/4	1	1	1	1	1	1	8,4%
Leistungs-differenz	1	1	1/4	1	1	1	1	1	1	8,4%
Nähe zum Kerngeschäft	4	4	1	4	4	4	4	4	4	32,8%
Neuheitsgrad	1	1	1/4	1	1	1	1	1	1	8,4%
Öffentliche Unterstützung	1	1	1/4	1	1	1	1	1	1	8,4%
Reifegrad	1	1	1/4	1	1	1	1	1	1	8,4%
Umwelt-verträglichkeit	1	1	1/4	1	1	1	1	1	1	8,4%
Reaktivität	1	1	1/4	1	1	1	1	1	1	8,4%
Wettbewerbs-intensität	1	1	1/4	1	1	1	1	1	1	8,4%

Konsistenz: CR: 0,0%

Abbildung A-12: Gewichtung der Indikatoren des Finanzierungsrisikos

Matrix	Leistungs-differenz	Nähe zum Kerngeschäft	Sichtbarkeit	Marktdynamik	Markteintritts-barrieren	Marktposition	Marktregulierung	Marktstruktur	Marktvolumen	Marktwachstum	Wettbewerbs-intensität	Gewichtung (Haupteigenvektor)
Leistungs-differenz	1	4	4	1/2	1/2	1	1	1	1	4	1	9,6%
Nähe zum Kerngeschäft	1/4	1	1	1/5	1/5	1/4	1/4	1/4	1/4	1	1/4	2,6%
Sichtbarkeit	1/4	1	1	1/5	1/5	1/4	1/4	1/4	1/4	1	1/4	2,6%
Marktdynamik	2	5	5	1	1	2	2	2	2	5	2	17,3%
Markteintritts-barrieren	2	5	5	1	1	2	2	2	2	6	2	17,3%
Marktposition	1	4	4	1/2	1/2	1	1	1	1	4	1	9,6%
Marktregulierung	1	4	4	1/2	1/2	1	1	1	1	4	1	9,6%
Marktstruktur	1	4	4	1/2	1/2	1	1	1	1	4	1	9,6%
Marktvolumen	1	4	4	1/2	1/2	1	1	1	1	4	1	9,6%
Marktwachstum	1/4	1	1	1/5	1/6	1/4	1/4	1/4	1/4	1	1/4	2,6%
Wettbewerbs-intensität	1	4	4	1/2	1/2	1	1	1	1	4	1	9,6%

Konsistenz: CR: 0,4%

Abbildung A-13: Gewichtung der Indikatoren des Marktrisikos

Matrix	Nähe zum Kerngeschäft	Öffentliche Unterstützung	Sicherheit	Umwelt-verträglichkeit	Marktregulierung	Gewichtung (Haupteigenvektor)
Nähe zum Kerngeschäft	1	1	1	1	1/5	11,1%
Öffentliche Unterstützung	1	1	1	1	1/5	11,1%
Sicherheit	1	1	1	1	1/5	11,1%
Umwelt-verträglichkeit	1	1	1	1	1/5	11,1%
Marktregulierung	5	5	5	5	1	55,6%

Konsistenz: CR: 0,0%

Abbildung A-14: Gewichtung der Indikatoren des Zulassungsrisikos

Matrix	Neuheitsgrad	Reifegrad	Dominantes Design	Marktvolatilität	Marktregulierung	Gewichtung (Haupteigenvektor)
Neuheitsgrad	1	4	4	4	1	63,2%
Reifegrad	1/4	1	1	1	1/4	9,2%
Dominantes Design	1/4	1	1	1	1/4	9,2%
Marktvolatilität	1/4	1	1	1	1/4	9,2%
Marktregulierung	1	4	4	4	1	63,2%

Konsistenz: CR: 0,0%

Abbildung A-15: Gewichtung der Indikatoren des Rechtsrisikos

Matrix	Kompatibilität	Leistungs-differenz	Markt-durchdringung	Nähe zum Kerngeschäft	Neuheitsgrad	Öffentliche Unterstützung	Robustheit	Sicherheit	Umwelt-verträglichkeit	Marktdynamik	Marktposition	Sozioökologische Anforderungen	Technologie-affinität	Gewichtung (Haupteigen-vektor)
Kompatibilität	1	1/2	1/3	1	1/3	1/2	1/3	1/3	1/4	1/2	1/2	1/2	1/5	2,8%
Leistungs-differenz	2	1	1/2	2	1/2	1	1/2	1/2	1/3	1	1	1	1/4	4,8%
Markt-durchdringung	3	2	1	3	1	2	1	1	1/2	2	2	2	1/3	8,7%
Nähe zum Kerngeschäft	1	1/2	1/3	1	1/3	1/2	1/3	1/3	1/4	1/2	1/2	1/2	1/5	2,8%
Neuheitsgrad	3	2	1	3	1	2	1	1	1/2	2	2	2	1/3	8,7%
Öffentliche Unterstützung	2	1	1/2	2	1/2	1	1/2	1/2	1/3	1	1	1	1/4	4,8%
Robustheit	3	2	1	3	1	2	1	1	1/2	2	2	2	1/3	8,7%
Sicherheit	3	2	1	3	1	2	1	1	1/2	2	2	2	1/3	8,7%
Umwelt-verträglichkeit	4	3	2	4	2	3	2	2	1	3	3	3	1/2	14,4%
Marktdynamik	2	1	1/2	2	1/2	1	1/2	1/2	1/3	1	1	1	1/4	4,8%
Marktposition	2	1	1/2	2	1/2	1	1/2	1/2	1/3	1	1	1	1/4	4,8%
Sozioökologische Anforderungen	2	1	1/2	2	1/2	1	1/2	1/2	1/3	1	1	1	1/4	4,8%
Technologie-affinität	5	4	3	5	3	4	3	3	2	4	4	4	1	21,2%

Konsistenz: CR: 0,6%

Abbildung A-16: Gewichtung der Indikatoren des Akzeptanzrisikos

A.8 Indikatoren für die Potenzial- und Risikobewertung

	Technologieindikatoren	Ausprägungen		
Generische Bewertung	Anwendungsbreite	spezifische Techn.	□–□–□–□–□–□–□	Querschnittstechn.
	F&E Ressourcen	wenige	□–□–□–□–□–□–□	viele
	Gegenstand	Produkttechnologie	□————————□	Prozesstechnologie
	Komplexität	gering	□–□–□–□–□–□–□	hoch
	Nähe zum Kerngeschäft	gering	□–□–□–□–□–□–□	hoch
	Öffentliche Unterstützung	gering	□–□–□–□–□–□–□	hoch
	Reifegrad	TRL3	□–□–□–□–□–□–□	TRL9
	Schützbarkeit	gering	□–□–□–□–□–□–□	hoch
	Umweltverträglichkeit	gering	□–□–□–□–□–□–□	hoch
	Leistungsreserve	gering	□–□–□–□–□–□–□	hoch
Anwendungsspezifische Bewertung	Interdependenzen	gering	□–□–□–□–□–□–□	hoch
	Kompatibilität	gering	□–□–□–□–□–□–□	hoch
	Komplementärtechnologien	keine	□–□–□–□–□–□–□	viele
	Konkurrenztechnologien	keine	□–□–□–□–□–□–□	viele
	Leistungsdifferenz	Rückstand	□–□–□–□–□–□–□	Vorsprung
	Marktdurchdringung	keine	□–□–□–□–□–□–□	vollständig
	Neuheitsgrad	inkrementell	□–□–□–□–□–□–□	radikal
	Robustheit	gering	□–□–□–□–□–□–□	hoch
	Sicherheit	gering	□–□–□–□–□–□–□	hoch
	Sichtbarkeit	gering	□–□–□–□–□–□–□	hoch

Abbildung A-17: Bewertungsschema für die Beurteilung der Technologieindikatoren

Anwendung

Kurzbeschreibung der Kernaspekte der Anwendung

Kennzahlen der Anwendung	
Absolutes Marktvolumen	XXX.XXX €
Marktanteil	XX,XX %
Marktanteil des größten Wettbewerbers	XX,XX %
Marktwachstum	XX,XX %

Anwendungsindikatoren	Ausprägungen		
Dominantes Design	nein	□—□	ja
Marktdynamik	statisch	□—□—□—□—□—□—□	volatil
Markteintrittsbarrieren	gering	□—□—□—□—□—□—□	hoch
Marktposition	schwach	□—□—□—□—□—□—□	stark
Marktregulation	gering	□—□—□—□—□—□—□	hoch
Marktstruktur	monopolistisch	□—□—□—□—□—□—□	polypolistisch
Marktvolumen	gering	□—□—□—□—□—□—□	hoch
Marktwachstum	negativ	□—□—□—□—□—□—□	positiv
Reaktivität	gering	□—□—□—□—□—□—□	hoch
Sozioökologische Anforderungen	gering	□—□—□—□—□—□—□	hoch
Technologieaffinität	gering	□—□—□—□—□—□—□	hoch
Wettbewerbsintensität	gering	□—□—□—□—□—□—□	hoch

Abbildung A-18: Bewertungsschema für die Beurteilung der Anwendungsindikatoren

A.9 Bewertung der Technologien des Fallbeispiels

Bewertung der Wärmerückgewinnung

	Technologieindikatoren	Ausprägungen		
Generische Bewertung	Anwendungsbreite	spezifische Techn.	□–□–□–□–□–■–□	Querschnittstechn.
	F&E Ressourcen	wenige	□–□–□–■–□–□–□	viele
	Gegenstand	Produkttechnologie	■————————□	Prozesstechnologie
	Komplexität	gering	□–□–■–□–□–□–□	hoch
	Nähe zum Kerngeschäft	gering	□–□–□–□–□–■–□	hoch
	Öffentliche Unterstützung	gering	■–□–□–□–□–□–□	hoch
	Reifegrad	TRL3	□–□–□–□–□–□–■	TRL9
	Schützbarkeit	gering	■–□–□–□–□–□–□	hoch
	Umweltverträglichkeit	gering	□–□–□–□–□–□–■	hoch
	Leistungsreserve	gering	□–■–□–□–□–□–□	hoch

Abbildung A-19: Generische Bewertung der Wärmerückgewinnung

	Technologieindikatoren	Ausprägungen		
Anwendungsspezifische Bewertung	Interdependenzen	gering	□–□–□–□–□–■–□	hoch
	Kompatibilität	gering	□–■–□–□–□–□–□	hoch
	Komplementärtechnologien	keine	□–□–■–□–□–□–□	viele
	Konkurrenztechnologien	keine	□–□–□–■–□–□–□	viele
	Leistungsdifferenz	Rückstand	□–□–□–□–■–□–□	Vorsprung
	Marktdurchdringung	keine	□–□–□–■–□–□–□	vollständig
	Neuheitsgrad	inkrementell	□–□–■–□–□–□–□	radikal
	Robustheit	gering	□–□–□–□–■–□–□	hoch
	Sicherheit	gering	□–□–□–□–□–□–■	hoch
	Sichtbarkeit	gering	□–□–■–□–□–□–□	hoch

Abbildung A-20: Bewertung der Wärmerückgewinnung für die Anwendung Kochen, Backen und Frittieren

Bewertung des Reluktanzmotors

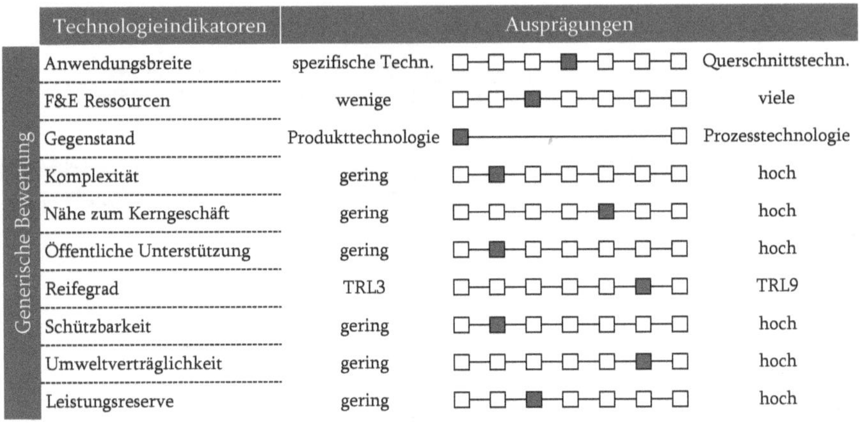

Abbildung A-21: Generische Bewertung des Reluktanzmotors

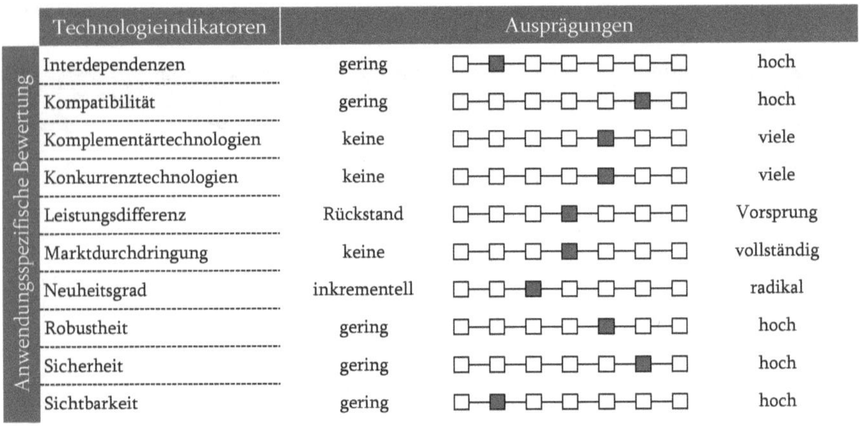

Abbildung A-22: Bewertung des Reluktanzmotors für die Anwendung Separatoren, Pumpen und Kompressoren

Bewertung der Multifunktionsmembranen

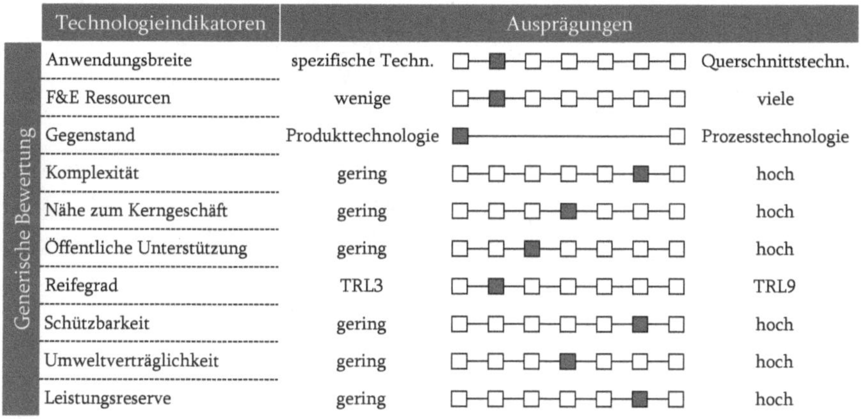

Abbildung A-23: Generische Bewertung der Multifunktionsmembranen

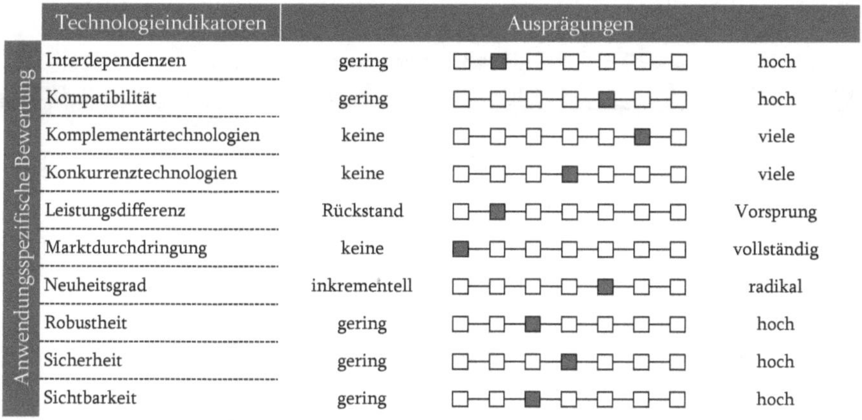

Abbildung A-24: Bewertung der Multifunktionsmembranen für die Anwendung Wasseraufbereitung

	Technologieindikatoren	Ausprägungen		
Anwendungsspezifische Bewertung	Interdependenzen	gering	□■□□□□□	hoch
	Kompatibilität	gering	□□□□□□■	hoch
	Komplementärtechnologien	keine	□□□□□■□	viele
	Konkurrenztechnologien	keine	□□□■□□□	viele
	Leistungsdifferenz	Rückstand	□■□□□□□	Vorsprung
	Marktdurchdringung	keine	■□□□□□□	vollständig
	Neuheitsgrad	inkrementell	□□□□□■□	radikal
	Robustheit	gering	□□■□□□□	hoch
	Sicherheit	gering	□□□■□□□	hoch
	Sichtbarkeit	gering	□□■□□□□	hoch

Abbildung A-25: Bewertung der Multifunktionsmembranen für die Anwendung Entfernung von Fehlaromen

Bewertung des Kalten Plasmas

	Technologieindikatoren	Ausprägungen		
Generische Bewertung	Anwendungsbreite	spezifische Techn.	□■□□□□□	Querschnittstechn.
	F&E Ressourcen	wenige	■□□□□□□	viele
	Gegenstand	Produkttechnologie	■———□	Prozesstechnologie
	Komplexität	gering	□□□□■□□	hoch
	Nähe zum Kerngeschäft	gering	□□□□■□□	hoch
	Öffentliche Unterstützung	gering	□□■□□□□	hoch
	Reifegrad	TRL3	□□■□□□□	TRL9
	Schützbarkeit	gering	□□□■□□□	hoch
	Umweltverträglichkeit	gering	□□□□□■□	hoch
	Leistungsreserve	gering	□□□□■□□	hoch

Abbildung A-26: Generische Bewertung des Kalten Plasmas

	Technologieindikatoren	Ausprägungen		
Anwendungsspezifische Bewertung	Interdependenzen	gering	■-□-□-□-□-□-□	hoch
	Kompatibilität	gering	□-□-■-□-□-□-□	hoch
	Komplementärtechnologien	keine	□-□-□-□-■-□-□	viele
	Konkurrenztechnologien	keine	□-□-□-□-□-■-□	viele
	Leistungsdifferenz	Rückstand	□-□-■-□-□-□-□	Vorsprung
	Marktdurchdringung	keine	■-□-□-□-□-□-□	vollständig
	Neuheitsgrad	inkrementell	□-□-□-□-□-□-■	radikal
	Robustheit	gering	□-□-□-■-□-□-□	hoch
	Sicherheit	gering	□-□-□-□-■-□-□	hoch
	Sichtbarkeit	gering	□-□-□-□-■-□-□	hoch

Abbildung A-27: Bewertung des Kalten Plasmas für die Anwendung Sterilisation

Bewertung der Gefrierkonzentration

	Technologieindikatoren	Ausprägungen		
Generische Bewertung	Anwendungsbreite	spezifische Techn.	□-□-■-□-□-□-□	Querschnittstechn.
	F&E Ressourcen	wenige	□-□-□-■-□-□-□	viele
	Gegenstand	Produkttechnologie	■——————□	Prozesstechnologie
	Komplexität	gering	□-□-□-□-■-□-□	hoch
	Nähe zum Kerngeschäft	gering	□-□-□-□-□-■-□	hoch
	Öffentliche Unterstützung	gering	□-■-□-□-□-□-□	hoch
	Reifegrad	TRL3	□-□-□-□-□-■-□	TRL9
	Schützbarkeit	gering	□-□-■-□-□-□-□	hoch
	Umweltverträglichkeit	gering	□-□-□-□-■-□-□	hoch
	Leistungsreserve	gering	□-□-□-■-□-□-□	hoch

Abbildung A-28: Generische Bewertung der Gefrierkonzentration

Anwendungsspezifische Bewertung

Technologieindikatoren	Ausprägungen		
Interdependenzen	gering	□–□–■–□–□–□–□	hoch
Kompatibilität	gering	□–□–□–■–□–□–□	hoch
Komplementärtechnologien	keine	□–□–□–■–□–□–□	viele
Konkurrenztechnologien	keine	□–□–■–□–□–□–□	viele
Leistungsdifferenz	Rückstand	□–□–□–□–□–■–□	Vorsprung
Marktdurchdringung	keine	□–□–■–□–□–□–□	vollständig
Neuheitsgrad	inkrementell	□–□–□–□–■–□–□	radikal
Robustheit	gering	□–□–□–□–■–□–□	hoch
Sicherheit	gering	□–□–□–□–■–□–□	hoch
Sichtbarkeit	gering	□–□–□–□–□–■–□	hoch

Abbildung A-29: Bewertung der Gefrierkonzentration für die Anwendung Bier- und Saftkonzentration

Anwendungsspezifische Bewertung

Technologieindikatoren	Ausprägungen		
Interdependenzen	gering	□–□–■–□–□–□–□	hoch
Kompatibilität	gering	□–□–■–□–□–□–□	hoch
Komplementärtechnologien	keine	□–□–□–■–□–□–□	viele
Konkurrenztechnologien	keine	□–□–□–■–□–□–□	viele
Leistungsdifferenz	Rückstand	□–□–□–□–■–□–□	Vorsprung
Marktdurchdringung	keine	□–□–■–□–□–□–□	vollständig
Neuheitsgrad	inkrementell	□–□–□–□–■–□–□	radikal
Robustheit	gering	□–□–□–□–■–□–□	hoch
Sicherheit	gering	□–□–□–□–■–□–□	hoch
Sichtbarkeit	gering	□–□–□–□–□–■–□	hoch

Abbildung A-30: Bewertung der Gefrierkonzentration für die Anwendung Abwasserkonzentration

A.10 Bewertung der Anwendungen des Fallbeispiels

Bewertung der Anwendung Kochen, Backen und Frittieren

Kochen, Backen und Frittieren

Anlagen- und Systemtechnik für wärmebasierte Verarbeitungsprozesse von Lebensmitteln.

Kennzahlen der Anwendung	
Absolutes Marktvolumen	1.380.000.000 €
Marktanteil	10,00 %
Marktanteil des größten Wettbewerbers	20,00 %
Marktwachstum	1,00 %

Indikatoren	Ausprägungen		
Dominantes Design	nein	■-□	ja
Marktdynamik	statisch	□-□-□-■-□-□-□	volatil
Markteintrittsbarrieren	gering	□-■-□-□-□-□-□	hoch
Marktposition	schwach	□-□-□-■-□-□-□	stark
Marktregulation	gering	□-□-■-□-□-□-□	hoch
Marktstruktur	monopolistisch	□-□-□-□-□-■-□	polypolistisch
Marktvolumen	gering	□-□-□-■-□-□-□	hoch
Marktwachstum	negativ	□-□-□-■-□-□-□	positiv
Reaktivität	gering	□-□-■-□-□-□-□	hoch
Sozioökologische Anforderungen	gering	□-□-□-□-■-□-□	hoch
Technologieaffinität	gering	□-□-■-□-□-□-□	hoch
Wettbewerbsintensität	gering	□-□-□-□-■-□-□	hoch

Abbildung A-31: Bewertung der Anwendung Kochen, Backen und Frittieren

Bewertung der Anwendung Separatoren, Pumpen und Kompressoren

Separatoren, Pumpen und Kompressoren

Separatoren, Pumpen und Kompressoren für die Lebensmittel- und Pharmaindustrie.

Kennzahlen der Anwendung	
Absolutes Marktvolumen	6.900.000.000 €
Marktanteil	20,00 %
Marktanteil des größten Wettbewerbers	20,00 %
Marktwachstum	5,00 %

Indikatoren	Ausprägungen		
Dominantes Design	nein	■———□	ja
Marktdynamik	statisch	□-□-■-□-□-□-□	volatil
Markteintrittsbarrieren	gering	□-□-□-□-□-■-□	hoch
Marktposition	schwach	□-□-□-□-□-■-□	stark
Marktregulation	gering	□-□-■-□-□-□-□	hoch
Marktstruktur	monopolistisch	□-□-■-□-□-□-□	polypolistisch
Marktvolumen	gering	□-□-□-□-□-■-□	hoch
Marktwachstum	negativ	□-□-□-□-□-■-□	positiv
Reaktivität	gering	□-□-□-□-■-□-□	hoch
Sozioökologische Anforderungen	gering	□-□-□-■-□-□-□	hoch
Technologieaffinität	gering	□-□-□-□-□-■-□	hoch
Wettbewerbsintensität	gering	□-□-□-□-■-□-□	hoch

Abbildung A-32: Bewertung der Anwendung Separatoren, Pumpen und Kompressoren

Bewertung der Anwendung Wasseraufbereitung

Wasseraufbereitung

Filtrations- und Reinigungssysteme für die Wasseraufbereitung.

Kennzahlen der Anwendung	
Absolutes Marktvolumen	1.380.000.000 €
Marktanteil	0,10 %
Marktanteil des größten Wettbewerbers	10,00 %
Marktwachstum	1,00 %

Indikatoren	Ausprägungen		
Dominantes Design	nein	■———□	ja
Marktdynamik	statisch	□–□–■–□–□–□–□	volatil
Markteintrittsbarrieren	gering	□–□–□–□–■–□–□	hoch
Marktposition	schwach	■–□–□–□–□–□–□	stark
Marktregulation	gering	□–□–■–□–□–□–□	hoch
Marktstruktur	monopolistisch	□–□–□–□–□–■–□	polypolistisch
Marktvolumen	gering	□–□–□–■–□–□–□	hoch
Marktwachstum	negativ	□–□–□–□–■–□–□	positiv
Reaktivität	gering	□–□–□–□–■–□–□	hoch
Sozioökologische Anforderungen	gering	□–□–□–■–□–□–□	hoch
Technologieaffinität	gering	□–□–□–■–□–□–□	hoch
Wettbewerbsintensität	gering	□–□–□–□–□–■–□	hoch

Abbildung A-33: Bewertung der Anwendung Wasseraufbereitung

Bewertung der Anwendung Entfernung von Fehlaromen

Entfernung von Fehlaromen

Systemlösungen zur Filtration und bspw. Deaktivierung von Enzymen zur Entfernung von Fehlaromen.

Kennzahlen der Anwendung	
Absolutes Marktvolumen	1.380.000.000 €
Marktanteil	1,00 %
Marktanteil des größten Wettbewerbers	5,00 %
Marktwachstum	10,00 %

Indikatoren	Ausprägungen		
Dominantes Design	nein	■—□	ja
Marktdynamik	statisch	□-■-□-□-□-□-□	volatil
Markteintrittsbarrieren	gering	□-□-□-□-□-■-□	hoch
Marktposition	schwach	□-□-■-□-□-□-□	stark
Marktregulation	gering	□-□-□-■-□-□-□	hoch
Marktstruktur	monopolistisch	□-□-□-■-□-□-□	polypolistisch
Marktvolumen	gering	□-■-□-□-□-□-□	hoch
Marktwachstum	negativ	□-□-□-□-□-■-□	positiv
Reaktivität	gering	□-□-□-□-■-□-□	hoch
Sozioökologische Anforderungen	gering	□-■-□-□-□-□-□	hoch
Technologieaffinität	gering	□-□-□-□-■-□-□	hoch
Wettbewerbsintensität	gering	□-■-□-□-□-□-□	hoch

Abbildung A-34: Bewertung der Anwendung Entfernung von Fehlaromen

Bewertung der Anwendung Sterilisation

Sterilisation

Reinigungs- und Sterilisationssysteme für Anlagen zur Verarbeitung von Lebensmitteln und Getränken, Körperpflegeprodukten oder Pharmazeutika.

Kennzahlen der Anwendung	
Absolutes Marktvolumen	2.760.000.000 €
Marktanteil	5,00 %
Marktanteil des größten Wettbewerbers	5,00 %
Marktwachstum	3,00 %

Indikatoren	Ausprägungen		
Dominantes Design	nein	■———————□	ja
Marktdynamik	statisch	□-□-■-□-□-□-□	volatil
Markteintrittsbarrieren	gering	□-□-□-□-□-■-□	hoch
Marktposition	schwach	□-□-□-■-□-□-□	stark
Marktregulation	gering	□-□-□-□-□-■-□	hoch
Marktstruktur	monopolistisch	□-□-□-□-■-□-□	polypolistisch
Marktvolumen	gering	□-□-□-□-■-□-□	hoch
Marktwachstum	negativ	□-□-□-□-■-□-□	positiv
Reaktivität	gering	□-□-■-□-□-□-□	hoch
Sozioökologische Anforderungen	gering	□-□-□-□-□-■-□	hoch
Technologieaffinität	gering	□-□-□-■-□-□-□	hoch
Wettbewerbsintensität	gering	□-□-□-□-■-□-□	hoch

Abbildung A-35: Bewertung der Anwendung Sterilisation

Bewertung der Anwendung Bier- und Saftkonzentration

Bier- und Saftkonzentration

Anlagen zur Aufkonzentration alkoholischer und nichtalkoholischer Getränke.

Kennzahlen der Anwendung	
Absolutes Marktvolumen	230.000.000 €
Marktanteil	20,00 %
Marktanteil des größten Wettbewerbers	20,00 %
Marktwachstum	2,00 %

Indikatoren	Ausprägungen		
Dominantes Design	nein	■—□	ja
Marktdynamik	statisch	□—□—■—□—□—□—□	volatil
Markteintrittsbarrieren	gering	□—□—□—■—□—□—□	hoch
Marktposition	schwach	□—□—□—■—□—□—□	stark
Marktregulation	gering	□—□—□—□—■—□—□	hoch
Marktstruktur	monopolistisch	□—□—□—■—□—□—□	polypolistisch
Marktvolumen	gering	□—□—■—□—□—□—□	hoch
Marktwachstum	negativ	□—□—□—□—■—□—□	positiv
Reaktivität	gering	□—□—■—□—□—□—□	hoch
Sozioökologische Anforderungen	gering	□—□—□—□—■—□—□	hoch
Technologieaffinität	gering	□—□—□—■—□—□—□	hoch
Wettbewerbsintensität	gering	□—□—□—■—□—□—□	hoch

Abbildung A-36: Bewertung der Anwendung Bier- und Saftkonzentration

Bewertung der Anwendung Abwasserkonzentration

Abwasserkonzentration

Rückgewinnung von Brauchwasser durch Aufkonzentration von Abwässern.

Kennzahlen der Anwendung	
Absolutes Marktvolumen	920.000.000 €
Marktanteil	5,00 %
Marktanteil des größten Wettbewerbers	10,00 %
Marktwachstum	1,00 %

Indikatoren	Ausprägungen		
Dominantes Design	nein	■—□	ja
Marktdynamik	statisch	■□□□□□□	volatil
Markteintrittsbarrieren	gering	□□□□■□□	hoch
Marktposition	schwach	□■□□□□□	stark
Marktregulation	gering	□□■□□□□	hoch
Marktstruktur	monopolistisch	□□■□□□□	polypolistisch
Marktvolumen	gering	□□□■□□□	hoch
Marktwachstum	negativ	□□■□□□□	positiv
Reaktivität	gering	□■□□□□□	hoch
Sozioökologische Anforderungen	gering	□■□□□□□	hoch
Technologieaffinität	gering	□■□□□□□	hoch
Wettbewerbsintensität	gering	□□□□■□□	hoch

Abbildung A-37: Bewertung der Anwendung Abwasserkonzentration

Lebenslauf

Persönliche Angaben

Name	Patrick Scholz
Geburtsdatum und -ort	28. Februar 1992 in Meschede
Eltern	Monika Scholz, geb. Wüllner Walter Scholz
Familienstand	verheiratet

Ausbildung

2002 – 2011	Gymnasium der Stadt Meschede, Meschede
2011 – 2015	Bachelor of Science Maschinenbau, Vertiefung Produktionstechnik an der RWTH Aachen
2015 – 2017	Master of Science Produktionstechnik, Vertiefung Unternehmensorganisation an der RWTH Aachen

Berufliche Erfahrung

2017 – 2022	Wissenschaftlicher Mitarbeiter in der Abteilung Technologiemanagement des Fraunhofer-Instituts für Produktionstechnologie in Aachen
2019 – 2021	Geschäftsfeldleiter Leichtbau-Produktionstechnik am Fraunhofer-Institut für Produktionstechnologie in Aachen
2021 – 2022	Gruppenleiter der Gruppe Technologieplanung in der Abteilung Technologiemanagement des Fraunhofer-Instituts für Produktionstechnologie in Aachen

In der Reihe **Ergebnisse aus der Produktionstechnik** zuletzt erschienen:

Ochel, Tim:
Prognostik zur Resilienzsteigerung im Werkzeugbau
ISBN: 978-3-98555-161-3
Erscheinungsdatum: 22.05.2023

Greipel, Jonathan:
Grouping of Inspection Characteristics to Reduce Costs of Adaptive Inspection Planning in Variant Production
ISBN: 978-3-98555-157-6
Erscheinungsdatum: 03.05.2023

Troß, Nico:
Mehrskalenmodellierung der thermo-mechanischen Werkzeugbelastung beim Trockenwälzfräsen
ISBN: 978-3-98555-158-3
Erscheinungsdatum: 19.04.2023

Nicksch, Christoph:
Konfiguration verteilter Large-Scale Metrology Systeme in rekonfigurierbaren Montageumgebungen
ISBN: 978-3-98555-152-1
Erscheinungsdatum: 20.03.2023

Ahmad, Mubarik:
Anregungsgerechte Auslegung und Tolerierung schnelllaufender Getriebe unter Berücksichtigung kurz- und langwelliger Verzahnungsabweichungen
ISBN: 978-3-98555-130-9
Erscheinungsdatum: 06.03.2023

Schneidermann, Dennis:
Orchestration von Vertrauen in interorganisationalen Wissensnetzwerken der Fabrikplanung
ISBN: 978-3-98555-153-8
Erscheinungsdatum: 15.05.2023

Welsing, Martin:
Bewertung der ökologischen Nachhaltigkeit von Produktions-netzwerkkonfigurationen
ISBN: 978-3-98555-155-2
Erscheinungsdatum: 19.04.2023

Beckers, Alexander:
Auslegung wirtschaftlich-technologisch optimierter Fertigungsprozessfolgen mittels prozessübergreifender Modellierung
ISBN: 978-3-98555-154-5
Erscheinungsdatum: 18.04.2023

Gipperich, Marius:
Untersuchung eines Zweistrahlprozesses als Ansatz zur Prozessstabilitätserhöhung des drahtbasierten Laserauftragschweißens
ISBN: 978-3-98555-151-4
Erscheinungsdatum: 15.03.2023

Motschke, Tobias:
Analyse und Modellierung der Dämpfungseigenschaften von Spindellagern
ISBN: 978-3-98555-148-4
Erscheinungsdatum: 06.03.2023

Edition Wissenschaft
Apprimus

Priwisch, Martin:
Kontaktfreie Bahnlaufregelung zur Herstellung funktionaler Mehrlagensysteme in einem kontinuierlichen Laminierprozess
ISBN: 978-3-98555-139-2
Erscheinungsdatum: 27.02.2023

Cremer, Sven:
Controlling der Migration in Produktionsnetzwerken
ISBN: 978-3-98555-145-3
Erscheinungsdatum: 09.02.2023

Ohlert, Marius:
Contact between Abrasive Media and Workpiece in Robot-guided Centrifugal Finishing
ISBN: 978-3-98555- 144-6
Erscheinungsdatum: 07.02.2023

Graberg, Tim:
Operationalisierung von digitalen Schatten im Werkzeugbau
ISBN: 978-3-98555-141-5
Erscheinungsdatum: 06.02.2023

Müller, Tobias:
Modellbildung mittels Symbolischer Regression zur Messunsicherheitsbestimmung komplexer Messprozesse
ISBN: 978-3-98555-146-0
Erscheinungsdatum: 30.01.2023

Behrens, Jan:
Selbstkalibrierung von 5-Achs-Bearbeitungszentren mit Dreh-/Schwenktisch
ISBN: 978-3-98555-124-8
Erscheinungsdatum: 24.01.2023

Frye, Maik:
Recommending Data Preprocessing Pipelines for Machine Learning Applications in Production
ISBN: 978-3-98555-147-7
Erscheinungsdatum: 15.02.2023

Schmidhuber, Matthias:
Sozio-technische Problemlösungsfähigkeit von PPS-Systemen
ISBN: 978-3-98555- 143-9
Erscheinungsdatum: 07.02.2023

Schwarberg, Thomas:
Bestimmung der Logik von Innovationsideen für technische Systeme
ISBN: 978-3-98555- 142-2
Erscheinungsdatum: 07.02.2023

Nienheysen, Philipp:
Werkstattgerechte Schadensanalyse in CFK-Strukturbauteilen mit optisch georteter Ultraschallmesstechnik
ISBN: 978-3-98555-136-1
Erscheinungsdatum: 30.01.2023

Kreß, Julian Maximilian:
Erbringung hybrider Leistungsangebote in Wertschöpfungsnetzwerken
ISBN: 978-3-98555-128-6
Erscheinungsdatum: 24.01.2023

Bickendorf, Philipp:
Tribologische und geometrische Auslegung von additiv hergestellten Werkzeug-einsätzen zur Feinblech-umformung
ISBN: 978-3-98555-133-0
Erscheinungsdatum: 24.01.2023

Edition Wissenschaft
Apprimus

FSC
www.fsc.org
MIX
Papier | Fördert
gute Waldnutzung
FSC® C083411

Zeitfracht Medien GmbH
Ferdinand-Jühlke-Straße 7
99095 Erfurt, Deutschland
produktsicherheit@kolibri360.de